エンジニアのための
マネジメントキャリアパス

テックリードから CTO までマネジメントスキル向上ガイド

Camille Fournier 著

武舎 広幸 訳
武舎 るみ

及川 卓也 まえがき

本書で使用するシステム名、製品名は、それぞれ各社の商標、または登録商標です。
なお、本文中では、™、®、©マークは省略しています。

The Manager's Path

A Guide for Tech Leaders Navigating Growth and Change

Camille Fournier

Beijing · Boston · Farnham · Sebastopol · Tokyo

© 2018 O'Reilly Japan, Inc. Authorized Japanese translation of the English edition of "The Manager's Path".
© 2017 O'Reilly Media. All rights reserved. This translation is published and sold by permission of O'Reilly Media, Inc., the owner of all rights to publish and sell the same.

本書は、株式会社オライリー・ジャパンがO'Reilly Media, Inc.との許諾に基づき翻訳したものです。日本語版についての権利は、株式会社オライリー・ジャパンが保有します。

日本語版の内容について、株式会社オライリー・ジャパンは最大限の努力をもって正確を期していますが、本書の内容に基づく運用結果について責任を負いかねますので、ご了承ください。

推薦の声

技術系管理者のキャリアパスを大局的な見地に立って紹介している本。キャリアの各段階に即したきわめて戦術的な助言や提言が得られる。技術系の管理者は部下に対して、優れた管理術を身につける責任を負っている。本書で管理のノウハウを学んでほしい。技術系管理者の職責を詳細に紹介、解説している実用的な手引書である。

——リズ・クロフォード

「これは技術系の管理者のための本です。管理職全般を対象にした本ではありません」と著者も本書の5章で指摘しているが、自分はマネジメントには向いていない、という人も含めて、あらゆるレベルでソフトウェア・エンジニアリングに携わるすべての人に、一も二もなくこの本をお薦めする。

とかくソフトウェア業界では管理職というものを、できれば避けたい悪いめぐり合わせ（すなわち「障害物」）と、部屋で一番声高な人物であることへの「ごほうび」とが綯い交ぜになったような存在と見なしがちだ。だから、業界人の大半が劣悪な管理に泣かされた経験をもっていようが、業界全体で「無用どころか有害」より多少ましな程度の管理者しか育成できなかろうが、驚きではない。そんな状況を楽に改善するコツを伝授してくれるのがまさにこの本なのだ。誰もが立つ共通のスタート地点、つまり管理される側である「一介のエンジニア」から始めて、キャリアの梯子を登りながら解説を進めていく。

業界屈指の指導者である著者カミール・フルニエにとって、実践的なものも哲学的な

ものも含めて助言はお手のものだ。私自身ももっと前にこの本が読めていたらよかったが、今、こうして読めるだけでもありがたいと思っている。

——Blink Health 技術担当シニアバイスプレジデント、Etsy 前 CTO
ケラン・エリオット゠マクレイ

私は技術系管理者の仕事について、他の誰よりもカミールから多くのことを教わってきた。この本は経験年数に関わらずあらゆる管理者に大変有益だ。管理者の職責を徹底解説しているだけでなく、実務面でも上司や部下との関係においても最良のアプローチを見つけるコツまで詳しく紹介している。今後何年にもわたってあらゆる管理者に推薦していきたい良書だ。

——Skyliner CEO、Stripe ならびに Etsy の元技術担当バイスプレジデント
マーク・ヘドルンド

まえがき

及川卓也

　これから本書を読もうとする読者の方々にこんなことを言うのはふさわしくないかもしれないですが、本書を読み終わった後、私はひどく落ち込んでいる自分に気づきました。それは、本書の内容に不満があったり、不快に感じた部分があったということではまったくなく、むしろ逆にその内容が素晴らしい故に、いかに自分が未熟であったかを思い知らされたからでした。

　現在、私はエンジニアリングマネジメント（技術系管理職）を専門とするアドバイザーをしています。主にスタートアップのCTOやそれに準ずる方々に対してメンターもしくは外部補佐のような形でエンジニアリング組織の運営をお手伝いしています。私のマイクロソフトやグーグルといった米国ハイテク企業におけるマネジメントポジション経験を活かし、日本の若いスタートアップなどの支援をしています。

　私がアドバイスしている内容はエンジニアの採用や育成、評価、そしてテックリードやエンジニアリングマネージャー（技術系管理者）というポジションの確立と採用、育成などです。様々な内容が含まれるので、「強いエンジニアリング組織作りをお手伝いします」と一言で説明することも多くあります。

　私のように人にアドバイスさせていただく立場に置かれた人間は、多かれ少なかれ、自分のことは棚に上げる必要がある、つまり「そういうあなたはできていたんですか？」という質問に対して、すべてに自信を持って、はいと答えられなくても仕方ないのですが、それにしても、本書で書かれているように技術にも組織マネジメントにも著しい功績を残したわけでもない自分が、こんなアドバイザーなどをしていても

良いのだろうかと、読後に落ち込んでしまったわけです。

　現在の私の業務をもう少し説明しますと、先に説明したエンジニアリングマネジメントのアドバイス以外にも、プロダクト戦略の立案と実施などのプロダクトマネジメント領域、そして技術選定やアーキテクチャレビューなどを行う技術戦略領域のアドバイスも行っています。個人で独立したときには、この3つの領域のお仕事を3分の1ずつバランス良く受けていく予定だったのですが、蓋を開けてみると、圧倒的に1つ目のエンジニアリングマネジメントのアドバイスの需要が高く、現在では私の仕事のうち6割ほどを占めています。

　この背景にはエンジニアリングマネージャー不足があります。日米問わず、エンジニアはマネジメントに関わることを毛嫌いする傾向があるため、マネージャー（管理者）は常に不足しています。そのため、マネージャーとして働いている方には相談相手がおらず、またベストプラクティスなどもあまり共有されていません。そのような背景から、私にお声がかかっているようです。

　エンジニアがマネージャーになることを嫌うのは日米共通ですが、日本の方がよりその状況は深刻です。日本でエンジニアがマネージャーになることを嫌うのは、尊敬できるマネージャーに出会ったことがなかったとか、ついこの間まで一緒に開発していた先輩がマネージャーになったらすっかり変わってしまったとか、自分の上司は営業からの要求と部下からの要求の板挟みになり、いつもため息ばかりついているなど、エンジニアから見て、マネージャーが楽しく、やりがいのある仕事に見えていないからです。

　実際には、エンジニアリングマネージャーのエンジニアリング組織を健全に発展させるという役割は、ソフトウェア開発に対して技術を駆使し難局を打開していくのと共通する面白さがあります。スキル面においても類似点は少なくありません。人嫌いには向きませんが、本来はもっと多くの人に興味を持ってもらって良いキャリアパスのはずです。

　技術が世の中を変え、企業にとっても技術力の有無が己の存亡にも関わるようになった現代、このエンジニアリングマネージャーというキャリアはもっと多くの人が目指すものにならなければなりません。

　本書では、テックリードや技術部長の説明の章で職務記述書が紹介されています。私も自分がアドバイザーを務める企業に、開発に関わる職種の職務記述書を書くよう

に勧めています。私自身は職務記述書の元の英語であるジョブディスクリプションと呼ぶことが多いのですが、実は日本企業はこのジョブディスクリプションを明示していないことが少なくありません。

　日本企業は長らく、日本型雇用の特徴の一つである終身雇用を重視してきました。今まさにこの終身雇用への考え方も大きく変化しつつありますが、この終身雇用を採用する企業は「メンバーシップ型雇用」と呼ばれる雇用体系をベースとしているところがほとんどです。これは企業としてその人を迎え入れたら、職種を変更してでも、その人の雇用を守り通すという考えです。これに対し、米国などで用いられているのは、職種が求めるスキルを持つ人を採用するという「ジョブディスクリプション型雇用」です。職種が求めるスキルが記述されているのが、ジョブディスクリプションなので、このように言われます。

　このジョブディスクリプションと本書の中でも登場するキャリアラダー（キャリアの梯子）は密接に関係します。技術幹部社員のジョブディスクリプションには技術スキルがしっかりと記述されるので、幹部であったとしても技術力が求められていることがわかりますし、そのポジションは技術職のラダーを登ったところに位置します。

　日本型のメンバーシップ型雇用はジョブディスクリプションがあいまいなことも多いので、技術部署の幹部社員についこの間まで営業でマネージャーを努めていた社員が横滑りしてくることなどもあり得ます。米国においては、このようなことはまずあり得ませんので、本書ではそのような例さえ記述されていません。ですが、読者の方の中には、技術の分からない上司に悩まされた経験がある方も少なくないでしょう。日本企業はもっとジョブディスクリプションとキャリアラダーをしっかりと定義し、それに基づき人員の配置や育成を行っていくべきなのです。本書には当たり前すぎてその重要性が書かれていませんが、その点は前提として捉えておくべきです。

　本書ではエンジニアリングマネジメント（技術系管理職）のキャリアを志した人が登っていくすべてのラダーについて説明されています。それぞれのラダーの心得から日々すぐに使えるアイデアまで具体例が詰まっています。日本ではここまで類型化された書籍は初めてでしょう。

　内容が多岐にわたるため、読みどころを全部紹介するのは難しいですが、2点ほど私が特に強調したい点を挙げます。

　いくつかの章で挙げられている「話してみる」というテクニックは私の経験からもお勧めです。私も新しい部下や以前の上司、先輩を部下として迎え入れたこと、新し

い上司が入ってきたことなど、すべて経験があります。時には話しにくく、ついつい敬遠したくなることもあります。そのようなときでも敢えて話してみましょう。話しにくかったならば、逆に正直にそう言ってしまえば良いのです。マネージャーであっても所詮は生身の人間です。感情を持っている人間なので、自分の感情を、もちろん激昂するのではなく、落ち着いて、話してみれば良いのです。自分もあなたとの関係に困っている。解決するために話し合いたいなど。その結果、信頼関係が回復したり、以前よりも良くなることもままあります。

　本書の中に、オープンドアポリシーは的外れという指摘があります。部下との1on1（1対1のミーティング）をなくし、代わりにいつでも自分に相談しに来てくれというのは機能しないと断言しています。実は、私は自分の組織で何度かこの試みを行ったことがあります。期間を限定していましたが、1on1をすべてキャンセルし、いつでも声をかけてくれ、またこちらからも声をかけるからと呼びかけました。結果何が起きたかというと、普段から私とうまく行っている部下は頻繁に相談や報告をし続けてくれたのですが、以前よりあまり積極的に関わろうとしてくれなかった部下はより疎遠になり、また私自身も話しかけにくい部下には話さないという状況になりました。ある程度強制的に時間を確保することでコミュニケーションが促進されることを気づかされる良い実験でした。

　話すということに加えて、もう一つ強調したいのが、評価と採用です。本書では、文化の構築で説明されています。文化については、日本でもコアバリューや行動指針という形で企業文化を文言化している企業は多くあります。しかし、いくつかの企業では、それが抽象度の高い、まるで道徳や人生訓のような存在になってしまい、日々の業務に活かされていないことがあります。そのような場合には、日々の業務において自分たちが尊重するような行動は何かを考えてみると良いでしょう。本書のキャリアラダーの作成で示されている手順でもありますが、メンバーにも関与してもらったり、実例を加えるなどして、できるだけ自分たちが日々使えるものとして作成します。

　そして、そこで使われているものを実際に評価と採用で用いるのです。自分たちが身近で使えるものとしたコアバリューと評価基準はそのまま採用基準としても使います。採用プロセスはその候補者が社員になった場合にうまく働くことができるかどうかを事前に確認することが目的です。例えば、採用面接はシミュレーションとして考えましょう。本書では技術系管理職採用においてその例が述べられていますが、すべての採用において、もしこの人が社員として机を並べて働くとしたらと考え、そのためのシミュレーションを行うのです。コーディングテストを行うならば、それはその

候補者の技術力を確認するのとともに、もしその人が一緒に開発することになった際のペアプログラミングやコードレビューのやりとりを知るためのものとして、その候補者が社員としてふさわしいかどうかをシミュレーションしましょう。評価基準や採用基準があいまいなままだと文化構築も不可能です。是非、チームで話し合い、自分たちが大事にしているものは何か、それをどうやって評価および確認するのかを決めてください。

冒頭で、本書を読んだ私が落ち込んだことを書きました。その背景には、私の少し変わったキャリアも多少影響しています。

新卒でソフトウェアエンジニアとしてキャリアをスタートさせた私は順調にテックリードまで務めるようになりました。ですが、その後、マイクロソフトに転職した際に職種を変え、プロダクトマネージャーに転向したのです。マイクロソフトではプロダクトマネージャーはプログラムマネージャーと呼ばれているのですが、私が勤めていた当時のマイクロソフトではプロダクトマネージャーとエンジニアリングマネージャーの中間のような役割でした。技術面でも仕様を決め、機能を実証するコードや開発上必要なコードは書いていました。ですが、その後、グーグルへの転職では正式にプロダクトマネージャーとなり、少しエンジニアリングからは離れます。その後、またエンジニアリングマネージャーとして開発チームを率いるようになり、エンジニアリングに戻ります。

このようなキャリアの変遷を経ていることは、私の強みでもありましたが、一方で純粋にエンジニアリングを極めてきた同僚たちとは違うことがコンプレックスでもありました。本書でインポスター症候群（自分の成功を内面的に肯定できず、成功が自分の実力によるものではないと思い込む、自己評価が異常に低い心理状態）という言葉が紹介されていますが、そのような状態に陥ったこともあります。ですが、そのようなときに助けてくれたのが、その時の上司であり、同僚でした。マネージャーとして常に完璧な人はいません。適切なフィードバックと具体的なアクションの提案。本書に書かれているそのような手助けにより、私はどうにかマネジメントを続けることができたのです。

一つ本書で書かれていないことで読者の方に心に留めておいて欲しいことがあります。それはプロダクトマネージャーとの協業です。プロダクトマネージャーはエンジニアリングではありませんし、エンジニアリングとは良い意味での緊張感ある関係を持ち続ける必要があります。それでも、良い製品を開発することや事業を成長させて

いくことに対しては同志とも言える存在です。製品や事業を良くするにはそれを支える組織が不可欠で、そこにコミットしているのがエンジニアリングマネージャーです。製品や事業の成功に責任を持つプロダクトマネージャーとで車における両輪のような存在です。製品や事業を成長させていく上で困ったら、是非プロダクトマネージャーとも協調してみてください。

先ほども書きましたが、エンジニアリングマネジメントはソフトウェア開発と似たところがあります。本書でもデバッグと似ているという指摘があります。ソフトウェアも大昔は工学とは程遠く、職人芸的なところがありました。その後、ソフトウェア開発プロセスが確立され、設計パターンであるデザインパターンやアンチパターンも広まりました。

本書はエンジニアリング組織におけるあるべきアーキテクチャをマネージャーの視点から解説したものです。精神論に陥ることなく、技術職幹部が書いただけあり、極めて論理的に書かれています。

日本でも多くの企業が開発の重要性を認識してきています。今までは外部パートナーに開発をすべて委託していたような企業も開発の内製化を進めています。このような状況の中、エンジニアリング組織作りを担うエンジニアリングマネージャーの需要は高まるばかりです。エンジニアリングマネージャーに興味を持ち、そのキャリアを志向し始めた方々に本書が良いコンパスとなることを願っています。

2018年9月

はじめに

　2011年、私は「Rent the Runway(レント ザ ランウェイ)」という小さなスタートアップに移籍しました。デザイナーズ・ブランドを中心にパーティードレスをオンラインや実店舗を介して手頃な価格で貸し出す会社です。大企業で大規模な分散システムを扱う仕事から、すばらしい顧客体験の提供に注力するごく小さな技術チームを率いる仕事へ移るというのは私にとってはかなり大胆で冒険的な決断でしたが、レント・ザ・ランウェイの事業に惚れ込んだのと、管理者として新たな経験を積む好機を求めていたのとで踏み切ったのです。そして、多少なりとも運に恵まれ、自分なりに努力を重ねたおかげで、念願の「スタートアップでの管理経験」を積むことができたと今では思っています。

　しかし当初は自分がどのような世界に飛び込んだのか見当もつきませんでした。移籍先での職種は直属のチームをもたない管理者で、肩書きは「技術部長」でしたが、実態は「テックリード（技術者のまとめ役）」と大して変わりませんでした。スタートアップにはありがちなことですが、私も「大きなことを実現するために」雇われ、その「大きなこと」がどういうものになるかは私自身が考えていかなければならなかったのです。

　その後の4年間で私の役割は「小さなチームの管理者」から「技術部門全体を統括するCTO」へと大きく拡がりました。組織とともに私の役割も「スケールアップ」したわけです。しかしその間、貴重なアドバイスをくれるメンターやコーチ、友人はいたものの、実際にかたわらで具体的にああしろこうしろと教えたり命令したりしてくれる人はおらず、転落防止の安全網(セーフティネット)もなく、学び、身につけなければならないことばかりが常に山積していました。

　やがてレント・ザ・ランウェイを辞する日が訪れ、気がつくと「自分のこれまでの経験を踏まえた助言、提言を山ほど抱え、それを世の中に伝えたくてしかたのな

い私」と「創造的なはけ口を求めている私」がいたのです。そこで世界的イベント「全国小説執筆月間（NaNoWriMo：National Novel Writing Month）」に参加しようと決めました。毎年11月1日から11月30日までに5万ワード以上の作品を書き上げるというイベントです。私にとってはまさにチャレンジでした。結果、自分が経験したことも、人の成功や苦闘を目の当たりにして思ったり感じたりしたことも含めて、過去4年間に学んだすべてを盛り込もうと努め、それが本書という形で結実したのです。

　本書の構成は、管理の道に足を踏み入れたエンジニアがたどる典型的なキャリアパスを段階別に解説するというものです。インターンや新人のコーチ役を仰せつかった「管理者入門」の段階から、首脳陣として大局的な課題に取り組む「経営幹部」の段階までを紹介する中で必ず焦点を当てたのは、各段階で外せない勘所と心得です。1冊にあらゆることを盛り込み、漏れなく詳細に解説することなど到底無理な話ですし、現在の地位や環境がさまざまに異なる読者を前に、すべての詳細を逐一取り上げてうんざりさせてはなりません。そこで本書ではひとつの段階をひとつの章で重点的に扱う形にしてみました。

　私の経験では、技術系管理者が直面する難問の大半は「技術的な仕事」と「管理の仕事」の交差点で発生しているようです。人的管理も気の抜けない仕事で、人間関係にまつわる問題を見くびってはならないとは思いますが、人の管理は業種や職種の垣根を越えたスキルですから、その方面の腕を磨きたい人は『First, Break All the Rules[*]』など経営術の優れた指南書を参考にしてください。

　ただ、技術系管理者の職務は人的管理だけではありません。管理の対象が、技術者のグループなのです。大抵の技術系管理者は、現場で専門知識を駆使して働くエンジニアとしての経験を積んだのちに管理者の役割を引き受けており、まさにそうあるべきだと私も思っています。管理者の信頼度を高め、意思決定やチームの統率で頼りになるのが、現場の実践で身につけた専門の知識と勘だからです。本書では随所で技術的専門分野のひとつとしての管理の職務にありがちな難問を取り上げて解説しています。

　技術系管理者というのは荷の重い役割ではありますが、取り組み方次第でその荷を軽くすることができます。そうした取り組み方の手法や秘訣を紹介したこの本が、経験年数を問わずさまざまなランクの管理者の皆さんのお役に立てば嬉しいです。

---

[*] Marcus Buckingham and Curt Coffman, First, Break All the Rules: What the World's Greatest Managers Do Differently (New York: Simon & Schuster, 1999)（邦訳『まず、ルールを破れ：すぐれたマネジャーはここが違う』日本経済新聞社、2000年）

本書の構成

　本書は章が進むごとに管理者のランクも上がっていく構成になっています。まず1章では「部下としていかに巧みに効率よく管理されるか」や「自分の上司に何を期待するべきか」といった「管理術のABC」を扱います。そして2章ではコーチ役である「メンター」に、3章では技術者のまとめ役である「テックリード」に、それぞれ焦点を当てます。いずれも技術系管理者のキャリアパスでは非常に重要な役割です。ベテラン管理者の場合、2章と3章は「自分のチームでメンターやテックリードを務めている部下への対応」という切り口で読んでいただくと有用ではないかと思います。続く4つの章では、人の管理、チームの管理、複数チームの管理、複数の管理者の管理について、さらに8章では経営幹部について解説しています。

　新任の管理者の場合、とりあえず1章から3章、あるいは4章までをじっくり読み、あとの部分にはざっと目を通しておけば、それで十分だと思います。ランクが上がってまた新たな課題に直面したら他の章も改めて熟読するとよいでしょう。一方、ベテラン管理者は、現在のランクに該当する章を中心に、今抱えている問題への対処法などについて熟読するとよいかもしれません。

　また、多くの章で次の3種類のコーナーを設けました。

- **CTOに訊け**——Q&A形式で、それぞれの段階で発生しがちな問題を取り上げて解説したコラムです。
- **すごい上司、ひどい上司**——技術系管理者にありがちな「機能不全状態」と、その兆候を見分けて対処するための戦術を紹介しているコーナーです。それぞれの機能不全状態を、それがとくに発生しやすいキャリアを扱う章に掲載しましたが、必ずしもそのランクに限定されるわけではありません。
- **やりにくい仕事**——4章以降に掲載しました。上の「すごい上司、ひどい上司」の場合と同様に、とくに発生しやすいキャリアを扱う章に掲載してありますが、他のランクの人にとっても有用な情報があるはずです。

　さて、9章はカードゲームで言えば「ワイルドカード」的な章で、チームの文化(カルチャー)を構築、変更、改善しようとしている管理者を念頭に置いて書きました。スタートアップの管理者の視点から書いてはいますが、創設後、日の浅い企業へ管理者として移籍した人や、チームの文化や手法の明確化や強化、改善の必要性を感じている管理者にも役立つと思います。

この本は、技術系管理術の指南書にとどまらず、オライリーのラインナップにふさわしい本に仕上げたいと思いつつ書きました。つまり『Programming Perl』のように必要に応じて繰り返し繰り返し参照できる有用な参考書です。技術系管理者のキャリアパスのどの段階にある人も折に触れて実用的なヒントが得られる「リファレンスマニュアル」として長く活用していただけたら嬉しいです。

お問い合わせ

本書に関する意見、質問等はオライリー・ジャパンまでお寄せください。連絡先は次の通りです。

　　株式会社オライリー・ジャパン
　　電子メール　japan@oreilly.co.jp

この本のWebページには、正誤表やコード例などの追加情報が掲載されています。次のURLを参照してください。

　　http://shop.oreilly.com/product/0636920056843.do（原書）
　　http://www.oreilly.co.jp/books/9784873118482（和書）

この本に関する技術的な質問や意見は、次の宛先に電子メール（英文）を送ってください。

　　bookquestions@oreilly.com

オライリーに関するその他の情報については、次のオライリーのWebサイトを参照してください。

　　http://www.oreilly.co.jp
　　http://www.oreilly.com（英語）

謝辞

　新米著者の私を引っ張って第1作の完成に持ち込んでくださった編集者のローレル・ルーマ氏とアシュレー・ブラウン氏、大変お世話になりました。

　「現場の声」に管理者としての体験談を寄せてくださったマイケル・マルサル、ケイティ・マキャフリー、ジェイムズ・ターンブル、ケイト・ヒューストン、マーク・ヘドルンド、ピート・マイロン、ベサニー・ブラウントの各氏に感謝いたします。また、4章でブログを紹介させてくださったララ・ホーガンさんにも御礼申し上げます。

　ティモシー・ダンフォード、ロッド・ベグビー、リズ・クロフォード、ケイト・ヒューストン、ジェイムズ・ターンブル、ジュリー・スティール、マリリン・コール、キャサリン・スタイアー、エイドリアン・ハワードの各氏ほか、本書の執筆に際して貴重な助言をくださった皆さん、ありがとうございました。

　マネジメントについて無数の達見を披露してくれる我が盟友、ケラン・エリオット＝マクレイ氏、そして私の長年の良きアドバイザーである「CTOディナーの会」の仲間、深く感謝しています。あなたがたの達見や助言の数々を、この本に盛り込みました。

　また、何年も前から、頭でっかちの私を叱り「常に好奇心をもって」と励まし続けてくれたマネジメントのコーチ、ダニー・ルキン氏にも心から感謝申し上げます。

　最後に夫のクリスにも。夕食のテーブルでいろいろ相談に乗ってくれたわね。おかげで難所も何とか切り抜けられたし、原稿に目を通して丁寧に指摘してくれたからこそ私も一応「著者」になれたわ。ありがとう。

目　次

推薦の声 ……………………………………………………………………………… v
まえがき ……………………………………………………………………………… vii
はじめに ……………………………………………………………………………… xiii

1章　マネジメントの基本 …………………………………………………… 1
1.1　上司に何を求めるか ………………………………………………… 1
1対1のミーティング ………………………………………………… 2
フィードバックと指導 ……………………………………………… 4
トレーニングとキャリアアップ …………………………………… 6
1.2　管理のされ方 …………………………………………………………… 9
自分が何を望んでいるのかをじっくり考える …………………… 9
自分に対する責任は自分で負う …………………………………… 10
上司も人の子 ………………………………………………………… 11
上司は賢く選ぶ ……………………………………………………… 11
1.3　自己診断用の質問リスト …………………………………………… 12

2章　メンタリング …………………………………………………………… 13
2.1　チームの新人に対するメンタリングの意義 …………………… 13
2.2　メンターの務め ………………………………………………………… 14
インターンのメンタリング ………………………………………… 15
新入社員のメンタリング …………………………………………… 20
技術あるいはキャリアに関わるメンタリング …………………… 22

	2.3	すごい上司、ひどい上司——アルファギーク	24
	2.4	メンターを管理するコツ	27
	2.5	メンターの重要な心得	31
		常に好奇心を絶やさずオープンな心で	31
		相手の言葉をよく聴き、相手の言葉で話す	31
		人脈づくり	32
	2.6	自己診断用の質問リスト	32

3章　テックリード　35

3.1	優秀なテックリードなら必ず知っている、ある奇妙な「コツ」	40
3.2	テックリードの基礎知識	41
	テックリードのおもな役割	41
3.3	プロジェクトの管理	45
3.4	プロジェクト管理の実務	49
3.5	決断の時——技術職を貫くか、管理職への道を選ぶか	52
	私の想像していた「(部下をもたない) シニアエンジニアとしての日々」	52
	現実の「(部下をもたない) シニアエンジニアとしての日々」	53
	私の想像していた「管理職としての日々」	55
	現実の「管理職としての日々」	56
3.6	すごい上司、ひどい上司——プロセスの何たるかを心得ている上司と、プロセスツァー	59
3.7	優秀なテックリードとは	61
	アーキテクチャを把握している	61
	チームプレイの大切さを心得ている	61
	技術的な意思決定を主導する	62
	コミュニケーションの達人である	62
3.8	自己診断用の質問リスト	63

4章　人の管理　65

4.1	直属の上下関係	66
	信頼感と親近感の構築を	66
	今後1ヵ月／2ヵ月／3ヵ月の計画を立てさせる	67

		新人研修用のドキュメントを更新させてチームに対する理解を	
		促す …………………………………………………………………	68
		自分の流儀や要望をはっきり伝える …………………………	68
		新人からもフィードバックを得る ……………………………	69
	4.2	チームメンバーとのコミュニケーション ……………………………	69
		定期的な1-1は必要 …………………………………………	69
		1-1のスケジュリング ………………………………………	70
		1-1にまつわる調整 …………………………………………	70
	4.3	1-1の進め方 ………………………………………………………	71
		TO-DOリスト型 ……………………………………………	71
		キャッチアップ型 ……………………………………………	72
		フィードバック型 ……………………………………………	73
		経過報告型 ……………………………………………………	73
		相手を知るための機会 ………………………………………	74
		その他 …………………………………………………………	74
	4.4	すごい上司、ひどい上司——細かすぎる上司と、任せ上手な上司 ……	75
	4.5	効率よく仕事を任せるために——実践的アドバイス ………………	78
		自分がどういった事柄を細かくチェックすべきかを見きわめる基準は「チームの目標」 ……………………………………………	78
		チームメンバーに尋ねる前にシステムからの情報収集を ………	79
		プロジェクトの進行に伴って焦点の当て所を調整 ……………	79
		コードやシステムに関する基準を設定する ………………	80
		情報は良きにつけ悪しきにつけオープンな形で共有する ……	80
	4.6	「継続的なフィードバック」の文化をチームに根付かせる ……………	81
	4.7	勤務評価 ……………………………………………………………	84
		勤務評価の要約の作成と面談 ………………………………	85
	4.8	キャリアアップの取り組み …………………………………………	90
	4.9	やりにくい仕事——成績不振者の解雇 …………………………	93
	4.10	自己診断用の質問リスト …………………………………………	97

5章 チームの管理 …………………………………………………… **99**

	5.1	ITスキルの維持 ……………………………………………………	102
	5.2	機能不全に陥ったチームの「デバッグ」の基本 ………………………	104
		デリバリにこぎつけられない …………………………………	105

		厄介な部下への対応 ………………………………………… 106
		過労による士気の低下 ……………………………………… 107
		協働に関する問題 …………………………………………… 108
	5.3	盾になる ……………………………………………………………… 110
	5.4	チームの意思決定を主導するコツ ……………………………… 112
		「データ重視」の文化を根付かせる ……………………… 113
		顧客に対する共感を深める ………………………………… 113
		将来を見据える ……………………………………………… 113
		チームの意思決定やプロジェクトの結果を振り返る …… 114
		プロセスと日程を振り返る ………………………………… 114
	5.5	すごい上司、ひどい上司──「対立を何とか手なずけられる上司」と「対立を避けて通りたがる上司」………………………………… 115
		対立を解決しようとする際の「べし・べからず集」…… 116
	5.6	やりにくい仕事──「チームの結束を乱す人」への対処 …… 119
		ブリリアントジャーク ……………………………………… 121
		秘密主義者 …………………………………………………… 122
		無礼者 ………………………………………………………… 123
	5.7	管理者が担当するべき、より専門的なプロジェクト管理 …… 124
		管理者が担当すべき、より専門的なプロジェクト管理の経験則 … 124
	5.8	自己診断用の質問リスト ………………………………………… 128

6章　複数チームの管理 ……………………………………… 131

6.1	時間の管理──何はともあれ「重要な仕事」に照準を ……… 136
6.2	意思決定と委任 …………………………………………………… 141
	「頻繁で単純」な仕事は委任 ……………………………… 142
	「頻繁でない単純」な仕事は自分で ……………………… 143
	「頻繁でない複雑」な仕事は有望な管理者の訓練の機会として活用 …………………………………………………………… 143
	「頻繁で複雑」な仕事はチームの面々に委せてチーム全体の態勢を強化 ………………………………………………………… 143
6.3	やりにくい仕事──「ノー」にも言い方がある ……………… 146
	「はい、それでですね」……………………………………… 146
	ポリシーを決めておく ……………………………………… 147
	「私に『イエス』と言わせてみて」………………………… 148

		「時間や予算を盾に取る」と「今すぐは無理」	148
		手を組む	149
		ずるずるべったりは禁物	149
	6.4	コードの作成以外のITスキル	151
	6.5	直属の開発チームの健全性を見きわめる	152
		コードリリースの頻度	152
		コードへのチェックインの頻度	154
		インシデントの発生頻度	155
	6.6	すごい上司、ひどい上司──「イングループ」を作りたがる上司と、チームプレイを重んじる上司	156
	6.7	無精と短気の効用	160
	6.8	自己診断用の質問リスト	162

7章　複数の管理者の管理　165

	7.1	スキップレベルミーティング	169
	7.2	部下である管理者たちに責任を課する	172
	7.3	すごい上司、ひどい上司──「ノー」と言える管理者とイエスマン	175
	7.4	新任管理者の管理	179
	7.5	ベテラン管理者の管理	182
	7.6	チーム管理者の中途採用	185
	7.7	機能不全に陥った組織の「デバッグ」の基本	191
		仮説を立てる	192
		データをチェックする	193
		チームを観察する	193
		質問をする	194
		チームの人間関係をチェックする	195
		支援に乗り出す	195
		常に好奇心を失わない	196
	7.8	期日の見積もりと調整	196
	7.9	やりにくい仕事──ロードマップにまつわる不確実性への対処	199
		ロードマップにまつわる不確実性に対処する戦術	199
	7.10	技術力の点で時代遅れにならないためには	202
		技術的投資の監督	203

　　　　　情報収集のための質問 ……………………………………… 203
　　　　　技術と事業のトレードオフの分析と説明 ………………… 203
　　　　　明確で詳細な要求を ……………………………………… 204
　　　　　経験で培った独自の勘を拠り所に ……………………… 205
　　7.11　自己診断用の質問リスト ……………………………………… 206

8章　経営幹部　209

8.1　技術系の経営幹部の肩書と役割 ……………………………… 212
8.2　技術担当バイスプレジデントとは？ ………………………… 214
8.3　CTOとは？ ……………………………………………………… 216
8.4　優先順位の変更 ………………………………………………… 221
8.5　戦略の策定 ……………………………………………………… 224
　　　広範な調査と熟慮 ……………………………………………… 225
　　　調査の結果と自分なりのアイデアのひも付け ……………… 225
　　　技術戦略の草案作り …………………………………………… 225
　　　経営陣特有の流儀 ……………………………………………… 226
8.6　やりにくい仕事――悪いニュースを伝える ………………… 227
8.7　他部門を統率する幹部仲間 …………………………………… 231
8.8　反響 ……………………………………………………………… 234
8.9　すごい上司、ひどい上司――恐怖で支配する上司と、信頼を基盤に導く上司 ……………………………………………………… 237
　　　「恐怖の文化」を改めるには ………………………………… 238
8.10　トゥルー・ノース（True North） …………………………… 241
8.11　推薦参考書 ……………………………………………………… 243
8.12　自己診断用の質問リスト ……………………………………… 244

9章　文化の構築　247

9.1　自分の役割の見きわめ ………………………………………… 252
9.2　会社や担当部署の文化の創成 ………………………………… 256
9.3　コアバリューの活用 …………………………………………… 258
9.4　文化に関するポリシーの策定 ………………………………… 261
9.5　キャリアラダー作成のコツ …………………………………… 263
9.6　職能の枠を超えたチーム ……………………………………… 268

		「職能の枠を超えたチーム」の作り方 …………………………	270
	9.7	作業プロセス ………………………………………………………	272
	9.8	意思決定のプロセスから個人的要素を排除する――実践的アドバイス ………………………………………………………………………	274
		コードレビュー …………………………………………………	274
		稼働停止の事後検証 ……………………………………………	275
		アーキテクチャレビュー ………………………………………	276
	9.9	自己診断用の質問リスト …………………………………………	278

10章 まとめ …………………………………………………… 279

索　引 …………………………………………………………………… 281

1章
マネジメントの基本

> 人を束ねる秘訣は、俺のことが好きなのか嫌いなのか、まだ判断のつかない
> でいる連中から、俺を目の敵にしてるやつらを遠ざけておくことさ。
>
> ケーシー・ステンゲル

　多分あなたは「できる上司」になりたくてこの本を読んでくださっているのでしょう。ですがそもそも「できる上司」がどういうものか、ご存知ですか。「できる上司」のもとで働いた経験は？　もしも誰かに正面切って「『できる上司』に何を期待しますか？」と訊かれたら、答えられますか。

1.1　上司に何を求めるか

　誰しも管理(マネジメント)というものに生まれて初めて接する時には「管理される側」であるのが普通ですが、私たちはそうやって「管理された体験」を土台に、自分なりのマネジメント哲学を築き上げていくものです。私がこれまでに見聞きした限りでは、今までキャリアを積んで来た中で「できる上司」に恵まれた経験など一度もない、という人がいます（残念なことです）。私の友人たちも、よかれと思って目をつぶる「無策の策」を取るのが過去最高の上司だ、などと言ってのけます——何をすべきかなんて当のエンジニアが先刻承知、「できた上司」ならすべて一任してくれる、のだそうです。中でも極端だったのは、上司とのミーティングが6ヵ月間でなんとわずか2回、そのうちの1回は昇進を告げられた時、というケースでした。

　とはいえ、他の選択肢を考え合わせると「無策の策」を取る上司もそれほど悪くはないように思えます。他の選択肢とは、たとえばこんな職務怠慢な上司のこと——部

下が助けを必要としているのに知らんぷり、部下の不安など、どこ吹く風の上司、あるいは部下とは一切顔を合わせようとしない上司、フィードバックを一切くれず、それでいて不意に「君は我々の期待に応えられていない」とか「昇進する資格がない」とか言い出す上司。逆に細かすぎる上司ももちろんいます。あなたのすること為すこと何につけ事細かに問いただす上に、何であれ決定権は絶対与えてくれない。いや、もっと手に負えないのが、部下に任せっきりで何もしてくれないくせに、何かのことで怒りをため込み、いきなり爆発する、身勝手で人使いの荒い上司です。悲惨なのは、今あげた人たちがどれも実在してオフィスを闊歩し、チームの面々の精神衛生を脅かす存在となっていることです。「他の選択肢」がこれしかないのであれば、「あなたがとくに支援を求めない限り、大抵は放っておいてくれる上司」もそんなに悪くはないように思えてくるわけです。

とはいえ選択肢はほかにもあります。あなたを一個の人間として気にかけてくれる上司、あなたのキャリアアップを後押ししようと積極的に働きかけてくれる上司。大切なスキルを教え、得難いフィードバックを与えてくれる上司。難局を乗り切ろうとしているあなたをバックアップし、教訓とすべきことに気づかせてくれる上司。いつかは自分の今のポジションに就いてもらいたい、とあなたに期待をかけてくれる上司。そしてこれが一番重要なのですが、焦点を当てるべき要点をあなたが把握する手助けをしてくれるばかりか、実際に焦点を当てられるよう計らってくれる上司、です。

少なくとも、あなたとチームが本筋から逸れないよう上司に果たしてもらいたい務めや役割が、2つや3つはあるはずです。それを明確に把握できれば、上司にそれを求めることもできるというものです。

1対1のミーティング

そこで具体的に、上司に求めるべきことの第1ですが、それは「1対1で行うミーティング（以下「1-1」）」です。これは直属の上司と仕事上、良好な関係を保っていく上で不可欠な要件です。にもかかわらず、これを怠ったり、「そんなミーティングは部下の時間を無駄にするだけ」と部下に思い込ませたりする上司が少なくありません。まずは1-1が部下の視点から見てどのようなものなのか、考えていきましょう。

1-1のミーティングには目的が2つあります。ひとつはあなたと上司との間に人間的な「つながり」を作ること。なにも、いつもいつも自分の趣味や家族の話をしろとか、楽しかった週末についての「よもやま話」をしろとか言っているわけではありま

せん。そうではなくて、自分の私生活を上司にほんの少し明かすことにも意味はある、と言っているのです。たとえあなたが（家族が亡くなった、子供が生まれた、恋人と別れた、住宅ローンが重荷になっている、など）ストレスのたまる状況に陥ってしまったとしても、上司があなたを一個の人間として気遣ってくれるような関係にあれば、上司に休暇を願い出るなどの頼み事をするのもはるかに楽になります。もっとも、有能な上司なら部下の気力や活力が落ちたことに気づくはずですが（こうした時に「どうかしたのか」と訊いてくれるほど気配りのできる上司なら申し分ありません）。

　私自身は、職場では「お友達の関係」を望まないタイプの人間です。こう申し上げておく必要性を感じたのは、誰しも「内気だから」「職場ではあまりどっぷり親しい関係になりたくないから」といった理由で、同僚とは付かず離れずの間柄を保つことも時にあるからです。私は仕事上の友人を積極的に作りたがるタイプだと思われることがあるので、こんなことを書くと読者の皆さんにどう受け取られるかわかりませんが、でもこれは断言できます――「どちらかというと職場では周囲の人々の人間的な面にはあまり関心をもたないというあなたの気持ちはよくわかる」と。だからといって「内気であること」を言い訳に、職場で接する人々を人間扱いしなくてよいかというと、そんなことはありません。強力なチームの基盤となるのは人間同士の絆であり、それが信頼の源となるのです。そして信頼関係――真の信頼関係――を構築するには、相手に堂々と弱みを見せられる度量が求められます。というわけで、部下は上司からは「一歩職場を出たら自分なりの暮らしがある一個の人間」として扱ってもらいたいものですし、1-1ではそうした部下の私生活にもちょっとは触れてほしいわけです。

　さて、1-1のミーティングの第2の目的は「要検討事項について上司と1対1で話し合う定期的な場を設けること」です。あなたの側でも事前に態勢を整えられるよう、スケジュールはある程度予測可能な形で組めるとよいでしょう。というのも、議題を決めるのは別に上司でなくてもかまわないからです。もちろん上司が決める時もあるでしょうが、何を話し合いたいのか事前に多少考えてみることもあなたにとって有益です。ただ、こうしたことは、あなたと定期的に顔を合わせようとしない上司や、「1-1は中止」だの「日時を変更しろ」だの言って来がちな上司だと難しくなります。部下の側でも「1-1は別に定期的にやらなくてかまわない」「2、3週に1度の割で十分だ」といった考えかもしれません。全然やらない、というのでなければ、それでも構いません。必要に応じて開けばよいのです。逆にもっと頻繁に開きたければ、上司にそう申し出ましょう。

ところで、ステータスミーティング（現況確認会議）が「有意義な1-1」となり得る人は、そうそういません。あなた自身が上層部に報告すべき立場の中間管理職である場合は、1-1を開いて、きわめて重要なプロジェクトの状況や、始動期でまだ必ずしも具体的な形をもたないプロジェクトの状況について報告し話し合うことも可能でしょうが、そうしたステータスミーティングとしての1-1は相手にとっては繰り返しが多く退屈なものとなりがちです。「上司との1-1がつまらない現況報告をさせられる場にすぎず、もううんざり」と感じている人には、メールやチャットを介しての現況報告を試して、それで空いた時間に議論したいトピックを提案してみる、という方法をお勧めします。

　このように上司と責任を分かち合って1-1を有意義なものにしてください。上司と膝を突き合わせて話し合いたいテーマや問題を引っ提げて1-1に臨むのです。あなた自身がお膳立てをしましょう。しょっちゅう中止や変更を命じてくる上司には、「1-1がきちんと開ける曜日や時間帯はいつですか」と尋ねてみましょう。「そんな風に決めるのは無理」と言われてしまったら、前日に念を押すことです（1-1を午後に開く予定なら、当日の朝確認するのでも構いません）。1-1の予定が入っていることを確認し、話し合いたい内容を告げて、1-1を開いてほしいという要望を知らせておくのです。

フィードバックと指導

　上司に求めるべきことの第2は「フィードバックの提供」です。フィードバックと言っても、あなたの勤務評価に限りません（勤務評価もその一部分ではありますが）。人間誰しも失敗は避けて通れないものです。もしもあなたが失敗して、それに気づかずにいたとしても、できる上司ならすかさず教えてくれるはずです。当然、知らされた側はバツの悪い思いをします。とくに、親以外の人から自分の態度や行動に関するフィードバックをもらうことに慣れていない新入社員にとっては相当居心地の悪い体験となるでしょう。

　とはいえ、これはむしろ歓迎するべきことです。あなたの振る舞いについて、あえて苦言を呈してくれる人がいなければ、フィードバックが一切得られない、あるいは勤務評価の段階になって初めて知らされる、といった事態になるのが落ちなのですから。自分の悪い癖や習慣は、早く知れば知るほど直しやすいものです。お褒めの言葉をいただく場合も同様です。「できる上司」なら、あなたが日常レベルで見せるちょっ

とした手腕や好ましい習慣に目ざとく気づき、それを評価してくれるはずです。良きにつけ悪しきにつけ上司からのフィードバックはきちんとメモしておいて、職務の自己評価を書く際に活用しましょう。

　理想を言えば、部下がお褒めの言葉をいただくのはどちらかといえば人前で、またお叱りを受けるのはできれば1対1で、が望ましいと思います。たとえミーティングが終わった途端、上司に袖をつかまれ片隅に引っ張っていかれて「必須のフィードバック」を頂戴したとしても、必ずしもあなたの態度が目も当てられなかったせい、とは限りません。「できる上司」は心得ているのです──フィードバックはぐずぐずとタイミングを見計らったりせず、その場で即、与えたほうが効果的なのだ、と。その一方で、「人前で褒める」は上司としてのベストプラクティスと見なされています。上司としては、チームの一員の功績を皆に知らせるとともに、見習うべき手本を示すこともできるからです。ただし、人前で褒められるなんて願い下げ、という人はあらかじめ上司にそう言っておきましょう。上司のほうから「人前で褒められるのがいやならそう言っておいて」と事前に訊いてくれれば助かりますが、そう訊いてくれない上司だからといって、あなたが独り嫌な思いをするのも良くありません。

　上司からもらえると助かるフィードバックはほかにもあります。あなたがプレゼンテーションをする時には、あらかじめ上司に原稿やスライドをチェックしてもらって要修正箇所があれば指摘してもらいたいでしょうし、あなたがドキュメントを一応書き終えた時、それに目を通して改善点や改善方法を指摘、提案できるのも上司でしょう。エンジニアの場合、プログラミングに関するフィードバックはおもにチームメイトからもらいますが、それ以外の職務に関しては上司が相談役や指南役を果たすべきです。また、上司の助言を仰ぐというのは、あなたが相手に一目置いていることを示す手っ取り早い方法でもあります。人の役に立つというのは誰にとっても嬉しいことです。上司といえども人の子、この手のおだてにまったく効果がないはずがありません。

　会社におけるあなたの地位や立場に関して言えば、上司こそがあなたの最強の味方であるべきです。あなたが一定以上の規模の企業に勤めていて、出世を望んでいる、という場合、手っ取り早いのは「どういう方向に照準を定めたら昇進できるでしょうか」と上司に尋ねてみる、という方法です。また、チームメイトのひとりや他チームとの関係がうまくいかず悩んでいるといった場合には、上司に応援を仰ぎ、必要に応じて間に入ってもらうとよいでしょう。ただし、いずれの場合もあなたが声を上げなければ始まりません。出世したいのにその気持ちを打ち明けられないのであれば、上司

が奇跡的に昇進させてくれるだろうなどと期待するのはやめることです。また、チームメイトとの関係に悩んでいても、それを上司に知らせなければ、上司としても手の打ちようがありません。

さらに、あなたの学習や成長に役立つプロジェクトを見定め、それを担当させてくれる上司は最高です。しかし「できる上司」なら、それにとどまらず、たとえ今あなたが担当している仕事が面白くも楽しくもないものであっても、その価値をしっかり理解させてくれるはずです。その仕事がチームの目標達成にどう貢献するのかを、より大局的な視点に立って示すことで、日々の職務に関する目的意識をもたせてくれるはずです。毎日の平々凡々な務めでも、それが会社全体の成功にどう役立つかがわかれば、あなたの誇りの源ともなり得るのです。

昇進するにつれて、良きにつけ悪しきにつけ個人的に与えられるフィードバックが減ってくる可能性は高くなります。あなた自身の地位が上がれば、当然ながら上司はもっと高い地位の人となり、その上司からのフィードバックは、あなた個人に関するものより、チームや戦略に関わる情報や助言が多くなるはずです。さらに重要なのは、昇進を果たすにつれて「1-1のミーティングで主導権を握ったり議題を提案したりフィードバックを与えたりすることが以前より気安くできるようになる」という点です。この種の作業の出来不出来は勤務評価の判断基準とはならないため、1-1の相手である部下の側ではそれにあまり時間を割きません。ですからあなたは「自分が主導権を握ったら、押し付けがましいと思われるのでは」といった心配をせずに1-1の先導役を果たせるわけです。

トレーニングとキャリアアップ

上司はあなたと会社をつなぐおもなパイプ役として、トレーニングなど、あなたのキャリアアップに効果的なリソース（資源や手段）を見出す責任の一端を担っています。たとえばあなたにとって有益なカンファレンスや講座を教えたり、必要な書籍の購入を手助けしたり、あなたの教育やトレーニングの指導者として、別の部署にいる専門家を紹介したり、といった具合です。

部下に対する上司のこうした育成、教育の責任は、どの企業でも課されているというわけではありません。育成、教育を専門に行う部門があり、希望者はそこへ直接相談するという形を取っている企業もあれば、規模が小さくて従業員のトレーニングに割ける資金などない、あるいはトレーニングは不要だと考えている企業もあります。

あなたの勤めている企業がどれに当たるとしても、自分に必要なトレーニングの種類や内容を見きわめるのは主としてあなた自身の責任です。とくにそう言えるのは、技術部門でのトレーニングを望んでいる人の場合です。あなたに役立ちそうなカンファレンスや講座の一覧表を上司が常備しているといった状況は、まずあり得ません。

もうひとつ、あなたのキャリアアップに上司が直接貢献できるのは、昇進（と、おそらく昇給）に関してです。所定のプロセスを経て昇進を承認する企業なら、当然あなたの直属上司が何らかの形でそのプロセスに関与するでしょうし、昇格審査委員会が設けられている企業なら、上司があなたに審査基準を教えて準備の指導をしてくれるはずです。直属の上司または経営陣が直接あなたの昇進を決める企業の場合、直属の上司の後押しや働きかけは不可欠なものとなります。

どのようなシステムが取られているにしても、直属の上司はあなたに昇進の資格があるかどうか、当然自分なりの意見をもっているはずです。ですから昇進を望んでいる人にとって、具体的にどんな方面に照準を定めるべきか上司にアドバイスを仰ぐことは非常に重要です。昇進を100パーセント保証できる上司など、まずいないでしょうが、「できる上司」なら自分たちの組織がどんな資質やスキルを求めているかを心得ていて、あなたがそうした資質やスキルを磨けるような助言や指導をしてくれるはずです。とはいえ、この件に関しても地位が上がってくれば話は別です。地位が上がるにつれて昇進の機会も減ってくるため、さらなる昇進の根拠となるような資質やスキルを自ら上司に示す必要が出てくるかもしれません。

CTOに訊け　大きな夢

Q 社会人としての一歩を踏み出したばかりの者ですが、キャリア上の最終的な目標はもう定まっており、それは「いつの日かCTO（最高技術責任者）になること」です。この目標を達成するために今、私にできることを教えてください。

A まず第一に覚えるべきなのは「仕事のしかた」です（皆さんはもう知っているかもしれませんが、学部を出た頃の私はまったく知りませんでした）。技術系の日常の業務は学校で習うこととはまるきり違うので、現場のエンジニアの職務について覚えるべきことは山ほどあるはずです。具体的なアドバイスを

ひとつ——新たな技術的スキルを身につけられるだけでなく、（テスト、プロジェクト管理、製品管理、協働など）エンジニアの職務を構成する種々の作業についても指導やトレーニングが受けられる職場を探すとよいでしょう。こうした多様なスキルで強固な基盤を築くことが望ましいのです。成功を手にする上で必要なスキルです。

　もうひとつ、極力有能な上司や指導者を見つけてそのもとで働き、仕事ぶりを観察して見習うこともお勧めします。あなたを後押しして成果を上げさせてくれるだけでなく、その成果にきちんと報いてくれる人、もっともっと勉強したいと発奮させてくれる人、そんな上司や指導者を見つけてください。ただし「勉強する」とは、新しい技術を習得することだけに限りません。優れたCTOは、技術的なセンスだけでなく、コミュニケーションスキル、プロジェクト管理能力、製品に関するセンスも兼ね備えているものです。加えて、コードを書く経験も十二分に積んで、質の高いコードを書くコツも会得しなければなりません。そのためには集中的にプログラムを作成する経験を2、3年は積む必要があるでしょう。一朝一夕に得られることではありません。

　さらにもう1点、的を射た強力な人脈づくりも大切です。駆け出しのエンジニアが見逃しがちなのが「現在の仲間が将来の仕事につながる」という事実です。こうした人脈は、学生時代の友人、企業のチームメイト、カンファレンスやミートアップ（趣味や関心を同じくする人々がSNSなどを介して開催する会合）で知り合った同好の士など、多種多様な友人知人によってできあがります。引っ込み思案な性格もほどほどならば問題ありませんが、CTOになることを望むなら、いろいろな分野の人たちと付き合って、数多くの企業にまたがる広く強力な人脈を築き上げるコツを身につけないと、かなり難しくなるでしょう。

　最後に「CTOの大半は、小企業のCTOである」という点も押さえておく必要があります。スタートアップの技術系の共同創設者であるケースが多いのです。将来CTOになりたい人にとっては、新会社の創設者を続々と輩出している企業に勤めるのが最良の策です。未来の共同創設者に出会うかもしれませんし、新会社に移籍する機会が比較的早く巡ってくるかもしれません。

1.2　管理のされ方

「できる上司」は「管理のされ方」も心得ています。これには「上司との良好な関係の構築」が含まれてはいますが、この2つは同義ではありません。職場で自分が経験することに対して当事者意識や主体性をもち、上司との関係づくりにおいても上司任せにしないことこそが、職場で充実した日々を送り、満足のいく形でキャリアを積んでいく上で重要な姿勢なのです。

自分が何を望んでいるのかをじっくり考える

あなたの成長につながる機会を教えてくれることなら、上司にもできます。たとえばあなたの役に立ちそうなプロジェクトを紹介するとか、あなたがさらに掘り下げるべき領域について助言をするとか。でもあなたの心を見抜いたり、何があなたを幸せにするのかを教えたりすることはできません。新卒の新入社員であろうと、20年もキャリアを積んできたベテランであろうと、自分自身が何を望んでいるのか、何を学びたいのか、何が自分を幸せにするのかを考え抜いて明らかにする責任はひとえにあなた自身が負っているのです。

おそらくあなたも今後キャリアを積んでいく過程で、モヤモヤと気の晴れない時期を経験することでしょう。学校を出て、独り立ちした大人の暮らしを始めはしたものの、将来の方向が定まらず不安な模索状態で数年間を過ごす人は大勢います。私自身、学部を終えて就職こそしたものの、五里霧中の状態が続いたため、とりあえず大学院に戻りました——結局のところ、慣れ親しんだアカデミックな世界で安定を求め、右も左もわからない現場から逃避したにすぎなかったのですが。その後、ついに職業人となり、エンジニアとしてキャリアアップをしていく中でも、またもや「モヤモヤと気の晴れない時期」を経験します。大企業で働く者の無力さのようなものを実感した時です。後年、経営陣のレベルに上り詰めてからは、幹部としてのリーダーシップという難題に悩みました。こうした自分の体験を振り返ってみると、どうやら私は今後も定年退職を迎えるまで、5年周期か10年周期で「モヤモヤの時期」を迎えそうです。

あなたもキャリアのさまざまな段階を経ていく中で、この世がいかに「モヤモヤ」だらけであるかを痛感するようになるでしょう。あこがれの仕事にようやく就けたけれど、その喜びもやがては薄れて、ふと気づいたら再び何か別のものを模索していた、

という状況は、国や文化の違いに関係なくよくある話なのです。あのステキなスタートアップでぜひ働きたいと熱望していた人が、その夢を実現できたはいいが、現場は悲惨な迷走状態にすぎなかったとか、管理者になりたくてしかたのなかった人が、いざ管理者になってみたら予想外の激務で、期待していたほどのやりがいを感じられなかった、とか。

　こうした不安材料や不確定要因に事欠かないこの世の中で、何とかやって行こうとする時に頼れるのは自分だけ。この点では上司には頼れません。自分の今の立ち位置で何が可能かを模索する時には上司も頼りになりますが、次にどこを目指したいのかを考える場合には自分で自分の内面を見つめ、探るべきなのです。

自分に対する責任は自分で負う

　まずは己（おのれ）を知った上で、さて、次なるステップは「望みをかなえるための努力を惜しまない」です。

　上司と話し合いたいことがあれば、1-1の議題として提案しましょう。参加したいプロジェクトがあれば、上司に頼みましょう。自分を売り込むのです。売り込んでみて、上司の応援が得られなさそうなら、よそを当たってください。自分の正すべきところ、伸ばすべき能力に関する建設的な助言など、フィードバックは積極的に求めましょう。それが得られたら、たとえ異論があっても感謝の念をもって傾聴すべきです。

　不安や不満が解消できない状況がいつまでも続くようなら、声を上げてください。にっちもさっちも行かない状況に陥ってしまったら、助けを求めましょう。昇給を望むなら、その意思表示をするべきです。昇進を望むなら、それを実現するには何が必要かを探ることから始めます。

　部下の仕事と私生活のバランスに関して、上司が何であれ強要することはできません。今晩はもうこれで退社したい、と思ったら、抱えている仕事をきちんと終わらせる算段をつけてから帰宅すればよいのです。会社や部署の流儀に反して（波風が立つのを承知で）自分流を貫かざるを得ないことも時にはあるでしょう。逆に、さらなる高みを目指すのだから残業があってもしかたがない、という状況もあるかもしれません。

　望みはすべてがかなえられるわけではありませんし、希望を言い出しにくい場面もあるでしょう。ただ、「希望を表明する」のは前へ進む一番手っ取り早い方法なのです。公平な上司なら「希望をはっきり知らせてくれてよかったよ」と言ってくれるかもしれません。上司がそうした公平さを持ち合わせていなかったり、「もう少し遠慮し

たらどうだ」的な反応を返してきたりしたら、それはそれで自分が今置かれている立場を認識させてくれる材料となります。成否の程など私が保証できるはずもありませんが、自分なりの目標を定めたら、実現に向けて手を尽くす責任はあなた自身にあるのです。

上司も人の子

　上司もあなた同様、日々、仕事をしている身です。ストレスを抱えて参っている時もありますし、欠点も皆無ではありません。バカげたことを口走ってしまったり、あなたから見て不公平なことをしたり、あなたにダメージを与えたりすることもあるでしょう。あなたの望まない仕事も命じてきます。それに対してあなたが「やりたくない」と意思表示をしたらムッとするかもしれません。ですが上司の務めは、会社のため、チームのために最善を尽くすことであって、あなたのご機嫌取りではありません。

　あなたと上司の間柄は何も特別な関係ではなく、よくある「浅からぬ対人関係」のひとつにすぎません。この関係において、あなたの手で変えられるのは「あなた自身」だけです。上司へのフィードバックの提供は、部下であるあなたの当然の務めではありますが、上司が進言や忠告に耳を貸さなくても、それを受け止めるしかないのです。何かの理由で上司が疎（うと）ましくてたまらなくなってしまったら、他チームへ移るなり職場を変えるなりすべきかもしれません。どんな上司のもとで働いても、疎ましくてしかたがなくなる、という人は、原因が上司たちにあるのか、それとも自分自身にあるのか、よくよく考えてみる必要があるでしょう。上司のいない立場で仕事をしたほうが幸せな人もいます。

　また、（これはとくに地位が上がってきた場合に言えるのですが）「1-1では、問題点を報告するのではなく解決法を提案することを期待されるようになる」という点を忘れてはなりません。どの1-1でも毎回毎回、注文とあら探しと要求ばかりではいけないのです。何らかの問題が生じたら、その解決を上司に求めるのではなく、上司ならどう対処するか、助言を仰いでみましょう。繰り返しになりますが、助言を仰ぐというのは相手への敬意と信頼を示す絶好の手法でもあります。

上司は賢く選ぶ

　上司次第で、あなたのキャリアに大きな差が出る可能性があります。ですから就職

や転職の活動をしている時には、職務内容や企業、給与だけでなく、上司についても熟慮する必要があります。

　有能な上司は、社内での駆け引きのしかたを心得ているものです。そういう上司なら、あなたの昇進を後押ししてくれたり、あなたが有力者の目にとまり引き立ててもらえるよう根回ししたりしてくれるかもしれません。有能な上司は人脈も幅広く強力でしょうから、あなたがその上司のもとから去ったのちも、あなたに仕事を回してくれるかもしれません。

　「有能な上司」は「友人のようにウマが合う上司」とは違います。「エンジニアとして尊敬している上司」でもありません。卓越したエンジニアであっても、管理職としては冴えない人が大勢います。社内での駆け引きのしかたを知らなかったり、そんな駆け引きなど願い下げだと考えたりしているのです。卓越したエンジニアは、エンジニアとしての道を歩み始めた部下にとってはすばらしい師匠となり得ますが、ある程度キャリアを積んだ部下を社内で後押しする能力に欠けている場合も少なくありません。

1.3　自己診断用の質問リスト

　この章で解説した上司と部下の関係について、以下にあげる質問リストで自己診断をしてみましょう。

- 「できる上司」と思える人のもとで働いた経験はありますか。「ある」と答えた人にお尋ねします——その上司のどのような行動や業績をすばらしいと思いましたか。
- 上司との1-1の頻度は？　議題は上司が提案していますか。1-1が現況確認会議(ステータスミーティング)となっている人にお尋ねします——他の手段で現況報告をすることはできませんか。
- 私生活で重大な出来事が発生した場合、それを上司に抵抗なく話せますか。あなた個人に関する何かを、上司は理解してくれていると思いますか。
- 上司から適切なフィードバックをもらえていますか。不十分だったり不適切だったりしませんか。それともフィードバックなどまったくもらえない関係でしょうか。
- あなたが仕事上の今年度の目標を立てる際、上司は手助けをしてくれましたか。

2章
メンタリング

エンジニアの多くは非公式な形で「人の管理」を初めて体験します。いわば「成り行き」で、誰かを指導する立場に立たされたりするのです。

2.1 チームの新人に対するメンタリングの意義

「メンター」とは一般にチームの新人（新卒で入社したばかりの正社員やインターンに採用された大学生など）に1対1で仕事上の指導や助言、精神的なサポート等を行う専任の指南役(コーチ)のことです。新入社員の研修の一環としてメンタリング制度を設けている企業や組織も少なくありません。時に、メンタリングの対象者（メンティー）を除けばメンター自身がチームで最年少、という状況もあります。入社後わずか1、2年の若手がメンター役を果たす場合、自身のインターンシップや新人研修での経験がまだ記憶に新しいため、メンティーに共感できる部分が多いという利点があります。その一方で、シニアエンジニアがメンターを務めることもあり、この場合は職場や実務に関するガイド役だけでなく、技術面での指南役も兼ねます。健全な組織では新人研修におけるこうしたメンタリングを「メンティーとメンターの双方にとっての好機」と捉えています。メンターにとっては他者への責任を負う経験をする好機、メンティーにとっては、自分以外にあれこれ頻繁に報告や相談をしてくる部下のいない（あるいは当座はそうした部下たちから「解放」された）専任のお目付け役に教えを請う好機です。

私自身の初めてのメンターはケビンさんというシニアエンジニアで、ソフトウェアエンジニアの現場の職務を1から教えてもらいました。当時まだ学生であった私はインターンとしてサン・マイクロシステムズに受け入れてもらい、JVMツールの担

当チームに配属されました。本物のソフトウェアを作るプロジェクトに参加するのは生まれて初めてでしたが、幸運なことにケビンさんはすばらしい指南役でした。「すばらしい指南役」として私の記憶に強く刻みつけられたのは、その分野の第一人者であるにもかかわらず新米の私のためにわざわざ時間を割いてくれたからです。「君のデスクはここだ」と告げたきり、何をやるべきかはすべて私ひとりで考えさせる、などという冷たい仕打ちはしませんでした。2人でホワイトボードを前にしてコードを逐一検討するなど、プロジェクトの詳細を丁寧に説明してくれた上に、質問にもきちんと答えてくれました。おかげで私は自分が何を求められているのかを把握できましたし、行き詰まった時にも気後れせずに質問したり助けを求めたりできました。私にとってその夏の体験は、ソフトウェアエンジニアとして成長を遂げる上で貴重な第一歩となりました。というのも、ケビンさんの心のこもった指導のおかげで、自分にも現場の仕事がやれるのだ、社員のひとりとして成果を上げることができるのだ、と思えるようになっていったからです。あの体験は私のキャリアにおける忘れがたい一里塚なのです。また、あの経験を通してメンタリングの意義も教えてもらうことができました。

2.2　メンターの務め

　メンター役を果たすよう仰せつかった人には「おめでとう！」と申し上げます。誰もが経験できることではありません。人を管理する仕事がどういうものなのか、他者への責任を負うことがどんな感じなのかを、あまり責任を負わずに学べる好機です。多少しくじってもクビになる可能性はまずありません（もちろん「不適切な行為」をしなければ、の話ですが。新人や研修生をいきなりデートに誘ったりしないでくださいね！）。多くの指南役に起こり得る最悪の事態としては、**a) 新人や研修生が無能なために指導が徒労に終わり、プログラミングの作業にも支障が出てしまう事態**、そして、**b) 指南役の指導がまずくて有望な新人や研修生が不満や不快感を抱いたり、短期間で辞めたり他社を選んだりしてしまう事態**、の2種類があげられます。あいにく、a) よりも b) のほうが起こる確率がはるかに高くなっています。無能なメンター——メンターとしての責任を軽視し、些末な作業ばかり命じて貴重な研修時間を浪費し、最悪の場合、指導相手をおびえさせたり自信を無くさせたりして「この会社で働きたい」という意欲を消してしまうようなメンター——のせいで逸材が機会を奪われることがあるのです。でも誰もこんな事態を望んではおらず、「できる上司」になりたいは

ずです。いずれにしても、メンタリングの際にチームが進めている開発作業にあまり響かない形で良好な関係を築き、維持していくにはどうしたらよいのでしょうか。

インターンのメンタリング

　まずはインターンのメンタリングについて考えてみましょう。職場体験を目的に企業などが期間限定で受け入れる研修生の指導です。米国で大半の技術系企業が夏期研修生として採用するのは、学位取得のための研究や論文作成の最中ではあるものの、あなたの会社で貴重な職場体験をさせてほしいと望む優秀な学生たちです。研修生の選考方法は千差万別で、多くの企業は有望な新卒の候補者を確保する好機と見なしています。ただし、研修希望者が卒業（修了）見込みの学年ではない場合、現実的にはその学生の現場に関する知識や技能はほぼゼロで、今回の研修で格別にすばらしい体験をしない限り、来年は他社の研修生となることが予想されます。メンターにとってはプレッシャーのない状況と言えるでしょう。

　というわけで、あなたは現場の経験がほぼゼロの学部生を指導する立場に立たされました。さて、この夏このメンティーに「最高の体験」をさせてあげるには、どうすればよいでしょうか。たとえ会社がその学生を気に入らなくても、その学生にはあなたのことを気に入ってもらいたいものです。インターンは研修を終えれば大学へ戻り、その夏あなたの会社で働いた経験について友達にあれこれしゃべるでしょうから。こうして学生が仲間に語る体験談は、会社が次の新卒者を正規雇用しようとする際の成否を分ける大きな要因となり得ますし、会社がその大学からインターンを採用したという事実によって、その大学の新卒者を正規雇用したいという意向が表明される形になるはずです。でも心配はご無用！　インターンに満足してもらうのはそんなに難しいことではありません。

　まず準備する必要があるのは期間中インターンにやってもらうプロジェクトです。ただ、その内容を決めるのがなにしろ至難の業なので、メンターであるあなたが良いアイデアを難なく思いつくとよいのですが。ともかく、プロジェクトを準備してあげないとインターンは何をやったらよいのか途方に暮れて、「恐ろしく退屈な夏」になってしまいかねません。職場で自分が何をするべきかを見きわめるのはベテラン社員でも大変なのですから、それをインターンにやれというのは無理な相談です。ですから構想だけでも練っておかないといけません。少なくとも、研修が始まって最初の2、3週間、インターンに手慣らしをしてもらうためのプロジェクトです。「まるで見

当もつかない」という人は、現在取り組んでいるプロジェクトを振り返って、自分なら2、3日で完成できるようなちょっとした機能や要素を見つけ、それをプロジェクトに利用できないか検討してみたらどうでしょうか。

　インターンシップの最初の2、3日は、新入社員の場合とそれほど変わらないはずです。新人のためのガイダンスを受けてもらう、先輩社員に紹介する、職場やシステムのことを覚え、慣れてもらう、といった活動内容でしょう。この最初の2、3日は可能な限りインターンのそばについていてあげましょう。まずは一緒に開発環境（IDE）をインストールして、コードを逐一説明してあげてください。そして日に数回は、新たな情報の波に呑まれて圧倒されていないか、様子を見てあげましょう。その一方でインターンのためのプロジェクトの準備も進めます。

　プロジェクトの内容を決めたら、この時点で当然あなた自身が仕入れ始めているはずのプロジェクト管理の基礎知識をさっそく応用しましょう。このプロジェクトにはすでにマイルストーンが設定されているでしょうか。まだであればインターン期間の最初の2、3日のうちに完了してください。完了したらインターンと共にマイルストーンに至る過程を検討していきます。インターンに理解できるでしょうか。わからないことがあれば質問してもらって、答えてあげましょう。忘れてはなりません——これはあなた自身が将来管理職になりたいと思った時に必要になるスキルを磨くチャンスなのです。とくにこの場面で磨けるのは、相手の言葉に耳を傾ける傾聴力、相手のするべきこと、出すべき結果を明確に説明する伝達能力、そして相手の反応を見て適宜調整する適応能力です。

傾聴

　人的管理において基本中の基本とも言えるのが「傾聴のスキル」です。傾聴は、相手に共感をもつ上で必須の要件であり、かつまた「できる上司」になるための基本スキルです。今後のキャリアがどう発展していくにしても常に必要なスキルです。直属の部下をもたないエンジニアでさえ、相手の言葉を間違いなく理解することは不可欠です。ですからインターンがあなたに話しかけている時に自分自身の振る舞いを省みてください。「自分が次に何を言いたいか」だけを考えていませんか。自分の仕事のことで頭がいっぱいでは？　ほかにも、インターンの言葉に耳を傾ける以外のことをしていませんか。「イエス」であれば、あなたは「聞き上手」とは言えません。

　直属の部下をもつ場合であれ、後輩に間接的に影響を与えるだけの立場であれ、とにかくリーダーシップを身につけたい人がまず心得ておくべき点のひとつが「自分の

言いたいことを相手にきちんと伝わる形で話すのが下手な人が多い」という事実です。SF映画『スタートレック』を観ていると、ボーグ（機械生命体）の複数の個体がひとつの意識を共有していたり（集合精神〈ハイブマインド〉）、バルカン人が手で触れた相手の心を読み取る精神融合〈マインドメルド〉の能力を披露したりしていますが、私たち人間にはそんな超能力はありませんから、言葉を使って自分の思いや考えを何とか相手に伝えようといつも四苦八苦しています。おまけにエンジニアという人種は微妙なニュアンスの表現や理解といった言語系の能力に関しては平均以下という人が多いのです。ですから肝に銘じておきましょう——「傾聴」とは、指導相手が「口にする言葉だけを耳で捉える行為」ではないことを。相手が言葉を口にする際の調子や仕草にも気を配らなければなりません。相手はあなたの目を見つめながら話していますか。ほほ笑んでいますか。眉をひそめていますか。ため息をつきながら話していますか。こういうちょっとしたシグナルが、あなたにどれくらい理解してもらえていると相手が感じているのか、その度合いを知る手がかりとなるのです。

　あなた自身の話し方にも気をつけなくてはいけません。複雑なことを告げる際には、必要なら、表現を言い換えて2、3度繰り返してあげましょう。また、相手の質問したことがわかりにくいと感じたら、その質問を、表現を言い換えて相手に返してみてください。それが相手の意図したことと違っていれば、訂正してくるはずです。図表を描いて説明する必要が生じたら、ホワイトボードを活用しましょう。自分の言葉を相手がきちんと理解した、相手の言葉を自分がきちんと理解できたと納得できるまで、たっぷり時間を取って話し合ってください。もうひとつ忘れてはならないのは、相手の目には自分が「強大な影響力を行使できる立場の人」として映ることです。おそらく相手は、幸運にもインターンになれたのだから失敗してはいけないと緊張しているでしょうし、あなたに気に入られたい、マヌケ面をさらしたくない、と全力投球のはずです。わからないことがあって質問したくてもできずにいるかもしれません。ですからあなた自身がゆったり構えて、質問しやすい雰囲気を作ってあげることです。満足に質問できなかったせいでインターンがとんでもない方向へ脱線してしまう可能性に比べれば、質問にいちいち答えてあげたせいで自分の作業時間がなくなってしまう可能性のほうがはるかに小さいはずです。

明確な伝達

　とはいえ、自力で問題を解決しようとせず質問したり助けを求めたりし続けるインターンに当たってしまったら、どうすればよいでしょうか。これはまた別の人的管理

のスキルを磨く好機だと捉えるべきでしょう——インターンがなすべきこと、出すべき結果を、的確に伝える能力を磨く好機です。まず自分で調べて、それでもわからなければ質問してもよい、という考えなら、そう伝えればよいのです。たとえばプログラムの一部なり製品なりを説明するよう命じ、その参考になると思われる資料を示します。手がかりとなる資料まで与えたのに説明できないようなら、そのインターンの可能性に「？」がつき始めたと見てよいかもしれません。たとえそんな状況に陥ってしまっても、とりあえず、インターン用に準備しておいたプロジェクトの最初のマイルストーンを告げて、1日か2日、自力で作業を進めてみて、と命じてみます（事前に手間暇かけてプロジェクトのマイルストーンを設定しておいた甲斐がありましたね。ここはそれが活きる場面です）。すると意外や意外、あなたの予想をはるかに上回る早さで作業を完了してしまった、という嬉しい結果となるかもしれません。もっとも通常は、インターンが脱線することなく課題をやり遂げられるよう念押しや催促や説明をしなければならないでしょうが。

自身の対応の調整

さて、インターンを指導する過程であなた自身が磨くことのできる3つ目の人的管理のスキルは、インターンの反応を見定めて適切に対応するための調整能力です。インターンとの関係ではさまざまなことが起こり得ます。たとえばインターンがあなたの予想をはるかに上回る能力を示したとか、簡単な任務に手こずってしまったとか、仕事は速いが結果の質が良くないとか、逆に仕事は遅いが結果は完璧すぎるほど完璧とか。理解度や進捗状況をどのような頻度でチェックすれば調整がきくかは、インターン期間の最初の2、3週間で見定めます。週1回が適当と思える場合もあれば、1日1回は必要という場合もあるでしょう。週1回でも多すぎるというケースもあり得ますが、とにかく週に1回はチェックしてあげて、その上さらに（インターンシップ終了後の就職活動を見据えた）会社の売り込みや説明のための時間も設けましょう。

以上のようなことが首尾よく果たせれば、良好な関係でインターンシップを終えられると思います。インターンは一定の価値のあるプロジェクトをやり遂げましたし、あなたは傾聴力と伝達力と調整力を磨くことができました。インターンはあなたの会社に好印象をもって去っていき、あなたはこの夏初めて体験した「人の管理」を、今すぐ（あるいは近い将来、あるいはいつか）本格的にやりたいか、やりたくないか、自分なりの感触がある程度つかめたはずです。

CTOに訊け　夏期インターンのメンタリング

Q　夏期インターンのメンタリングを命じられた者ですが、どこから手を付けたらよいのか見当もつきません。インターンに何をしてもらえばよいのでしょうか。実り多き夏を過ごしてもらうために私はどんな準備をするべきでしょうか。

A　夏期インターンシップの準備に大量の時間を費やす必要はありませんが、準備の良し悪しがメンタリングの成否に大きな影響を与えます。そこで基本的な準備事項を紹介しておきましょう。

1. **受け入れ態勢を整える**——インターンシップの初日を確認しましたか。まだであれば事前に確認し、その日までに必ずインターンの作業環境を整えてあげてください。デスクはあなたのデスクの近くに用意しましたか。コンピュータもありますか。システムにアクセスでき、ソフトウェアが使える状態になっているでしょうか。大企業でさえ、こうした準備をおろそかにすることがあります。「ビッグチャンスだ、がんばるぞ！」と張り切って出社してみたら、自分の席はないわ、システムにアクセスもできないわ、なんて最悪です。

2. **インターンのためのプロジェクトを用意する**——明確なプロジェクトがあってこそ最高のインターンシップと言えます。内容選びの基準の例は「明確、具体的で、急を要しないもの」「チームの仕事に関連するもので、なおかつ初心者レベルのエンジニアがインターンシップの2分の1程度の期間で仕上げられるもの」といったところです。たとえばインターンシップの期間が2ヵ月半であれば、新入社員なら5週間前後で仕上げられそうなプロジェクトを用意するのです。そうすれば一石二鳥で成果を上げることができます——時間的に余裕をもたせたスケジュールなので、たとえ研修や懇親会などインターン向けの他の予定が目白押しでも、それをすべてこなし、しかもプロジェクトもやり遂げられる、というわけです。インターンシップの修了前に余裕でプロジェクトをやり遂げられたら、なおすばらしいでしょう。残った時間で他の仕事まで手伝えるほどシステムを理解できたのかもしれません。そうは言っても、相手がインターンであるこ

とを忘れてはなりません。まだまだ勉強中の身なのですから、「手間取って当たり前」を前提とし、万一予定より早く仕上がったら「嬉しい驚き」を味わわせてもらえばよいのです。
3. **締めくくりのプレゼンテーションも**——インターンシップの締めくくりとして、期間中にやり遂げたプロジェクトに関するプレゼンテーションをしてもらいましょう。そうすればインターンがあなたがたメンターのみならず他の社員にも顔を覚えてもらえるかもしれませんし、「インターンにはプロジェクトをやり遂げてほしい」というあなたの意向も明確に伝わるはずです。会社がこのインターンを次期正規雇用の候補者に選ぶか否かを決める際（あるいは、この学生の卒業がまだ1年か2年先である場合は、来年の夏期インターンシップでもこの学生を再採用するか否かを決める際）、あなたの意見がモノを言う可能性も高くなるでしょう。ところで、プレゼンテーションのやり方を学ぶ時間も設けてあげる必要があるかもしれません。あなたのチームが定期的にデモやミーティングを行っているのであれば、インターンのプレゼンテーションもその形式に倣ってもらうとよいでしょう。長い詳細なプレゼンテーションをする必要はありません。チームの先輩たちを前にして成果を発表すること自体が、自分のやり遂げた仕事が有意義であったことをインターンに実感してもらう絶好の方法なのです。自分の成し遂げた仕事の真価を会社が認めてくれたと実感したインターンは卒業後その会社に入社してくれる可能性が非常に高い、と私は確信しています。

新入社員のメンタリング

私が学部を卒業して就職したのは大手IT企業でした（以下「M社」と呼びます）。配属先のチームは数年前から取り組んできたプロジェクトのリリース作業の真っ最中でした。私は上司から「君のオフィスはここだ」と告げられただけであとは「ほったらかし」にされ、何をすればよいのか独り頭を絞るハメになりました。誰かに助けを求めるにしても、どうしてよいのか見当もつきません。それに質問などしたらマヌケだと思われやしないかと恐れてもいました。言うまでもなく、やる気をそがれた私は大学院に戻るのが最良の策と判断し、それを実行しました。

大学院を出て最初に就職した会社は、これ以上は望めないと言えるほどM社と違っていました。君のデスクはここだと言ったきり放っておくのではなく、専任のメンターを付けてくれたのです。どんどん質問してかまわないからね、とその人は言ってくれました。また、2人で1台のマシンを使って行う「ペアプログラミング」もやってくれたので、コードベースを知ることができた上に、そのプロジェクトでテストを行う方法も把握できました（私にとっては初めての単体テストでした）。おかげで私はわずか数日のうちに多少なりともチームに貢献できるようになりましたし、M社に勤めていた期間を通して習得したよりもはるかに多くのことを最初の2、3ヵ月で学び、覚えました。ひとえにあのメンターの指導のおかげ、といっても過言ではありません。

　新入社員のメンタリングは非常に大切です。そうしたメンタリングをあなたが命じられた場合、指導内容としては、新人のための研修、スムーズに会社に溶け込んでもらうための支援、あなたと新人の社内での人脈づくり、などがあげられます。インターンのメンタリングほど負担が大きくはないでしょうが、師弟関係も指導も、インターンの場合よりはるかに長く続くのが普通です。

　メンター役のあなたにとって、これは新人のフレッシュな目を借りて自分の会社を見つめ直す好機です。入社直後の自分の経験は、思い出そうとしてもなかなか思い出せません。仕事はどのように行われていますか。不文律も含めてどのような職場のルールがありますか。たとえば人事の便覧を見ると休暇制度が載っているでしょうが、これなどは明文化されたルールです。これに対して不文律は、たとえば電子商取引関連企業なら「クリスマス前後から年末年始にかけては我が社にとっては書き入れ時だから、みんな普通は休暇を取らない」といった暗黙の決まりです。もっとさりげなく漠然とした不文律もあります。たとえば「おおよそどの程度の間、自力で問題解決の努力を続けて、それでも目途が立たなかったら応援を求めてもよいか」といった判断基準です。このように社内のちょっとした手続きや流儀、呼称や合言葉の数々が「日常」となり過ぎていて新人にとっては理解の範囲外という状況でも、先輩社員たちは気づかない場合があるのですが、それに気づければ明確に説明することも可能になります。不文律というものはこのように新人が溶け込むのを阻む要因となり得るばかりか、メンターであるあなた自身の務めの妨げともなりかねません。ですからこの機会に新人のフレッシュな目を通して周囲を見直してみることです。

　なお、優れたチームなら新人に役立つ資料を用意しているはずです。たとえば開発環境のセットアップに関する細かな説明や、トラッキングシステムについての解説、仕事に必要なツール類の使用法など、新人にとっては不可欠な資料です。こうした資

料は変化に応じて絶えず更新する必要があります。新人がこうした資料から知識と情報を入手するのをメンターであるあなたが助け、資料の要修正箇所を見つけたら更新させ、といったことを重ねていけば、チームが新人を大事にしていることが明確に伝わります。新人はしっかり研修し、その成果をチームのために活かす権限と義務があるのだ、ということが示されるのです。

　ところで、新人を他の先輩社員に紹介する場面はメンター自身のチャンスともなります。社内では随所にさまざまな人脈が張り巡らされ、知識や情報が飛び交っているものです。メンターであるあなたの人脈に新人を加えれば、新人が社内の事情に精通する上で助けになるでしょうし、その新人がこれから築く自分なりの人脈にあなたが加われば、その人脈を介してあなたにもまた新たな可能性が開けます。ひとつの企業（とくに大企業）に長く勤続したいと考えている人々は往々にして非公式な人脈にチャンスを見出します。あなたが関心をもっているチームに、今あなたが指導している新人がいつの日にか配属されるかもしれません。あるいはあなたが将来、他の分野でチームを率いることになった時、今指導している新人をメンバーとして迎えたいと思うかもしれません。

　たとえあなたがマネジメントにまったく関心のないタイプの人であっても、複数のチームを擁する企業で、信頼に裏打ちされた強力な人脈を構築し情報やアイデアを共有することなく、キャリアを重ねていくのは非常に困難です。職場というものは人間とその相互関係を中心に築き上げられており、そうしたネットワークこそが、マネジメントに関わるものであれ個々の技術的職務に関わるものであれ、あらゆるキャリアの基盤となっているのです。内気な人や付き合い下手な人でも、新人と知り合い後押しをする意識的な努力を重ねれば、それなりの成果を手にすることができます。人脈をどう捉えるかは、あなた自身の成功を左右する要因なのです。「人脈づくりは時間と労力を投資するに値するもの」という見方を常にもってください。

技術あるいはキャリアに関わるメンタリング

　技術あるいはキャリアに関わるメンタリングは通常昇進などに直接的には関係しないので、ここでは少し触れるだけにします。そうは言っても大抵の人がキャリアを重ねていく中で、技術に関するメンタリングかキャリアに関わるメンタリング（あるいはその両方）に、ある程度関わる時期があるでしょうし、メンターを付けてもらったりメンターを見つけるよう勧められたりする人も少なくないと思います。そこでこの

種のメンタリングで成果を得るにはどうすればよいのかを考えてみましょう。

この場合のメンターとメンティーの関係は、自然に、かつまたプロジェクト全体との絡みで進化していきます。シニアエンジニアが生産性を高める目的で同じチームの若手エンジニアを指導する場合には、双方に直接関連する問題に共に取り組む形になります。シニアエンジニアにとっては、若手エンジニアの作るプログラムの質が上がり、修正箇所が減り、開発速度が上がるというメリットがありますし、若手は若手で今取り組んでいる仕事の状況を深く理解している先輩から直接詳細な指導を受けられるという明白なメリットがあります。このタイプのメンタリングは非公式なものであるのが普通で、チームにとって非常に有益であるため、シニアエンジニアの職務の一環と見なされることもあります。

また、別々のチームのメンバー間でメンターとメンティーの関係を組ませるメンタリング制度を正式に設けている企業もかなりあります。こうした制度は、人脈づくりに資する場合もありますが、メンターにもメンティーにも漠然とした義務感を抱かせる嫌いがあります。以上、紹介してきた種々のメンタリングの関係を結ぶことになったら、「その関係に対する期待や目標を明確にすること」が大切です。

メンターになったら

あなた自身がメンターになったら、メンティーに何を望むのかを告げる必要があります。たとえば「あらかじめ質問したいことを考えて、いくつかまとめて事前に送ってください。そうやって準備態勢を整えた上でメンタリングに臨んでください」といった具合に言ってあげるのです。また、あなたがメンタリングにどの程度時間を割けるかもはっきり知らせましょう。こうしたあなたの要請に応じて相手が質問してきたら、率直に答えてあげてください。せっかくメンターになったのです、とくにほとんど初対面の相手を指導する時には、相手との間に距離があることを逆手に取り、淡々としたプロらしい態度で、相手が自身の上司や同僚からは得られないような率直なアドバイスをしてあげてください。

とはいえ、メンタリングの依頼を受けた時に断っても問題はありません。支援や助言を求めてくる人は漏れなく受け入れなければ、と感じてしまう時もあるものですが、自分の時間も貴重です。ですから自分と相手の双方に有益だと思えなければ、引き受けないことです。指導を頼まれたけれども無理だと思ったら、ただ「できないんです」とだけ言って断るのがベストです。理由もきちんと言わなければ、などと思う必要はありません。ただし、上司から誰かを指導しろと命じられたけれど時間がなくてとて

も無理だと思った場合は、ただ「ノー」と断るだけではまずいかもしれません。上司には、今は仕事が忙し過ぎるとか、旅行の予定が入っているとか、ほかにものっぴきならない用事があるとか、メンタリングが無理な理由を具体的に話す必要があるかもしれません。いずれにしても「できます」と言っておきながらやらないのは困ります。

メンティーになったら

　あなたがメンティーになったら、この師弟関係から何を得たいのかをじっくり考えるなど、事前にしっかり準備をして臨みましょう。このアドバイスがとくに当てはまるのは、社外の人が厚意で（無償で）あなたの指導を買って出てくれた時です。このような場合、相手の時間を有意義に使わせていただくのが、あなたの当然の務めです。準備に割ける時間がない、あるいは準備は不要だと思ったら、そもそもこのように1対1で指導してもらう必要が本当にあるのか自問してみるべきです。指導を受けるべきだと誰かに言われたから受けることにした、といったケースも時にはありますが、1日のうちにティータイムを共有できる相手の数にも、昼間の自由時間にも、限りがあります。何が何でもメンターが必要、というわけでもないのです。今のあなたに必要なのは、むしろ友人かセラピスト、あるいはプロのコーチなのかもしれません。厚意で指導を買って出てくれたボランティアのメンターには報酬を払わないのが普通ですから、必要もないのに指導を受けるというのはその人の時間を尊重しない行為となりかねません。ちなみに、受講料を払ってプロの指導を受けるという選択肢もあり得るでしょう。

2.3　すごい上司、ひどい上司——アルファギーク

　ところで、時折どこかのオフィスで（メンターであるか否かに関係なく）「アルファギーク（最先端の技術に異様に詳しく、ものすごくとんがったコンピュータおたく）」に出くわすことがあります。こういう人は「常に正解を言うことができ、難問という難問を片端から解いてしまう、チームで一番優れたエンジニアでありたい」という思いに駆り立てられています。また、人間の特性の中では何よりも知性と技術力を重んじ、その2つの点で抜きん出た者こそが意思決定者となるべきだと固く信じています。苦手なのは反対意見に対処することです。また、誰かが自分を舞台中央から追い落とそうとしているとか、自分の人気をさらおうとしているとか思い込むと、たちまち危機感を抱き、身構えます。自分こそがベストな人間だと信じていて、それを裏付ける見解や説だけを歓迎します。チームの文化（カルチャー）としては「卓越性」を打ち出そうとし

ますが、反対者を弾圧する「恐怖」のカルチャーを生むのが関の山です。

　人を管理する立場にあるアルファギークは大抵は卓越した敏腕エンジニアで、他の人たちに担ぎ上げられて、あるいは「まとめ役にはチームでもっとも優秀な人物がなるべき」との自らの信念に従って、チーム管理者などの管理職に就きました。そのくせ、へまをしでかした部下をひどくけなしたり、最悪の場合、部下のやった仕事を断りなしに作り替えてしまったりするなど、部下をないがしろにすることが多く、チームが一丸となってやり遂げた仕事でも、各自の尽力や功績を認めず、すべて自分がやったかのような顔をすることもあります。

　とはいえ短所ばかりでもなく、本領を発揮すれば、若手開発者を刺激し発奮させる存在となり得ます（「コワい上司」ではありますが）。それもそのはず、次のような調子で、どんな問題にも答えが出せる万能上司なのですから――「このシステムの初回リリース、10年前だったんですけど、私もチームにいたんです。当時の仲間とは今でもやり取りしてますよ。何かわからないことがあったら言ってください。すぐ教えてあげられるから」「そんなやり方じゃうまく行くはずないって。理由なんて明白だ」。後者の場合、本人の言葉どおり、うまく行かなかったりしようものなら、こう言ってのけること請け合いです――「だから言ったじゃないか！　俺の言うとおりにすりゃよかったんだよ」。とは言うものの、アルファギークは気が向きさえすれば、すばらしいことを山ほど教えてくれますし、驚異的、画期的なシステムを設計できる凄腕でもあって、部下としてそのプロジェクトに参加するのは実に面白く楽しいものです。普通、頭の回転が格別に速くなければ今のように重要な地位に就くことはできなかったでしょうから、チームのみんなに指南することはいくらでもあるのです。上司のそういう所を心底敬愛し、弱点や欠点は単なる「玉にキズ」と、あえて目をつぶるエンジニアも大勢います。

　と言いつつも、アルファギークの鼻持ちならないクセをさらにあげると……誰かの功績を認める時は「ま、俺のおかげでもあるけどな」と念を押すことを絶対忘れません。名案はどれもこれも「俺の着想を下敷きにしたもの」、ダメなアイデアには「俺は完全ノータッチだった」「けど、うまくいかないことは最初からお見通しだった」と言ってのけます。また、自分が知っていることは、どんな開発者も知っていて当然という頭なので、誰かが何かを知らないことを発見しようものなら大喜びでこき下ろします。さらに、「○○をやるなら絶対この方法じゃなくちゃ」と譲らないなど、こだわりが異常に強く、ほかの誰かが思いついた新しいアイデアは頑として受け入れません。自作のシステムや自身の過去の技術面での決断に対する苦情には即、過敏に反応します。そして「あんな無能なやつは尊敬に値しない」と断定した相手の命令に従う

ことを忌み嫌い、非技術系の職種の人たちを激しく見下すことがあります。

　以上、思いつくままにあげてみた「アルファギーク気質」ですが、こういった気質が表に現れ始めるのは当のエンジニアがメンターになってから、というケースが多いようです。「俺が高度な技術力の持ち主だってことは明々白々なのに、なんでみんな相談に来ない？」と首を傾げているあなた、自分がアルファギーク的言動をしていないか、まずは己を振り返ってみてください。「仕事上の議論で言葉遣いなんか気にしてらんないわよ。私って、思ったことをそのまま口に出す人間なんだから」などと平気で思っていませんか。仲間の失敗を見逃すまいと鵜の目鷹の目、あら探しをしていませんか。そのくせ誰かが名案を思いついたりすばらしいプログラムを書き上げたりしても、なかなか認めたがらないのでは？「正しいこと」こそ何より重要、そのためなら死闘を繰り広げても構わない、などと本気で信じていませんか。

　思い当たる節があった人、アルファギーク気質を正すチャンスがあります。それはメンタリングです。メンター役を引き受け、メンティーは「教え導くべき相手」、メンターの目標は「そのメンティーに最適なやり方で手ほどきすること」という視点をもてるようになれば、人に突っかかるようなあなたの態度がいかに相手の学習の妨げとなっているかが見えてくるはずです。教える技術を磨いていくと、無闇にがなり立てて相手を言い負かすのではなく、相手を大切に育成し導くコツや、聞き手の耳をそばだてせる言い回しを編み出すコツが自然と身についてきます。以上のようなアドバイスに耳も貸さず、あくまで自己流を押し通そうとする人には申し上げたい。あなたのような人はメンター役など引き受けるべきではありません！

　アルファギークは「この部屋では誰よりも頭がいい」「技術力にかけてはチームで一番」といった自己イメージを捨てない限り、確実に最悪な管理者となります。シニアエンジニアから成る小さなチームなら、高度なスキルをもつエンジニアが現場で陣頭指揮を執るのも悪くないかもしれませんが、多くの場合、アルファギークには人的管理にタッチさせず、おもに技術戦略やシステム設計を任せたほうが本人にとっても周囲にとっても得策です。ただしIT系スタートアップのCTOはアルファギークが務めていることもままあります。もっともその場合、技術担当バイスプレジデント[*]が経営面の主導権を握

---

[*] 訳注：本書ではvice presidentを「バイスプレジデント」と訳しました。従来vice presidentの日本語訳は「副社長」とされてきましたが、日本語で「副社長」と聞くと、「社長の補佐として、いざという時に社長の代理を果たす人」を思い浮かべ、これは米国におけるvice presidentの役割とは異なります。バイスプレジデントの役割について詳しくは8章、とくに「8.2 技術担当バイスプレジデントとは？」を参照してください。

り、CTOには主として設計や開発の指揮を執らせる、という形を取っていますが。

　社員の昇格に関わる権限を有する人にお願いです。アルファギークをチームリーダーなどの管理職に任命する際は熟慮に熟慮を重ねてください。任命後も悪影響を及ぼしていないか常に目を光らせていてください。アルファギークの気質や言動はチームの結束を揺るがせ、反論が苦手なタイプのメンバーを苦しめる恐れがあります。また、アルファギークが「自分の価値は、誰よりも物知りである所」と確信するあまり、自身の優位性を保とうとして情報を独占し、チームの他のメンバーに本領を発揮させないこともあります。

2.4　メンターを管理するコツ

　改善の源は「計測」です。チームの管理者は、焦点を絞った計測可能で明確なゴールを設定することでチームの成功を後押しします。この基本の常識を、メンターを任命する過程でも働かせるべきなのですが、それを怠るケースが少なくありません。新入社員やインターンにメンターを付ける必要が生じたら、その関係を結ばせることでどのような成果を得たいのか、熟慮が欠かせません。目標が見きわめられたら、その達成を後押しできる人材を見つけます。

　何はともあれ、そもそもなぜこの関係を築かせようとしているのか、その理由を考えてみましょう。この章ですでに紹介した2つのケースは、入社したばかりの正社員や、夏期2、3ヵ月限定のインターンが、「チームの新人として仕事を覚え、生産性を高める」という明確な目的でメンターと組む、というものでした。もちろん、企業が設けているメンタリング制度にはまた別種のプログラムもあります。たとえば、あるチームの若手に、チーム外のベテラン社員をメンターとして付け、スキルアップやキャリアアップを図るというものがあります。良さそうなプログラムではありますが、大抵は2人にメンター／メンティー関係を結ばせるだけで、その後は助言や指導がほとんどなされません。メンターにとってもメンティーにとってもほとんど無益な関係となることが多いのです。メンターが熱心でなかったり、忙しくてメンタリングに割ける時間がなかったりすると、メンティーには残念な状況になってしまいますし、メンティーがメンターの支援を仰ぐコツやこの関係を有意義に活用するコツを心得ていないと、「義務的なおつきあい」のような感じになり、どちらにとっても単なる時間の無駄となってしまうことが多いのです。ですから、あなたの会社でインターンの指導と新人研修以外のメンタリングプログラムを新設しようとする時には、実際

にメンターとメンティーを組ませる前に、開始後の指導の枠組みや管理者によるメンターの指導環境が整備できているかどうか確認しましょう。

　次に「メンターにとっては、担うべき責任がこの関係でさらにひとつ増えることになる」という点も考慮する必要があります。メンターという役割でも有能なエンジニアの場合、指導期間中は自身の（エンジニアとしての）仕事の生産性がいくらかは落ちてもおかしくありません。また、時間的に制約のあるプロジェクトに携わっているエンジニアにメンタリングを強要するのは避けたほうがよいでしょう。このように、メンタリングでも、他の職務を負わせる場合と同様の配慮を要するのです。メンターの適任者を探す時には、メンター役を首尾よく果たせるだけでなく、「プログラミングの職務以外でも功績を上げたい」と望んでいる人を選びましょう。

　こうした関係を誰（どの部署）が取り持つにしても、メンタリングにありがちな次のような落とし穴には要注意です。

- メンタリングを低レベルな感情労働（肉体労働、頭脳労働に次いで出現し、近年増えてきた労働形態で、看護師やコールセンターのオペレーターなど、自身の感情を抑制することが職務の一環であるタイプの労働）と誤解してしまう。
- 「〇〇タイプのメンティーには〇〇タイプのメンターを付けるべき」といった固定観念を押し付ける。

　この関係がチームの可能性をじかに探る好機であるにもかかわらず、それを逸してしまう「感情労働」は、伝統的に女性の得意技とされてきた「ソフトスキル（協調性やコミュニケーション能力など、チーム全体や各メンバーの感情的なニーズに対応するスキル）」の新たな呼称です。感情労働は成果を量的に測定することが難しいため、プログラミングなどの職務に比べると重要性に欠けるものとして軽んじられがちで、無償で提供して当然と見なされています。私は「メンター役を引き受けた分、給料を追加するべきだ」とは言いませんが、「職場での責任や、優秀な一般市民としてすでに負っている諸々の責任に加えて、メンターとしての責任をも引き受けた功績は認めてしかるべきだ」と考えます。ですから、繰り返しにはなりますが、事前にきちんと計画を立ててメンターに時間を十分与え、丁寧なメンタリングにより望ましい成果を上げてもらってください。メンターの管理者ともなれば、新人の雇用やメンタリングプログラムの企画、調整に多大な資金と時間を投じる必要がありますが、メンタリングプログラムの実施段階でも「投資」は最後まで続ける甲斐があるのです。メンタリングは時間こそかかるものの、「社員の人脈が拡大する」「新人研修が迅速化できる」「新

卒採用に応募してくるインターンシップ修了生が増える」といった形で貴重な見返りが得られるという点を認識すれば、その意義が理解できるでしょう。

　さきほど「○○タイプのメンティーには○○タイプのメンターを付けるべき」といった固定観念を押し付けてはならないと書きましたが、これはたとえば女性のメンティーには女性のメンターを、男性のメンティーには男性のメンターを、有色人種のメンティーには有色人種のメンターを、などと決めてかかってはならない、という意味です。メンタリングプログラムではとかくこういう決めつけをしがちなのです。たしかにこうした組み合わせ方にもそれなりの意義はありますが、長年、技術畑で働いてきた女性である私個人としては、性別や人種を基準にする方式には、もううんざりなのです。性別や人種を合わせることに特別な意味がある場合を除いて、メンターとメンティーの組み合わせを検討する際には、それぞれのメンティーの立場や状況に最適なメンターを選び引き合わせてあげてください。ただし「○○タイプのメンティーには○○タイプのメンターを付けるべき」のアプローチでも功を奏する場合がひとつあり、それは「対象となるメンティーに同じ職務内容を担当しているメンターを付ける」ケースです。「ある業務スキルの向上」を目標のひとつとするメンタリングでは、「そのスキルに熟達した先輩」こそがメンターとして最適なのです。

　最後にもう1点。メンタリングは自分のチームの有望な若手の能力や功績を認め、未来のリーダーとして育成する好機としても活用してください。ここまで読んでくださった方はもうおわかりでしょうが、リーダーシップは人と人とのやり取りがあってこそ存在し得るものです。また、チームを基盤とする職場で働く人々のキャリアップに欠かせないのが、忍耐力と共感力の強化です。頭脳明晰ではあるけれど内気なタイプの開発者は、管理職になることなど望まないでしょうが、1対1で後輩を指導するメンタリングを勧めてみてください。人脈が広がるのはもちろん、視野も広がることでしょう。一方、高慢で上昇志向が強い若手エンジニアに（あなたの監督のもとで）インターンのメンタリングをやらせれば、謙遜というものを少しは覚える機会になるかもしれません。

> **CTOに訊け** インターンシップ制度の導入

Q 「インターンを受け入れていらっしゃいますか？」という問い合わせがすでに数回、弊社宛てにありました。これまでは受け入れていませんでしたが、正規雇用を見据えての人材確保を目的に、インターンシップ制度を導入してもよいかと考えるようになりました。この場合、どういった点に配慮すればよいでしょうか。

A インターンシップ制度は企業にとっては人材発掘のルートを増やし、正規雇用の有力候補を在学中に見つける上で非常に有効な方法です。ところがそうした価値を認識せず、「インターンシップ制度の目的は、仕事を大量にこなしてくれるインターンを採用すること」だと履き違えている企業が少なくありません。そこで次の2つの留意点を紹介しておきたいと思います。

- **卒業（修了）見込み以外の学生はインターンとして採用しない**——近年、理系の学部生は、卒業後の針路の選択肢が豊富なため、卒業を控えていない学生をインターンに採用しても、その学生が将来、就職活動であなたの会社を志望し、正規雇用されるとは限りません。また、インターンシップは学生の夏期アルバイトのように仕事をこなしてもらうための制度ではなく、有能な人材を掘り起こし、招致するための制度です。卒業までにまだあと2年以上ある学生は、来年以降の夏には他社も試し、すべてを比較検討した上で正規雇用先を決めるでしょう。ですから、たとえばインターンの受け入れ枠がわずか数人、という会社であれば、その会社の正規雇用を希望する可能性の高い学生ばかりをインターンとして採用することが望ましいのです。
- **インターンシップは狭き門で買い手市場**——全体的に見て、正規雇用枠に比べればインターンの受け入れ枠のほうがはるかに小さいものです。この「買い手市場」をどう活かすかは企業によってさまざまでしょうが、従来あまり重用されてこなかった層の学生を採用するとよいでしょう。多様性を重視してインターンを選抜すれば、その好影響は新卒者の採用段階にも現れ、将来的には組織全体の多様性の向上につながります。

2.5 メンターの重要な心得

次にメンター役を果たす際の大事な心構えを3つ紹介しておきます。

常に好奇心を絶やさずオープンな心で

誰しもキャリアを重ねていく中で、「今後、教える時に使えそうな場面」をたっぷり経験するはずです。「こうでなくては」「これじゃだめ」といった具合に、教訓となり得る経験の数々です。これは「ベストプラクティス」「失敗の傷あと」などと言い換えることもできます。こうした経験とその記憶が無意識のうちに積もり積もって、私たちの思考を曇らせたり創造力を鈍らせたりすることがあります。エンジニアが心を閉ざし、学ぶことをやめてしまうと、キャリアの維持やアップに必須のスキルが衰え始めます。身の回りのテクノロジーは常に変化し続けていますから、私たちエンジニアはそれを絶えず敏感に察知できなければならないのです。

メンタリングはメンターにとっては、新人のフレッシュな目を通して世界を見つめ、好奇心を刺激してもらう絶好の機会です。メンティーから質問されて初めて「自分にとっては慣れ親しんで不明点など何ひとつない会社が、新人から見たら不明な点だらけなのだ」と悟ったり、自分では理解していると思っていた事柄を明確に説明できないことに気づいたりします。また、仕事を通じて形成、獲得してきた自分なりの考えや前提が「もしかしたら再検討に値するのかも」と気づかされ、それが反省のきっかけとなるかもしれません。一方、創造力について言えば、斬新なことを思いつく能力が創造力だと思っている人は多いのですが、他の人に見えていないパターンに気づく能力も、これまた創造力にほかなりません。たとえば「手持ちのデータは、すべて自分自身の経験」といった状況で何らかのパターンを見つけ出すのはなかなか難しいものですが、仕事を1から覚えようとしている新人を指導していると、隠されたパターンが突然見えてきて、普段なら思いもつかないやり方でデータをひとつ、またひとつと結び付けていけることもあります。

相手の言葉をよく聴き、相手の言葉で話す

メンタリングで成果を上げているうちに、リーダーにとって必須のスキルが漏れなく磨かれていきます。将来経営に携わることなどまるで念頭にない、という人も含め

てすべてのメンターにとって、わざわざ時間を割いてまで教えることに、明らかなメリットがあるのです。というのも、メンタリングでは否応なくコミュニケーションスキルを磨かざるを得ないからです。とくに傾聴のスキルに関しては訓練がモノを言います。インターンの質問をよく聞き、きちんと理解しなければ、きちんと答えられないからです。

シニアエンジニアの中には、悪いクセがついてしまっている人がいます。最悪なクセのひとつが、自説を理解してもらえなかったり反論されたりすると相手に突っかかったり「お説教」をしたがったりする、というものです。新入社員やチームの後輩と良好な関係で仕事を進めていくためには、相手が理解できるやり方で傾聴し意見を伝達できなければなりません。たとえ自分の考えを正しく伝えるために何度も言い換えなければならないとしても、です。大抵の企業ではチームでソフトウェア開発を行っており、チーム内での十分な意思疎通は事を進める上で不可欠なのです。

人脈づくり

キャリアの最終的な成否を左右する重要な決め手は人脈で、それを拡大、強化する効果がメンタリングにはあります。世の中、わからないものです——メンタリングでの指導相手があなたの将来の勤め口を紹介してくれるかもしれませんし、将来あなたのもとで働いてくれるかもしれません。だからといってメンタリングの関係を濫用してはなりません。メンターもメンティーも肝に銘じておくべきです——「人ひとりのキャリアは長く、テクノロジー業界は狭い。だからどんな相手にも丁重に接しよう」と。

2.6 自己診断用の質問リスト

この章で解説した「メンタリング」について、以下にあげる質問リストで自己診断をしてみましょう。

- あなたの会社にはインターンシップの制度がありますか。「ある」と答えた人にお尋ねします——あなた自身がインターンのメンターを希望することは可能でしょうか。
- あなたの会社では新人研修について、どのようなアプローチを採っていますか。

新入社員にメンターを付けていますか。「付けていない」と答えた人にお尋ねします——あなた自身が新人等のメンター役を務めてみたいと上司に提案することは可能でしょうか。
- あなた自身に、すばらしいメンターから手ほどきをしてもらった経験はありますか。その人が「すばらしい」と思えるのは、どういったことをしてくれたからでしょうか。その人はあなたの訓練や学習をどのように後押ししてくれましたか——何を教えてくれましたか。
- あなたの過去のメンター／メンティー関係で、成果が上がらなかったケースはありますか。その理由は？ 同様の失敗を繰り返さないために、その時の経験からどんな教訓を引き出せるでしょうか。

3章
テックリード

　テックリード（tech lead）とはプロジェクトに携わるエンジニアチームの「技術上のリーダー」のことです。私が初めてテックリードになったのは、もう何年も前のことです。シニアエンジニアに昇格したのち、数人のシニアエンジニアから成る小さなチームで仕事をしているうちにテックリードの役を任されました。チームでは職位の点でも経験年数の点でも最上位ではなかったので少々意外な展開でした。でも今思い返してみると、2、3の点で私が適任だったように思います。ひとつは、エンジニアとしての腕が良いだけでなくコミュニケーションにも長けていた点です。明快なドキュメントを書けましたし、極端に緊張したり感情的になったりしてプレゼンテーションを台無しにするようなこともありませんでした。他チームや他の役割の人たちとも臆さずに話し合い、経過や事情を説明することもできましたし、優先順位を付けて仕事を片付けることも得意で、次に何をなすべきかを的確に判断する力ももっていました。さらに、たとえプロジェクトがのっぴきならない状況に陥っても、進んで修復に努め、とにかく前へ進むためなら何でもやろうという気概にあふれていました。以上のような実際的な即応力が最終的な決定要因になったのだと思います。やはりテックリードは（企業によっては正式な管理職でない場合もありますが、その場合も含めて）リーダーシップが求められる役割なのです。

　私はまた、テックリードの役目をうまく果たせずに四苦八苦する人たちの姿も目の当たりにしてきました。中でも忘れられないのは、コードを書かせたらピカ一の腕前を見せる、あるエンジニアがテックリードを務めた際の苦労です。この人は人と話すのが大の苦手で、おまけに技術的な細部にこだわって脱線してしまうことがたびたびありました。枝葉末節にかかずらって道に迷い、どんどん深みにはまっていくのですが、そんなテックリードの「不在」をよいことに、プロダクトマネージャーがまだま

だデザイン上の不備が山積の機能を強引にデリバリさせようとチームを急き立てるのです。当然プロジェクトは混乱状態に陥りましたが、くだんのテックリード氏がどう対処しようとしたかと言うと、なんと次のリファクタリングで解決しようと言うのです。問題の原因はすべてコードの構造にある、と信じていたからです。これを読んであなたも「聞いたような話だ」と思ったのでは？　なにせよくある状況ですから。現に「テックリードには、誰よりも経験豊富なエンジニアを任命するべきだ。最高に複雑な機能でも難なくコード化できるエンジニア、誰よりもすばらしいコードが書けるエンジニアを」という勘違いが、ベテラン管理者の間でさえ珍しくありません。プログラムの作成作業に思う存分没頭したいと望む人はテックリードの適任者ではありません。テックリードがそういう作業に没頭しているとすれば、その人はテックリードの職務を果たしているとは言えないのです。ではそのテックリードの職務とは一体どういうものなのでしょうか。私たちはテックリードに何を期待するべきなのでしょうか。

　ソフトウェア業界の肩書きにはありがちですが、「テックリード」にも業界共通の定義がありません。ですからここで私にできるのは、せいぜいレント・ザ・ランウェイ（Rent the Runway：RTR。デザイナーズ・ブランドを中心にパーティードレスをオンラインや実店舗を介して手頃な価格で貸し出す会社）における私自身の経験と他の同業者の経験とに基づいて「テックリード」を定義することくらいでしょう。私自身はコードを書く仕事も続けながら、テックリードとしてのもろもろの責任も担いました。具体的には、経営陣との連絡や話し合いの場でチームの代表を務める、機能を提供するための計画を練る、プロジェクト管理の大部分を細部まで担当する、といった責務です。前述のとおり私がチームで最上位でも最古参でもないのにテックリードを任されたのは、チームの他のメンバーがプログラミングに専念したがっていたのに対して、私にはテックリードの仕事も同時並行でこなす意欲と能力があったからです。ちなみにRTRでエンジニアの肩書きと職務内容を定めたのは私たちのチームでしたが、その際、あえてテックリードをひとつの「職位」とはせず、エンジニアがキャリアのさまざまな段階で多くの場合一時的にそのすべてを引き受ける「職責群」としました。このような方針を採ったのは、「チームの変化や進化に応じて、さまざまな階級のエンジニアがテックリード役を引き受けられること、また、新旧テックリードが必ずしもエンジニアとしての階級を変えることなくテックリードの座を明け渡したり引き継いだりできること」の価値を認め、実現したかったためです。企業によって、また企業内のチームによって、テックリードの役割は多少異なるでしょうが、「tech lead」という呼称からもわかるように、これは専門のスキルとリーダーシップとが共

に求められる役割であり、多くの場合「ひとりが長期にわたって就く職位」というよりはむしろ「複数の人が順次一時的にそのすべてを担う職責群」なのです。とは言うものの、テックリードとは何なのか、ともかくRTRで私たちが明文化した定義を以下に紹介しておきます。

> テックリードはエンジニアの階層におけるランクのひとつではなく、シニアのレベルに達したエンジニアが担うことのできる職責群である。管理職がテックリードの役割を引き受けることもできるが、その場合も含めてテックリードは（以下にあげる）RTRの厳しい基準を守ってチームのメンバーを管理するものとする。
>
> - 各メンバーと定期的に（週1回）1対1のミーティングを行う。
> - 各メンバーにキャリアアップや作業の進捗状況、改善点、報奨などについて、権限内で定期的なフィードバックを与える。
> - 各メンバーの研鑽を要する領域を、そのメンバーと共に見きわめ、その領域の能力強化を、プロジェクトでの職務遂行、外部での学習、メンタリングを介して支援する。
>
> チーム外の者がテックリードの役を引き受ける場合でも、チームのメンバーに対する指導・育成役を果たすものとする。
>
> テックリードは、技術的なプロジェクトの管理者としての職務を習い覚える立場であるため、細部まで厳しく管理して部下に裁量権を与えない微細管理（マイクロマネージング）に陥ることなく、部下に効率良く仕事を割り振って自身の負担を適宜軽減するよう心がける必要がある。そしてチーム全体の生産性に照準を定め、しかるべき成果を上げるよう全力を尽くさなければならない。また、チームのために自主的な判断を下す権限を与えられ、管理やリーダーシップに関わる難局を打開する方法と、製品、分析など社内の他部門と効率良く協働する方法とを習得することが求められる。
>
> エンジニアとして昇格を果たす上でテックリード役を引き受けることは必須ではないものの、エンジニアは通常、シニアエンジニア1、シニアエンジニア2、エンジニアリングリード（主任エンジニア）の順に昇格し、シニアレベルの統率力と責任はきわめて重要であるため、現実的に見てテックリード役を経験せずにシニアエンジニア2より上の職位に就くことは、たとえ部下をもたないエ

ンジニアの立場ででも非常に難しい。

　以上の規定を、わずか1文で巧みに表現した定義も紹介しておきましょう。米国のITコンサルティング企業ThoughtWorks(ソートワークス)でプリンシパル・テクニカル・コンサルタントを務めるパトリック・クアが、著書『Talking with Tech Leads』(https://leanpub.com/talking-with-tech-leads)で提唱したものです。

> ［テックリードとは］（ソフトウェアの）開発チームに対する責任を担い、最低でも自身の職務時間の3割はチームと共にコードを書く作業に充てているリーダーのこと。

　テックリードは、技術的なプロジェクトのリーダー役を果たし（個人ではなくチームという）より大きなスケールで自身の専門知識を駆使してチーム全体の向上を図る、という立場にあります。自主的な判断を下す権限をもち、非技術系の相手と協働する際には重要な役割を演じます。ここで留意すべきなのは、今あげたのが技術者としての専門的な仕事ではないという点です。シニアエンジニアが担う役割ではありますが、テックリードを「チームでもっとも優秀な、あるいはもっとも経験豊富なエンジニア」と短絡的に結びつけてしまうのは誤りです。関係者の心をつかめなければリーダーシップは発揮できませんから、テックリード役を初めて任された人に技術的な専門知識の増強よりもはるかに求められるのは対人能力の強化なのです。ただし技術系のスキルでもひとつ、新たに習得しなければならない重要なものがあります。それはプロジェクト管理のスキルです。プロジェクト管理に必須である「プロジェクトを分割する作業」には、システムを設計する作業との類似点が多々あるため、プロジェクト管理のスキルを習得するという経験は、人的管理を任されることを望んでいないエンジニアにとっても有意義であるはずです。

　テックリードの役を任されたというのは祝福されてしかるべきことです。チームを代表する連絡窓口であるテックリードにふさわしい人物だ、と誰かが認めてくれた証拠なのです。これを機に、新たなスキルを学び、身につけていってください。

現場の声　テックリードとしての私の体験

ケイティ・マキャフリー

　テックリードというのは、職権なしで人に影響力を及ぼす練習ができる立場です。私は現在テックリードとしてチームを率いていますが、私も他のメンバーも同じ技術管理者の直属の部下であるため、私はチームのリーダー役を果たすだけでなく、作業の優先順位付けが常に正しく行われるよう、チームの上司にも働きかけなければなりません。私はテックリードになった途端に大変な思いをしました。というのも、最初に担当したプロジェクトが「新機能の開発は全部中止して、技術的負債（場当たり的なアーキテクチャと余裕のないソフトウェア開発のせいで生じたツケ）の解消に注力する」というものだったからです。「技術的負債」がもう限界まで膨れ上がっていることは明らかでした。新たなコードのデプロイはもはや難しく、既存のサービスは運営費がかさみ、緊急呼び出しのローテーションも皆の重い負担となっていました。これは「急がば回れ」で行くしかないな、と私は判断しました。しかしすばらしい新機能を作る面白い作業がやりたくてうずうずしている開発者仲間にそう訴えても容易には受け入れてもらえないでしょう。顧客から絶え間なく寄せられるさまざまな要望の窓口を務める私の上司も同様です。そこで私はこの「急がば回れ」の戦法を、「各人各様の恩恵」に焦点を当てて売り込んでみることにしました。相手次第で売り口上をさまざまに変えてみるというわけです——「サービスをもっと信頼のおけるものにできるから」「イテレーションのスピードアップが図れると思うけど」「夜中の呼び出しが減って、ぐっすり眠れるようになるわよ」。上司に対しては「サービス運営費の削減効果」を強調してみました。サービスの運営費が削減できれば、その分をのちのち新機能の開発に回せる、という具合です。

　テックリードの役目を果たすためには、焦点の当て所を変えざるを得ませんでした。自分自身のプログラミングのスキル、技術的に挑戦しがいのある難問、興味深いプロジェクトといったことよりも、チーム全体に焦点を当てなければならなかったのです。チームの能力や権限を強化するにはどうしたらよいか。チームの足を引っ張る障害物をどうしたら取り除けるのか。プログラムの書き直しやすばらしい新機能の開発など、技術的な手腕を存分に振るえる仕事のほ

> うが面白いのかもしれませんが、当時チームに必要だったのは技術的負債の解
> 消とシステムの運用状況の改善とに注力することでした。結局、私が提案した
> 方針は信じられないほど大きな成果を生みました。緊急呼び出しの回数を半減
> でき、直後の四半期には以前の倍近くのデプロイを達成できたのです。

3.1 優秀なテックリードなら必ず知っている、ある奇妙な「コツ」

　あなたはテックリードを任されました。そのことが意味するのは「あなたがソフトウェアについて一定の知識をもっていること」、そして「あなたが一人前の技術者に成長したのでプロジェクトでこれまでよりも大きな責任を負わせてもよい、と上司が判断したこと」です。とはいえ、これまでにどれほどエンジニアとしての腕やセンスを磨いてきたとしても、優秀なテックリードになるための最大のコツをつかまなければ何にもなりません。そのコツとは「実際のプログラミングの作業からあっさり一歩引き、『技術面での貢献』と『チーム全体のニーズへの対応』のバランスを取る努力を惜しまない」というものです。これまで拠り所にしてきたスキルのほかに新たなスキルも身につけていかなければならない、つまり「バランスの取り方」に習熟しなければならないのです。

　今後あなたが自分のキャリアをどういう方向へ発展させていくにせよ、「バランス取り」は常に主要な課題のひとつであり続けるはずです。いつ、何の仕事をするかを自ら選び、作業を自分の裁量で進めていく自由が欲しければ、まず自分の時間を確保して、それを使いこなすコツをマスターしなければなりません。しかもこれからは、たとえばコードを書く作業のように、すでに熟達し、作業自体が楽しめるタイプの仕事と、まだやり方さえわからない新しいタイプの仕事とのバランス取りを迫られる場面が多くなるはずです。人間誰しも勝手知ったる仕事のほうがやりたいものですから、得意な仕事に使っていた時間を削って新しい仕事を習い覚えなければならないのは、かなり辛いことだと思います。

　たとえばプロジェクト管理と現場でのテクニカルデリバリの監督を同時にバランスよく進めるのは大変なことでしょう。メーカーとの間で決めたスケジュールを守らなければならない時もあれば、上司から命じられたスケジュールに間に合わせなければならない時もあります。あなたに必要なのは、時間を適宜分割して上手に活用する「時間管理」のコツを試行錯誤で身につけていくことです。スケジューリングで最悪なの

は、あらゆる会議に、求められるままに出席してしまう、というやり方です。のべつ幕なしに会議への出席要請に応じていたら、コードを書く時間を確保するのが難しくなってしまいます。

たとえ入念にスケジュールを立てていても、数日間集中的にプログラミングの課題に取り組みたい時などに、時間のやりくりが難しいことも珍しくはありません。すでにあなたが作業をうまく分割するコツを飲み込んでいて、何日も集中して取り組まなくても仕上げられるようになっていれば問題ないのですが。ただし、チームの他のメンバーは当然プログラムの問題に数日間ぶっ続けで集中的に取り組まなければなりませんから、それが可能なスケジュールを組んであげることが大切です。また、チーム直属の上司やプロダクトマネージャーなど他の関係者に対しては、チームの作業状況に配慮して個々のメンバーの負担にならない会議のスケジュリングを要請する必要があります。

3.2　テックリードの基礎知識

こんな状況を想定してみてください――テックリードのあなたも含めて5人のエンジニアから成るチームがひとりのプロダクトマネージャーと組んで、新たな構想を実現するべく数週間にわたるプロジェクトを実施することになりました。テックリードであるあなたはプロジェクトの各工程でさまざまな責任を果たします。もちろん、あなた自身がコードを書いたり技術上の決定を下したりする必要も生じるでしょう。しかしそれはテックリードが果たすべき役割のひとつにすぎませんし、おそらく最重要の役割ではありません。

テックリードのおもな役割

テックリードが最優先しなければならないのは「プロジェクトを推進するため、常に大局的な視点を失わないこと」です。「自分ひとりが担当するプログラミング作業の計画・調整」から「プロジェクト全体の計画・調整と主導」へと視点を変えるには、どうすればよいのでしょうか。そうした意味でテックリードが果たすべきおもな役割を以下で具体的に見ていきましょう。

システムアーキテクトとビジネスアナリストとしての役割

テックリードの果たすべきシステムアーキテクトとビジネスアナリストとしての役

割は「プロジェクトを完遂しデリバリを実現するには基幹システムのどこを改変すべきかやどの機能を構築すべきか、を見きわめる」というものです。ここでの狙いは、見積もりや作業指示の土台となる一定の骨組みを作ることです。プロジェクトの各要素をすべて完璧に見きわめる必要はありませんが、事前に時間を割いてプロジェクトに関わる外部要素や問題点を検討しておくことは非常に有益です。これを首尾よく行うためには、**対象のシステム全体の構造の十分な把握**と、**複雑なソフトウェアを設計するための方法に関する理解**が欠かせません。また、**ビジネス要件に対する理解**と、**そうした要件をソフトウェアに織り込む能力**も求められるでしょう。

プロジェクトプランナーとしての役割

　テックリードの果たすべきプロジェクトプランナーとしての役割は「作業をデリバリ可能な単位に大まかに分割する」というものです。この責任を担うことで、あなたはチーム全体が作業を迅速に行えるよう、業務を分割するための効率的な手法を習得することになります。ここでの狙いのひとつは、作業をできるだけ同時並行で進めてもらうことですが、これがなかなか難しいのです。というのも、これまでは自分独りの作業だけを考えていればよかったのに対して、今後は複数のメンバーから成るチームの作業に気を配らなければならないからです。成功のカギは、皆が合意できるよう並行作業が可能な部分をうまく抽出することです。具体例をあげましょう。構想しているアプリが、サーバから送られてくる特定のデータ形式（たとえばJSONオブジェクト）を処理するのであれば、サーバ側の処理を完成させなくてもアプリの開発は始められます。やり取りするデータの形式（API）を事前に決め、ダミーのデータを使ってコードを書き始めればよいのです。そういう手法はもう経験済み、という幸運な人は、どうぞその経験をお手本にしてください。この段階では、**チームのメンバーの中でもとくに事情に通じている人からアドバイスや情報をもらい**、ソフトウェアの影響を受ける箇所を熟知している人からも説明を受けるなど、細部に関する助言を仰ぐ必要があるでしょう。また、この辺で**優先順位の検討を始める**必要もあります。最優先すべき箇所、後に回してもかまわない箇所はどこなのか、プロジェクトの初期の段階で最優先事項に取り組むにはどうしたらよいか、などを考えてください。

ソフトウェア開発者兼チームリーダーとしての役割

　ソフトウェア開発者兼チームリーダーとしては、自らプログラミングの作業をこなしつつ、メンバーに課題を伝えたり作業を任せたりする任務を果たします。プロジェ

クトが進行するにつれて予期せぬ障害が発生しますが、これをすべてテックリードが自分独りで解決したがり、過分な残業もいとわず頑張るというスタンドプレイをしてしまう場合があります。テックリードになってからも**コードを書く仕事は続けるべきですが、やり過ぎは禁物です**。問題が生じ、たとえ何とか自分で打開策を突き止めたいと思っても、まずはその問題を皆に伝えなくてはいけません。何であれ課題や難題となりそうな事態が発生したら、極力間を置かずにプロダクトマネージャーに知らせるべきです。必要なら技術管理者の支援も仰ぎましょう。健全な組織なら、早期に問題を報告したところでバツの悪い思いをしたり悪影響が出たりすることはないはずです。チームが機能不全に陥る要因となりがちなのが「プロダクトマネージャーなら何の未練もなく妥協するであろう機能ひとつにチームがこだわって過労状態に陥ってしまう」という状況です。大規模なプロジェクトでデリバリの期日が近づいてくると、機能に関する妥協を迫られるものです。まずは**他のメンバーに任せられる作業**を見つけましょう。とくに、システムのうちあなたが自分で作ろうと思っていたものの時間不足で手を付けられずにいる箇所があれば、それを任せてください。

　以上をまとめます。テックリードは、ある作業を自分独りで完遂するべき場合とメンバーに任せるべき場合をきちんと心得た上で、ソフトウェアの開発者としての役割、システムアーキテクトとしての役割、ビジネスアナリストとしての役割、そしてチームリーダーとしての役割のすべてを適宜こなさなければなりません。幸い、この4つの役割を全部同時にこなす必要はありません。それでも最初は大変だと思います。経験を積んでいく中でだんだんとバランスを取れるようになってはきますが。

CTOに訊け　テックリードなんて最悪です！

Q　テックリードになれたら最高だと思っていましたが、実際になってみたら上司から「プロジェクトの状況を常時、細大漏らさずチェックし、何であれ完了に近づいたら報告するように」と言われてしまいました。最悪です。テックリードの仕事がこんなに大変で嫌なものだと、どうして誰も教えてくれなかったのでしょう。

A　それだけの責任を新たに背負い込むのは本当に大変でしょう。わかります。でもとくにこの問題に関しては、「勝利の岩」だと見なして欲しいのです。米国

のアニメ『ザ・シンプソンズ』のファンならピンと来たでしょうが、「勝利の岩」とは、「Homer the Great（秘密結社に選ばれて）」の回に出てくる大岩のことで、鎖と足環で足首にくくり付けられ、「やっとみんなに認められたと大喜びしたのも束の間、それに付き物の高い代償を払わされることになる」状況を象徴するものです。エンジニアのキャリアパスにおいてはリーダーシップの必要な多くの職位に「勝利の岩」が付いて回りますが、テックリードはその中でも格別大きな岩を引きずって歩かなければなりません。その分、昇給や昇格が期待できるかというと、そんなケースはまれですし、生まれて初めてテックリードになった人が、新たにどれほどの重責を負ってしまったかを無自覚な場合も多いのです。企業側は、すでにその定義の中で述べたように「テックリード」をむしろ「みんなが交替で一時的に引き受け合う役割」「ひとりのエンジニアがキャリアパスにおいて数回、一時的に担う職責群」と捉える傾向があります。エンジニアが昇格を果たすのに必須の「踏み石」のひとつではあるものの、通常、ただちに有形の報いにつながる「キャリア上の一里塚」とは異なるわけです。

　テックリードの役目がこんなに大変なのはなぜでしょうか。テックリードが担う責任の範囲が、部下をもたないシニアエンジニアに比べるとはるかに広いからです。プロジェクトの基本の構成を練る作業に加わるよう求められ、それが終われば次は全行程のプランニングをしなければなりません。その上で、チームの面々がプロジェクトの要件を十分理解できたか、各自の作業計画に不備はないかを確認し、プロジェクトを始動させてからはチームが実力を発揮して所定の成果を上げるよう、常に確認していなければなりません。しかも以上のすべてを、必ずしも正式な管理職としてではなく、大抵はしかるべき訓練を受けることもなく、果たさなければならないのです。おまけに、以前と変わらない量のプログラミングの作業をこなして当然、とほとんどの上司から期待されるのが実情です。「ただもう責任が重くなり、仕事の範囲が広がるだけ」と言っても過言ではありません。生まれて初めてテックリードになった人は、それだけで精一杯という状況でしょう。

　というわけで、おめでとう、あなたも「勝利の岩」を引きずる立場になったのです。その重荷を引きずって歩いているうちにたくましく鍛えられ、キャリアパスのさらなる高みへ登るのに必要なスキルを身につけられるでしょう。それに、これから先もずっとその「勝利の岩」が今感じているほど重いかというと、そうとも限りません。

3.3　プロジェクトの管理

　私が新米のテックリードとして初めてのプロジェクト管理を経験した時のことは今でもはっきり覚えています。チームが任されていたのは非常に複雑なプロジェクトでした。すでに限界までスケールアップした既存のシステムを、手を尽くして改良したのち、あとはもう複数のコンピュータを同時並行で動かす方法を編み出すしかない、との結論に達したのです。分散コンピューティングが始まったばかりの、「分散システム構築のベストプラクティスに詳しい開発者」など、まだいない頃でした。ただ、精鋭ぞろいのすばらしいチームでしたから、きっとできる、と皆確信してはいました。

　そして徐々に、しかし確実に、解決方法を編み出していきました。長い時間をかけてデザインし、複数のコンピュータを同時並行で動かす分散処理の方法もあれこれ検討しました。そんなある日、上司に呼ばれてオフィスへ行ってみたところ、いきなりプロジェクトの計画を立てるよう命じられたのです。

　あんなに辛い経験は初めてでした。

　前述のように途方もなく複雑なプロジェクトのタスクの山を前にして、どれがどれに依存しているのかを見きわめなければならない役目が回ってきてしまったのです。それこそありとあらゆる関係を検討する必要がありました。このタスクセットを、チームがいつも使っている（複雑な）枠組みでテストできるようにするにはどうしたらよいのか。どうデプロイすべきか。テストのためのハードウェアはいつ注文すればよいか。インテグレーションテストの所要期間はどのぐらいか。疑問点が次から次へと湧いてきました。私は上司の部屋へ出向いては、大きな木の机に向かい合わせに座り、タスクの概要や期日や個々の工程を、上司の助けも借りながら細かく検討したものです。そして、さらなる処理の必要な箇所がはっきりすると、それを引っ提げてチームへ戻る、ということを繰り返しました。

　やっていて楽しい仕事では決してありませんでした。それどころかこの仕事は「1ステップずつ着実にこなして進んでいかなければならない厄介で退屈な一連の作業」として私の記憶に深く刻みつけられたのです。上司のお墨付きがもらえる計画に仕上げるため、間違いをしでかしやしないかという不安や恐れも、抜けがあったらどうしようという怯えも、あえてグッと抑えつけて作業を進めるしかありません。それを何とかやり遂げると、次は、首脳部に見せて説明し承認を得るためのフォーマットにするという、これまた厄介で退屈な作業をまたひとしきり続けなければなりません。まさに「死ぬ思い」でした。しかし同時に、私のキャリアにおいては五指に入る貴重な

学びの経験ともなったのです。

　とはいえ近年ではアジャイルソフトウェア開発のおかげで、プロジェクト管理はもはや不要になったのでは？　答えは「ノー」。アジャイルな手法は、タスクを分割し、それにもとづいて計画を練り、価値を「全部一度に」ではなく「徐々に追加していく」ため、プロジェクトを検討する上で大変有用です。しかしだからといってプロジェクト管理のノウハウを理解する必要がなくなったかというと、そんなことはありません。何らかの理由で、1スプリントでは（あるいは2スプリントでも）完了できないプロジェクトもあります（「スプリント」とは、開発を短い期間に分割するための単位のことです。通常1スプリントは1～4週間で、スプリントごとに計画、設計、プログラミング、テスト、レビューを行い、これを反復します）。それにテックリードはプロジェクトの完遂に要する期間を見積もり、その理由もある程度詳細に書き添えて首脳部に報告しなければなりません。また、アーキテクチャや綿密な計画立案が必須のプロジェクトもあります――通常、名前に「インフラストラクチャ」「プラットフォーム」「システム」などの言葉が入っているプロジェクトです。この手のプロジェクトでは未知の要素が多く納期も比較的厳しいため、アジャイル開発の標準的なプロセスには収まり切らないのです。

　キャリアの梯子（キャリアラダー）を登るにつれて、自分ひとりがこなせる範囲を超えた複雑な仕事を分割するコツを身につける必要が出てきます。とはいえチームが長期にわたって進めるプロジェクトの管理を楽しいと思う人など、まずいないでしょう。私自身、厄介で退屈な作業だと感じますし、時には「恐ろしい」と思うこともあります。実装に関する詳細がまだはっきりしていないプロジェクトをどう分割すべきかなんてことに頭を悩ませたりせずに、ただシステムの構築作業に貢献して成果を上げてだけいられたら、とついつい思ってしまいます。また、万一の場合に責任を問われたり、重要事項を見落としたせいでプロジェクトが頓挫したりしたら、といった不安も湧いてきます。だからといってプロジェクト管理を怠れば、今度はそのせいで遅かれ早かれプロジェクトが頓挫してしまうのです。

　プロジェクト管理はどんな作業についても逐一詳細に行わなければならないわけではありません。中には「やり過ぎ」と思われるケースもあります。専任のプロジェクトマネージャーを雇うのでさえ、私には好ましいこととは思えません。エンジニアたちがプロジェクトマネージャーに頼り過ぎる嫌いがあるのです（本来なら各自が自分の頭を使って将来や現在の仕事を真剣に考える術を身につけなければなりません）。それに、専任のプロジェクトマネージャーがいるという状況そのものが、アジャイルよ

りもむしろ従来のウォーターフォール型開発を行っていることを物語っています。いずれにせよプロジェクト管理は必須であり、それを担当するのがテックリードなのです。とくに、専門性の高いプロジェクトにプロジェクト管理は欠かせません。

　結局のところ、プロジェクトの計画を練る作業の真価は、完璧な計画を立てることにあるのでもなければ、事前にあらゆる詳細を漏れなく把握することにあるのでも、はたまた今後の予測を立てることにあるのでもなく、実際にプロジェクトを始動させ、どう展開していくかを見届けるよりも前に、プロジェクトをある程度掘り下げて考える努力を惜しまないことにあります。ここでの狙いは「まあまあ満足の行く程度に予測し計画できる範囲内で、幾分かでも洞察力を働かせること」です。計画そのものは、たとえ後日、非常に正確であったと判明したとしても、立案作業に費やした時間に比べれば重要度が劣るのです。

　さて、私自身が生まれて初めて担当したプロジェクト管理に話を戻しましょう。果たしてそのプロジェクトは万事計画どおりに運んだでしょうか。もちろん答えは「ノー」。障害、バグ、想定外の遅れ、見落としと無縁ではありませんでした。それでも、驚いたことに徹夜続きの事態に陥るようなこともなく、ほぼ期日どおりにデリバリできたのです。前述の複雑なシステムをデプロイ可能な分散型の中間生成物に変えるのに必要な変更を加えつつ、その一方で他の40人の開発者がマスターコードに必要な変更を加えました。精鋭ぞろいのすばらしいチームならではの成果ですが、プロジェクトの計画がきちんと立てられていたおかげでもあります。目指す成果がどのようなものなのか考え抜きましたし、失敗を招きかねないリスクもいくつか事前に突き止めてありました。

　上司と幾度となく重ねた、あの一連の大変な打ち合わせ。以来、私は（今度は上司としての立場で）さまざまなテックリードを相手に、プロジェクト計画の立案に必要な打ち合わせを行ってきました。どのテックリードも、詳細がはっきりしないまま計画を練らなければならない状況にフラストレーションを募らせ、それでも打ち合わせを終えれば私のオフィスを去って、プログラミングとは別の、完璧には予測のできない不慣れな作業をこなす、という過程を繰り返していました。おかげでどのテックリードもチームを成功裏に率いて望ましい成果を上げ、その過程で、プロジェクトを分割する作業の真の意義を理解し、さらに大規模なチームを率いてさらに大規模なシステムを構築するスキルを身につけていったのです。

> **現場の声　時間を割いて説明することの大切さ**

マイケル・マルサル

　米国の大学の博士課程では最後の関門として最終試験が設けられています。対象分野の専門家が務める審査委員の前で学位取得候補者が論文の内容を口頭で発表し、質疑応答が行われ、長年の研究成果が博士号に値するかどうかを審査されるのです。私も、もう何年も前のことですが、応用数学では全米屈指の大学で博士課程を修了、博士号を取得することができました。その時の最終試験の審査委員の中に、数値解析の分野でつとに名を知られた数学者がいました。この先生が最終試験を無事終えた私に贈ってくださった言葉が強く印象に残り、その後（数学とは別の分野ではありますが）キャリアを重ねる中でもその言葉は常に色褪せずにきました。「長年いくつもの学位請求論文を読んできたが、君の論文は群を抜いて明晰、明快だった。お見事！」と言ってくださったのです。嬉しかったことは嬉しかったのですが、大層驚きもしました。世界的に認められた数学者なのだから先生は私が論文で扱ったことなど「すべて承知」、先生がやることと言えば論文がどう展開していくかに「注目する」だけだ、とばかり思っていたからです。しかし先生によると「論文の展開を追うことができたのは、君が対象の問題空間の基本概念と、君の考えの背後にある動機とを説明する労を惜しまなかったからこそだ」というのです。先生のこの言葉を私は今なお忘れず、教訓としています。あれから私はソフトウェア業界で職を得、複数の大手企業で働いてきましたが、私の中でこの教えのありがたみは増す一方です。

　経営陣は我々の仕事の内容を「わかって」くれるはず——エンジニアである私たちはついついこう思い込みがちです。「プログラムに目を通せばわかるだろ？！」我々が日夜取り組んでいるソフトウェアなのだ、IT業界の関係者なら理解できて当然、というわけです。しかし現実は違います。技術管理者は、大変な難問でも解決できる優秀な人材を採用します（少なくともそれが理想です）が、その職務内容を管理者自身がすべて「わかる」かというと、そうではありません。私はこれまで、上級の技術管理者にごく基本的な最新情報（たとえばNoSQLとは何かとか、なぜそれに注目しておくべきなのかなど）を、上から

目線ではない親しみやすい口調や言葉遣いで説明する機会を何度かもちましたが、そのたびにとても感謝され、驚いてきました。

　最近も職場である部長から内々に「従来のファットクライアントなアーキテクチャからシンクライアントなものへと移行することがなぜ重要なのか説明してほしい」と頼まれました。この取り組みに資金をまわしてくれという声が社内で高まっているが、なぜ必要なのかさっぱりわからない、と言うのです。しかもそれを表立って質問するのは恥ずかしい様子です。そこでたっぷり2時間かけて（パワーポイントなど使わずに！）相手が納得するまで懇切丁寧に説明しました。今ではベテラン、若手の区別なく、機会を見つけては基礎知識や背景の事情などをどんどん説明するようにしています。こうすれば相手も肩身の狭い思いをせずに必要な知識を得られるので、私の判断や忠告を信頼してくれるようになり、互いに力を合わせて変革を実現することができます。このように、説明する時間を取る、というのは非常に大事なことなのです。

3.4　プロジェクト管理の実務

　プロジェクト管理とは、最終目的を達成するまでの複雑な過程を分割したのち、同時並行が可能な工程や連続進行が必要な工程を見きわめたり、プロジェクトの遅延や頓挫を招きかねない未知の要素を突き止めたりしつつ、各工程をもっとも効率良く実施できると思われる順番に並べていく作業です。まだまだ不確定な要素の多い状況に対処しつつ未知の要素を見きわめる努力を強いられるだけでなく、最善を尽くしても失敗や見落としと無縁ではいられないことをつくづく思い知らされる任務です。以下に指針をいくつか紹介しておきます。

1. **複数の工程に分割する**——スプレッドシートやガントチャートなど、あなたの使いやすいツールを活用して、大規模な成果物の実現に必要な作業（たとえば課金システムの改変作業）を複数のタスクに分割します。まずは大まかな塊に分割し、さらに細分化を繰り返していきます。このすべてを必ずしもあなた独りでやらなくてもかまいません。システムによくわからない箇所があったら、その部分に詳しい人の支援を仰いでください。ある程度細分化できたところで、今度は順序を検討します。今すぐ始められるタスクはどれか。そういうタスクはチームの

適任者に割り振って、さらに細分化してもらいましょう。

2. **細部の引っ掛かりや未知の要素にもくじけない**——プロジェクト管理を成功させるコツは「多少行き詰まっても、うんざりしても、やめないこと」です。すでに述べましたが、たしかに面倒で厄介な作業なのです。それに「確実にうまくやり遂げる方法」など、恐らくは存在しない作業なのです。ですから、ある地点でいらついたり、うんざりしたり、辛かったりしても、とにかく前へ進み、乗り越えることです。あなたの上司が幸運にも「できる上司」であれば、相談に乗ってくれて、改良の余地のある箇所を指摘してくれたり、ヒントになるような質問をしてくれたり、部分的にでも作業を手伝ってくれたりするでしょう。上司にとっても決して楽しい作業ではありませんが、部下を指導する練習にはなります。「もうこれ以上時間をかけても、この部分からこれ以上の価値は引き出せない」と納得が行くまで徹底的に未知の要素に向き合いましょう。

3. **プロジェクトを始動し、調整を加えながら進行させる**——計画を立案する作業の価値は「(始動後) プロジェクトがどこまで進捗したか、完遂まであとどのくらいかを大まかに把握できるようになること」にあります。納期が守れないこともありますから(予定どおりに進むプロジェクトなどありません)、常に全員に状況を知らせます。こういう時にも、しっかりした計画が立ててあれば、完了まであとどのくらいかをただ大ざっぱに推測するのではなく、すでに達成できたマイルストーンを明示して、残りの作業の概要を示すことも可能になります。

4. **立案過程で得られた洞察を活かし、その後の要件の変化に対応する**——上の 1. で当初の諸要件に配慮しつつプロジェクトを分割した過程で、すでにさまざまな洞察が得られているはずです。プロジェクトの始動以降その諸要件に変化が生じ始めたら、そうした洞察を活かして適宜対処していきましょう。そうした変化がプロジェクトにかなりのリスクをもたらし、新たな計画の練り直しや大幅な追加作業を迫られるようなら、その変化のコストを皆に伝える必要があります。納期の達成が厳しい場合でも、残りの作業量が大まかにでも把握できていれば、機能、品質、納期の間で最良の妥協点を探るべく作業の優先順位付けや作業量の削減、作業の簡略化を図ろうとする際に、それを参考にできます。

5. **プロジェクトが完了に近づいたら細部の詰めを**——プロジェクトの完了が近づいてきたら、また厄介で退屈な作業に戻らなければなりません。細部まで入念な仕上げをするべき時が来たのです。見落としはないか。どのようなテストや検証が必要なのか。いわゆる「プリモータム」を実践し、リスクを洗い出しましょ

う——「プリモータム」とは、検死官の職務である「検死（ポストモータム）」から編み出された、「死亡前死因分析」を意味する造語で、プロジェクトの完了が間近に迫った時に「この大規模なプロジェクトの成果物を公開したら大失敗に終わってしまった」と仮定し、頭の中でその事態を逐一検討してみる、という手法です。その上で、「一応うなずけるレベル」での線引きをし、それを関係者全員に知らせ、その実現を目指して尽力します。レベルに達しない作業は当面休み、チームの総力を最重要な細部の仕上げにつぎ込むわけです。新機能の公開の計画だけでなく、障害が起きた場合のロールバックの計画も立てましょう。それを両方とも完遂できたら、祝杯を上げることも忘れずに。

> **CTOに訊け** 本当にテックリードになりたいのか、確信がもてません
>
> **Q** 「あなたにテックリードをやってもらいたいの。考えといてね」と上司からたびたび言われます。大規模なプロジェクトのテックリードなので、もしも引き受けたらプログラミングに割ける時間が大幅に減ってしまうでしょう。いろいろな会議に出席し、あれこれ根回しや擦り合わせもせざるを得ないからです。というわけで私自身は気が進まないのですが、どう決断すべきか、アドバイスをいただければ幸いです。
>
> **A** 私は管理系の職務を部下に押し付けることには反対です。あなたも「まだ早い」と感じているようなら引き受けないほうがよいでしょう。技術系の仕事に専念して悪いわけがありません（「自分はまだまだ未熟で学ぶべきことが山ほどある」と感じている人の場合、とくにそう言えます）。
>
> 「できる上司」は指導的な役割を任せられる有能な部下を求めているものですが、時期尚早となってしまうケースが時にあります。つまり、まだまだ集中的にプログラミングの経験を積むべき段階にいる部下に早まって指導的役割を担わせてしまう、という失策です。この部下が将来もっと上の職位に就いてから「技術力不足」を理由に管理職への昇格が難しいと判断されてしまう恐れがあり、キャリアの点で大きなダメージを受けかねないのです。管理系の職務を担わない、純粋にエンジニアとしての立場のまま今学ぶべきことを学ぶほうが、管理系のスキルと同時並行で習得しようとするよりはるかに楽でしょう。

> とはいえ、いつの日にか（たとえあなたが今後も非管理系の純粋なエンジニアとしてのキャリアパスを希望するとしても）キャリアアップを見据えてテックリードを引き受けるべき時が来るかもしれません。どうしても今引き受けなければならないわけではないのです。あなたが「今のチームで自分が学ぶべき技術的なことはまだ沢山あり、このプロジェクトでは他のメンバーがテックリード役を引き受け、自分はその人のもとで仕事を進めたほうがよい」と感じるようなら、テックリードにはならないことです。逆に「チームでの通常の作業ならもう技術的に何の問題もなくこなせる」と感じているのであれば、新たなスキルを習得すべき潮時が来たと言えるのかもしれません。その場合、テックリードは挑戦しがいのある役割と言えるでしょう。

3.5　決断の時──技術職を貫くか、管理職への道を選ぶか

　あくまでも技術系の道を行くか、それとも管理職への道を選ぶか──これはとても難しい選択です。その時々の状況に大きく左右されるため、どうすべきかなど私に言い切れる事柄ではないのです。ただ、そのどちらの道をも夢見、実際に自分の足でたどりもした経験者として、この2つの道の「想像と現実の違い」だけはお伝えできると思います（いずれも多少皮肉をこめて大げさに描いた「スケッチ」にすぎず、絶対的なものではありませんが）。

私の想像していた「（部下をもたない）シニアエンジニアとしての日々」

　私が漠然と想像していた「シニアエンジニアとしての日々」。それは「深い思考の積み重ね」と「知的能力が試される、新しく興味深い難問の解決作業」と「自分同様、深い思考を重ねるチームメイトとの共同作業」に明け暮れる日々でした。ソフトウェアを構築する仕事ですから、当然「ヤク・シェイビング（ある問題が発覚し、それを解決しようとすると、さらなる問題を招き……といった具合に負のスパイラルが続く状況。ヤクというチベットの毛の長い野牛の毛を刈り続けるイメージを使ったたとえ）」は避けられないでしょうが、どの部分を担当するかを選ぶ権限は相当与えられている

ので、格別に面白い作業を担当できるはずです。コードを書き、修正し、処理速度を上げ、斬新なことをコンピュータにやらせ、といった作業をこよなく愛する者が、まさにそうした作業に勤務時間の大半を費やせるのです。

　また、シニアエンジニアとして、開発が始まる前に管理者からどういったアプローチを取るべきか助言を求められますから、プロジェクトの現況を漏れなく把握でき、それでいて作業に携わるメンバーの詳細には大してタッチせずに済むはずです。会議に関しても、重要な決定を下すものにだけ出席を求められるので、プログラミングの作業に差し支えることはありません。チームの若手は私を尊敬し、私の言葉を肝に銘じ、私が与えるフィードバックには素直に耳を傾け、質問や相談をしすぎて私の「深い思考」を妨げてはならないと気を配ってくれるでしょう。

　昇進が遅れることは決してなく、常に新たな「大問題」が生じるので、私はその度にあっさり解決しては会社に自分の存在価値を示します。また、バリバリ働きはするものの、残業や休日出勤を求められることはめったにありません。というのも、周知のとおり、過労の状態で「配慮の行き届いた質の高い仕事」などできるはずがないからです。遅くまで働くとすれば、それは開発中の機能をどうしても仕上げてしまいたい時や、バグを発見し、その修正に夢中になって、やめられなくなってしまった時です。

　やがて、本を執筆したり、講演をしたり、オープンソースとして公開したり、と粘り強く努力を重ね、多少の運にも恵まれて、業界ではちょっと知られた存在になります。たとえ口下手でも内気でも、そうした資質が問題視されることは一切なく、「この人は自分流の伝え方をだんだんに編み出していくタイプなのだ」と好意的に解釈してもらえます。私の語る事柄には、それほどの重みがあるのです。社内で私を知らない者、私の仕事の価値を理解しない者、私の意見を尊重しない者はひとりもいません。

　要するに私は「やりがいのある面白い仕事」と「名声」と「長年培ってきた専門知識」のすべてをきわめてバランスよく掌中に収め、類まれな存在として周囲の敬意を集め、高給を得、強大な影響力を及ぼす立場へと登り詰めたのです。

現実の「(部下をもたない) シニアエンジニアとしての日々」

　ここからは、部下をもたないシニアエンジニアの「現実」を紹介していきます。もしも自分が実力を存分に発揮できる類(たぐい)のプロジェクトを見つけられ、しかもその全工程の中でも自分に最適な箇所が担当できれば、あなたはすばらしい日々を送ることが

できます。エンジニアとしての腕が試される難問に取り組み、新たな知識を仕入れ、新たなスキルを習得できる日々です。あなた個人の日々の作業のスケジュールや内容に関してはかなりの裁量権を与えられている上、出席するべき会議の数も、管理の仕事を兼務している同僚よりは少なくて済みます。しかし毎日をこの上なく幸せな「フロー状態」で過ごせるかというと、そうでもありません。どのプロジェクトでも、自分のアイデアこそが正しいアプローチなのだと皆に売り込まなければならない時期が当然ありますし、システムの実装が完了すれば、それを社内の他の部署で使ってもらうために、何日もかけて有用性を説明し、各部署での採用に向けて部長に働きかけてくださいと皆に頼み込まなければなりません。

　昇進も、期待していたほど速くも容易でもありません。むしろかなり遅いほうです。あなたが他の追随を許さぬソフトウェアアーキテクトであることを証明できるような「ビッグな」プロジェクトなどなかなか見つからないものですし、第一、チームは新しいプログラミング言語や新しいデータベース、新しいウェブフレームワークなど必要としてはいません。また、全社にあなたの才能を見せつけられるような仕事をちょくちょく見つけてきては任せてくれる上司など、いるわけがありません。そんな絶好のチャンスがどこに転がっているのか、上司のほうがあなたに訊きたいところでしょう。自分にぴったりな「ビッグな」プロジェクトを見つけられるか否かは、それこそ運次第だと思います。プロジェクトの選択を誤れば、何ヵ月も、いや何年も全力投球で取り組んできたのに中止の憂き目に遭う可能性も皆無ではありません。そんな中で、プログラミングの仕事と管理の仕事を兼務してきた同僚がチームの育成と発展に貢献し、あなたより速く昇進していくのを見て、多少嫉妬にかられることもあるでしょう。

　開発者仲間に関しては「千差万別」と言えるでしょう。好人物であるあなたを尊敬し、あなたの言葉に熱心に耳を傾ける者もいれば、あなたのもっている影響力をどうやら妬ましく思っている様子の者もいます。若手開発者はというと、たび重なる相談や質問であなたの貴重な時間を奪っていく者がいるかと思うと、何らかの理由であなたを恐れている者もいるでしょう。私に断言できるのは、面白くて「ビッグな」プロジェクトでは仲間内で必ずと言ってよいほど主導権争いが起こる、ということです。

　上司もある意味、厄介な存在です。あなたはシステムのオープンソース化を望んでいます。「業界に一石を投じられるから」がその理由ですが、そうしたあなたの考えを上司は支持してくれません。オープンソース化だの講演だの本の執筆だのは勤務時間外にやるべきだと言います。また、上司は技術的なことであなたの助言や提案を求め

るくせに、時として新たな戦略や構想をあなたに知らせるのを忘れるため、あなたは貴重な提言の機会を奪われてしまいます（あなたもあなたで、「会議に出るのを渋ったせいで、重大な情報を仕入れ損なったのかも」などと後悔するくせに、上司から会議に出席しろと言われるたびに「あんな死ぬほど退屈でめちゃくちゃ非効率的な会議、俺の貴重な時間が無駄になるだけ」とついつい思ってしまうのですが）。おまけに上司は「メールに返事を書くとか、新人やアルバイトの採用の面接をするとか、コードレビューをさっさと片付けるとか、そういう面倒な作業からは解放してもらいたい」というあなたの要望になかなか理解を示してくれません。

そうは言っても、シニアエンジニアは勤務時間の大半をシステム等の構築作業に費やすことができます。技術的、工学的な問題やシステムの設計に集中的に取り組むことができ、チームや仲間の世話だの退屈な会議だのに時間を取られることはそれほどないのです。プロジェクトを自分で選べる場合も多く、新しいことがやりたくなればチームを替えることも比較的容易です。しかも最近知ったのですが、なんと給料が上司より多いのです！　というわけで、人生、悪いことばかりではありません。

私の想像していた「管理職としての日々」

次に、私が漠然と想像していた「管理職としての日々」を紹介しましょう。私には直属のチームがあり、それを管理する権限も能力もあります。自ら意思決定を行い、自分なりのやりかたでチームに仕事をさせることができるのです。チームのメンバーは私を尊敬し、何であれ私の命令には喜んで従います。たとえば私が「もっとテストコードを書くべきだ」と考え、そう命じれば、皆がそれに従います。あるいは「性別や人種などに関わりなく誰もが公平に扱われる、そんなチームにしたい」と考え、皆にそう伝えたにもかかわらず、その命令を守らずチームの雰囲気を悪くするような者が出れば、クビにする権限が私にはあります。

しかし私は部下思いの上司ですから、部下たちは私のことを（意見が対立した時も含めて）「常にチームの皆のために全力を尽くしてくれる上司」と見てくれます。どんなことも好意的に解釈してくれ、私がミスをした時には1対1のミーティングで腹蔵なく意見をしてくれますし、どんな時でも私からのフィードバックには熱心に耳を傾けてくれます。人間関係を扱う仕事ですから当然ストレスと無縁ではありませんが、皆が私を「部下思いの上司」と思ってくれているので、やりがいは非常にあります。それに、ある程度の権限が認められている今の地位に就いてからは、部下に対する指

導の効果も以前より早く現れるようになったと思います。

　次に同僚についてですが、私は他チームを率いる同僚が判断を誤っていると思ったら、迷うことなくその同僚のところへ出向き、自分自身の部下にシステムの設計に関するアドバイスをする時と変わらぬ率直さで忠告をします。同僚たちはそんな私の意見に常に熱心に耳を傾け、私がチームに対して発揮する優れた指導力を実感し、会社の健全性の確保や全社員の成長を願う思いを感じ取ります。

　私の上司はというと、指導は怠りなく、それでいて差し出口は控える、「できた上司」にほかなりません。より大きなチームを率いる態勢が私に整ったと見て取るや、すかさず援軍を差し向け、組織拡充を後押ししてくれます。上司が私に提示する目標は常に明確ですし、計画の変更を命じてくることなどめったにありません。私はさまざまな重責を負ってはいますが、ブログに書き込みをしたり講演をしたりする時間がないわけではありません。それにそういう活動にはチームへの参加希望者を増やしたりIT業界での私の立場を強めたりする効果があるので、上司も応援してくれるのです。

　このように、私は意思決定を行う権限も、チームの文化(カルチャー)を構築する権限も認められており、その権限を適切かつ十分に行使していることは周囲の誰の目にも明らかなので、トントン拍子で出世し、大変やりがいのある面白い仕事をしては華々しい業績を上げ続けます。

現実の「管理職としての日々」

　では管理職の「現実」は、どのようなものでしょうか。あなたには直属のチームがあり、部下を動かす力もある程度はありますが、「口で命令しただけでは人はなかなか動いてくれないこと」を管理職になってすぐに痛感します。自分個人のレベルの職務に関しては、会議に明け暮れる日々が続くので、スケジュールや内容をどうこうできる状況ではありません。こういう事態はまったくの想定外ではなかったものの、身をもって体験してようやく実態がつかめた部分もあります。小規模なチームを管理するだけでよかった頃は、チームのための職務と、自分が担当しているプログラミングの仕事のバランスを取ることも可能でしたが、チームの規模が大きくなるにつれてプログラミングに関与できる度合いはどんどん小さくなり、今ではほとんど不可能な状態です。プログラミングをやめてはならないという思いは強いのですが時間がありません。何とか2、3時間捻出できたとしても、やれるだけやって、あとはチームに任せ

る、という形になってしまい、それではあまりにも無責任なので、「今回はここのスクリプトだけ」「今日はこのバグをつぶすだけ」といった具合にお茶を濁す程度で精一杯です。大事な作業に集中的に取り組むなどということは、もはや遥か昔の思い出となってしまいました。

　また、あなたは決定を下す権限を与えられています——ただし、それも限定的なものです。というのも、現実的に見てあなたにできるのはせいぜい決定の対象範囲を絞り込むことぐらいだからです。たとえば「より良いテストコードを書くことに注力しよう」といったチーム目標をあなたが決めたとしても、相変わらず実装のためのロードマップには従わなければなりませんし、メンバーそれぞれにタスクの優先順位があるはずです。ですからあなたは「決定権を有する」と言うよりは、むしろチーム全体が決定を下す後押しをする立場にあると言ったほうが当たっています。その上、あなた自身の上司からも、あなたのチームが達成すべき目標が提示され、おまけにそれが180度変更されるような時もあり、しかもその場合のチームへの説明役はあなたなのです。

　ところでチームの文化を決める権限は、たしかにあなたが握っていますが、これに関しても、良いとも悪いとも言えます。あなたの美徳や長所がチームの模範となっていればよいのですが、あなたの欠点や弱点をチームの面々がそっくり真似ているようでは困るのです。

　次に、あなたとチームとの関係について。チームの面々はあなたが何の努力をしなくても、あなたの意見に賛成し、あなたを尊敬し、好意を抱いてさえくれる——そんなうまい具合には行きません。実際に管理職になってみればわかりますが、権限を行使し統率力を発揮するためには、肩書き以外のものが必要です。大変な状況でも、たとえばプロジェクトがうまく行っていない時や、「君を昇格させてあげるには、もっと研鑽を積んでもらわないと」「君は今回は昇給の対象にはならなかった」「今年、君にはボーナスが出ない」などと部下に悪いニュースを告げなければならない時でも、それでも何とかやる気を出してもらわなければと、あれこれ心を砕くはずです。しかし中には、不満があってもあえて上司であるあなたに告げず、やがてつくづく嫌気がさして終いには辞めてしまう部下も出るかもしれず、その段階であなたは初めてその部下の気持ちを知らされる、といった事態もあり得ます。会社の業績が良くて社員に給料をはずめる時や、面白いプロジェクトが目白押しの時ならば「楽しい毎日」となるでしょうが、逆に業績不振、あるいはプロジェクトが問題山積、といった状況では、チームの士気を高める力を自分がいかに欠いているかを痛感せざるを得ません。さら

に悩ましいことがあります——それは、煩雑な人事の手続きを経ずには部下を解雇できないことです。そんなこんなで頭痛の種は尽きませんが、あなたの指導のおかげで部下が結果を出し、達成感を抱いてくれた時には、あなた自身も任務が果たせたことを実感できます。そうしたささやかな成果の積み重ねが、難局を乗り切る支えとなるのです。

　一方、他のチームを率いる同僚は、あなたの忠告や助言になどまるで関心をもちません。意見しようとしてやって来たあなたを、むしろ「縄張り荒らしのおせっかい」とか「ライバル意識たっぷりな野郎だ」など、悪く受け取るのが落ちなのです。また、あなた自身の上司はというと、「そろそろチームを増員してもらってもよいはずだ」というあなたの意見には耳を貸そうともしないくせに、その理由をきちんと説明することができません。上司のあなたに対する指導能力にも、まだまだ改善の余地があります。もしかすると上司は、優秀なあなたのせいで自分は影が薄くなってしまう、と恐れているだけかもしれません。もちろんあなたが勤務時間内に講演をしに出かけることを快く思ってはいません。あなたの講演がチームにとってどれほど有益であっても、あなたがオフィスを空けることには良い顔をしないのです。このように、他チームを率いる同僚やあなた自身の上司の面目を潰すことなく自分のチームを率いていくための駆け引きが思いのほか難しいということは、やってみて初めてわかるものです。そうは言っても、その「より大きなチーム」を任せてもらえさえすれば昇進は確実、将来の見通しも明るくなります。ただ、最近、あなたのチームに所属するエンジニアのひとりがあなたより高給であることを知り、うかうかしていたらそのエンジニアに先を越されてしまうと危機感を抱きました。早急に対策を考えたほうがよさそうです。さもないと、こんなストレスの多い、こんな理不尽な仕事に耐えてきたことがすべて水の泡になってしまいます。

　最後にもうひとつ、アドバイスを。あなたが望めば進路変更も可能だ、ということを忘れてはなりません。ある時点で管理職に就いてはみたが、やはり自分には向いていないと判断し、技術畑に戻る人も少なくありません。どちらの選択肢も決して恒久的なものではないのです。いずれにしても常にしっかり目をあけていること。どちらの道にもメリット、デメリットはあり、どの仕事が一番自分に向いているかを見定めるのはあなた自身なのです。

3.6　すごい上司、ひどい上司——プロセスの何たるかを心得ている上司と、プロセスツァー

「プロセスツァー（process czar ＝ 手順に異常にこだわる開発手法の信奉者）」とは、アジャイルでも、かんばん方式でも、スクラムでも、リーンでも、はたまたウォーターフォールでも、とにかく特定のプロセスや手順、手法を崇め奉り、その手法を正しく実践しさえすればチームの抱える難題は漏れなく解決できると信じて疑わない人のことです。ソフトウェアの開発手法だけでなく、緊急呼び出しやコードレビュー、リリースのやり方も、プロセスツァーのこだわりの対象となり得ます。その対象を細部まで知り尽くして巧みに使いこなし、ルールも抜かりなく厳密、几帳面に守るのがプロセスツァーの傾向です。

プロセスツァーが多数見受けられるのは、顧客や社員など内外からの問い合わせに対応するサポート窓口、製品管理部門、特定の作業の進捗状況を計測することが重要な業務であるコンサルティング会社などです。プロセスツァーは職務に大変忠実ではありますが、私自身が見聞きしてきた限り、従来型のシステム運用チームではあまり見かけないようです。しかしプロジェクト管理チームに属する場合は、タスクをひとつたりとも見落とすまい、万事を厳密に所定の方法で仕上げさせよう、と目を光らせるため、きわめて貴重な戦力となっていることもあります。

プロセスツァーは「自分と違って大抵の人は所定のプロセスに厳密に従うことがあまり得意ではない」という現実を理解していないと、つまずきがちです。どんな問題に関しても、原因は最良のプロセスに従わなかったからだと決めつけ、柔軟な対応が必要なことや、想定外の変更が不可避であることを認めない傾向があります。実際に働いた時間など、計測の容易な事柄に焦点を当てがちで、物事のニュアンスをなかなか汲み取れません。

「この仕事ならこのツール」といった融通の利かない考え方をするエンジニアがテックリードになると、プロセスツァーと化す恐れがあります。あらゆる問題の解決に「最適なツール」を探し出し、それに沿って計画の立案や、焦点の絞り込み、時間管理、優先度付けをしようとするのです。あるいは「完璧なプロセスを探すので、いったん作業を全部ストップしてくれないか」と言い出したり、人と人のインタラクションのように複雑な問題に対処しようとする時でも、解決策だと称しては始終新手のツールやプロセスをチームに押し付けたりします。

プロセスツァーの「対極」に位置するのは、「プロセスを完全に排除する管理者」で

はありません。そうではなく、「プロセスは、チームのニーズや、チームが進めている作業のニーズを満たさなければならないという点を深く理解している管理者」です。皮肉なことに、アジャイルは多くの場合、(「機敏な」「素早い」といった本来の意味とは正反対とも思える)「厳格な」方法論に基づいて実装されます。以下に引用する「アジャイルソフトウェア開発宣言」(http://agilemanifesto.org/iso/ja/manifesto.html) は健全なプロセスベースの主導法のすばらしい要約となっているのです。

- プロセスやツールよりも個人と対話を
- 包括的なドキュメントよりも動くソフトウェアを
- 契約交渉よりも顧客との協調を
- 計画に従うことよりも変化への対応を

　これに関連して、初めてテックリードを務める人にアドバイスをさせてください。チームのコミュニケーションやリーダーシップの不備に起因する問題を、プロセスを拠り所にして解決しようとする際には注意が必要です。プロセスに手を加えることで効果が得られることも時にはありますが、特効薬にはめったになり得ませんし、プロセスもツールも仕事のやり方も、チームごとに違って当然なのです。アドバイスをもうひとつ——自己調整型のプロセスを模索することです。いつの間にか「うるさすぎる親方」になっていて、ふと気づいたら、ルールを破った人、プロセスに従わなかった人を厳しく批判していた、という人は、プロセスそのものを、もっと守りやすい、従いやすいものに改変できないか検討してみてください。ルールやプロセスの遵守状況を見張る「番人」役なんて時間の浪費ですし、自動化によってルールをより明確にできるケースも多いものです。

　一方、自分の上司はまさにプロセスツァーだ、という人は、上司がもう少し「ゆるい」状況でも平気でいられるよう、手助けしてあげてください。プロセスを過度に重視するというのは管理職に就いた人が陥りがちな落とし穴で、その背後によくあるのは、失敗を恐れる気持ち、万事をコントロールして不測の事態を防ぎたいという思いです。失敗しても、不完全でも、大丈夫ですよ、とあなたが誠実、率直に語りかけるだけでも、上司は多少肩の力を抜き、いくらかでも基準を緩められるはずです。上司が「完璧な」ツールやプロセスを探し求めることにあらゆる時間と精力を費やしてしまわないよう配慮してあげましょう。プロセスに従わなかったという理由でチームの面々が罰せられることのないよう取り計らうことも大切です。

3.7 優秀なテックリードとは

　優秀なテックリードならではの特質はいくつもあげられますが、とくに重要なものを以下に紹介しておきます。

アーキテクチャを把握している

　テックリードの役を引き受けたが、対象のシステムのアーキテクチャを十分理解できていない、と感じる人は、きちんと時間を取って理解しておくべきです。しっかり学び、感触をつかみ、明確なイメージを描けるようになってください。データのありかや、システム間のデータの流れなど、つながりも把握しておきましょう。そのアーキテクチャが、サポートする製品でどう具現化されるのかや、そうした製品のコアロジックがどこにあるのかも把握する必要があります。これから手を加えようとしているアーキテクチャをきちんと理解できていなければ、プロジェクトを率いていくことなど不可能と言ってもよいでしょう。

チームプレイの大切さを心得ている

　面白い作業は全部自分がやっている、という人。やめてください。そして技術的修正を要する部分のうち、難しい箇所、退屈な、あるいは面倒な修正作業を強いられる箇所にあえて焦点を当て、そこをどうにかできないか検討してみましょう。コードベースのあまり面白くない部分の改善作業をやってみると、さまざまな不備が見えてくることが多いのです。退屈なプロジェクトや厄介なプロジェクトでも、ベテランが時間を割いてじっくり調べさえすれば発見、修正できるような「明白な箇所」が結構あるものです。ただし、テックリードだからといって始終退屈きわまりない作業ばかりを請け負っているという人がいたら、それもやめるべきです。あなたは開発者としての才能を伸ばしてきたシニアエンジニアなのですから、難しいタスクを引き受けて当然です。もちろんテックリードとして、チームのメンバーにシステム全体を把握するよう奨励し、資質や能力を高め伸ばす機会を与えるべきではありますが、自分自身の担当箇所を決める際、絶えず自己犠牲の精神を貫く必要はありません。たまには面白いタスクも選んでください。きちんとこなせる時間さえあれば、という条件付きではありますが。

技術的な意思決定を主導する

　優秀なテックリードはチームの主要な技術的意思決定の大半に関与します。ただし「関与する」というのは、独りですべての決定を下せる職権を有するのとは違います。チームから意見を募らずに技術的な決定を独りで次々に下すようになってしまったら、チームの怒りを買うでしょうし、プロジェクトに問題が生じた場合は責任を問われるかもしれません。逆にあなたが技術的な決定をまったく下そうとせず、何事もチーム任せにしたりすれば、即断できる事柄も放置したままずるずると先延ばしする形になってしまうでしょう。

　そこで、自分自身が決断しなければならない事柄、自分よりも豊富な専門知識を持ち合わせているメンバーに判断を委ねるべき事柄、チーム全体で決断するべき事柄を見きわめてください。そしてどの場合にも、討議中の事項と、討議の結果とを皆に報告します。

コミュニケーションの達人である

　テックリードになったら、あなた個人の生産性よりもチーム全体の生産性を重視しなければならなくなります。つまり、プログラミングの仕事以外に、チームのためのコミュニケーションにも時間と労力をつぎ込まざるを得なくなる、ということです。チームのメンバー全員を引き連れて会議に出るのではなく、チームの代表としてあなただけが出席し、チームのニーズを伝え、会議が終わればチームに戻って討議の内容や結果を報告します。卓越した指導者に共通する最大の資質をあげるとしたら、それはコミュニケーション能力です。文章力も読解力もあり、人前で話すことにも長けているのです。会議では集中力や傾聴力、弁舌力を発揮し、絶えず自身の知識、チームの知識の限界に挑んで深化と拡大を図ります。ですからテックリードの役を引き受けた人は、今こそ書く力、話す力を伸ばす絶好のチャンスだと受け止めてください。デザインに関するドキュメントを書いて文章力のあるメンバーに見せ、フィードバックをもらってください。また、技術系のブログに投稿したり、自分の個人ブログに書き込みをしたりしましょう。チームのミーティングや、同好の士がSNSやインターネットの呼びかけで集まるミートアップで積極的に意見を述べたり、聴衆を前にして話したり、といった訓練も積んでください。

　そうした折に、相手や他のメンバーの反応にしっかり注意を払うことも忘れずに。

相手にも発言の機会を与え、その意見を傾聴するのです。そして相手の言葉をきちんと理解できたかどうかを確認するための、「相手の発言を復唱してみる」「相手の発言を自分なりの表現で言い換え、返してみる」といった手法を実地で練習してください。メモを取るのが苦手な人は、その練習も必要かもしれません。技術系の道を極めるか管理者への道を行くかの違いに関係なく、こうしたコミュニケーションのスキルを身につけなければ、今後のキャリアアップに支障が出てきます。

3.8　自己診断用の質問リスト

この章で解説した「テックリード」について、以下にあげる質問リストで自己診断をしてみましょう。

- あなたの会社（組織）ではテックリード（に相当する職位）を設けていますか。「設けている」と答えた人にお尋ねします――テックリードの職務内容を規定した職務記述書(ジョブディスクリプション)も用意されていますか。「用意されている」と答えた人にお尋ねします――その内容はどのようなものでしょうか。「用意されていない」と答えた人にお尋ねします――貴社のテックリードの職務を、あなたはどう定義しますか。テックリードを引き受けている人自身はどう定義するでしょうか。
- テックリードの役割を引き受けようかと考えている人にお尋ねします。今すぐ引き受ける準備ができていますか。プログラミング以外の仕事にも抵抗なく自分の時間を割くことができそうですか。今後チームをうまく率いていくためにはコードベースを熟知していなければなりませんが、その点であなた自身はどうだと思いますか。
- テックリードにどのようなことを期待するか、上司に訊いてみたことはありますか。
- 今までのテックリードの中で最高だと思えるのは誰ですか。その判断の理由となった、その人の言動をいくつかあげてみてください。
- あなたに不満や苛立ちを抱かせるようなテックリードのもとで働いたことがありますか。その判断の理由となった、その人の言動をいくつかあげてみてください。

4章
人の管理

　初めて技術管理者に任命された者は、昇進したと思い込む。これでエンジニアとしての職務に関しても技術的問題に関しても先任権（シニオリティ）（勤続年数の長い者から順に、昇進、配転、解雇、休職などに際して優先的な扱いを受ける権利）を行使できる、と。だがこれは現実には、こうした面々をこれ以上出世できない下級管理職のレベルで留め置くのに恰好の手なのである。「新任の技術管理者」がいかなる先任権も認められない（管理職としては）入門レベルの職位にすぎないという現実は受け入れ難いものではあるが、実はこれこそが管理という職務に手を染める者にとっては最良の視点となる。

マーク・ヘドルンド

　あなたは見事、会社の信頼を勝ち得、部下の管理を任されるところまで昇進を果たしました。人事部主導の、人的管理の基本に関する研修を受け、自分自身の過去の上司の中に今後のお手本にしていきたいすばらしい先輩がいて、その人に思いを馳せたりしています。とはいえ、ここからは頭の中のそうした知識やアイデア、理想像を現場で活かしていく「本番」です。

　この章ではまず「部下ひとりひとりの管理」に焦点を当てます。この手のトピックを取り上げて種々の考え方やアイデアを詳解している本はすでにかなり出回っていますから、ここでは私自身が人的管理の基本要素と見なしている事柄を紹介していきます。管理者としての責任を背負って立つことになったあなたは、人的管理の基本職務をどう捉えるべきなのでしょうか。

　管理者になりたての適応期に重点的に取り組むべき課題として「自分なりの管理スタイルを見つけること」があげられます。多くの新任技術管理者は、チーム全体を運

営するコツと、チームの各メンバー（個人）を管理するコツとを同時並行で習得していきますが、まずはチームの個々の構成員との関係を考えてみましょう（チーム全体を管理するコツと、あなた個人の技術系職務と管理の仕事との調整については次章で解説します）。なにしろチーム全体の質は個々の構成員の質に左右されるものですし、管理者であるあなたは構成員ひとりひとりに多大な影響を及ぼす存在なのです。

人の管理で求められる主な仕事を次の4点に絞って考えてみましょう。

- 直属の部下との関係の構築
- 定期的な1対1のミーティング（以下「1-1」）
- キャリアアップや作業の進捗状況、改善領域、功績の報奨などに関するフィードバック
- 各メンバーの研鑽を要する領域の見きわめと、その領域の能力の（プロジェクトでの職務遂行や、外部での学習、メンタリングを介しての）強化

4.1　直属の上下関係

人的管理を任されての「初仕事」は「直属の部下をもつこと」で、この場合の「部下」は、すでにこれまで一定期間共に働いてきた人の場合もあれば、初対面の人である場合もあります。このうち「初対面の人を直属の部下として迎える経験」は、今後管理職としてのキャリアを積んでいく過程で幾度もあることでしょう。このような部下に対しても行き届いた管理ができるよう、短期間で良好な関係を築くにはどうしたらよいか、そのコツを紹介しておきます。

信頼感と親近感の構築を

ここで効果的な戦略のひとつは「相手を理解するための質問――中でも、その人の管理をやりやすくしてくれる質問――をする」というものです。具体例をあげてみましょう。

- 優れた功績や言動などに関して褒められる場合、人前でも構いませんか、それとも1対1のほうがよいですか（人前で褒められることをひどく嫌う人もいますから、この質問に対する答えはぜひとも聞いておきたいものです）。

- 重要なフィードバックの伝え方は、どういったものを希望しますか。じっくり検討できる書面でのフィードバックがよいですか、あるいはあまり形式張らない口頭でのフィードバックのほうが気が楽でしょうか。
- この部署（チーム）で仕事をしようと決めた理由は何ですか。希望、意欲、期待等を聞かせてください。
- 君が不機嫌な時、悩んだり苛立ったりしている時は、傍(はた)から見てどんな感じか、教えておいてください。いつも君を不愉快な気分にさせる要因があり、それを私が事前に知っておくべきなら聞かせてほしいです（たとえば部下が宗教上の理由で断食をしている最中は怒りっぽくなるかもしれません。あるいは緊急呼び出し(オンコール)のローテーションがひどいストレスになる人や、勤務評価が大の苦手という人もいるかもしれません）。
- 耐え難いと思う上司の振る舞いがあれば言っておいてください（私なら「1-1をサボったり、1-1の中止や日程変更をしょっちゅう命じたりする上司、フィードバックをくれない上司、やりにくい会話を避けたがる上司」などと答えると思います）。
- キャリアアップの明確な目標がありますか。それを私が知っておけば、その実現に役に立てるかもしれません。
- この部署（チーム）に来てから、何か私に言っておきたいことができましたか。良いことでも悪いことでもいいから言ってみてください（これに対する部下の返答として考えられるのは、たとえば「私の場合、自社株購入権(ストックオプション)はどうなってるんでしょうか」「配置転換に応じたらボーナスをくれるっておっしゃってましたけど、まだいただいてないですよね」「なんでGitじゃなくSVNを使ってるんですか」「こんなにすぐお役に立てるなんて思ってもみませんでした」といったものです）。

このほか、ララ・ホーガン（Lara Hogan）のブログの、このトピックに関する書き込み（http://larahogan.me/blog/first-one-on-one-questions/）も大変参考になります。

今後1ヵ月／2ヵ月／3ヵ月の計画を立てさせる

経験豊富な管理者の間でよく活用されているもうひとつの手法が「新たな部下に今後1ヵ月／2ヵ月／3ヵ月の計画を立てさせる」というものです。この計画には「コー

ドに対する理解を深める」「バグ処理に注力する」「リリースのための作業に加わる」といった基本的な目標などを書いてもらいますが、これは入社後すぐにあなたの直属の部下になった新人や、他の部署からあなたのもとへ配置転換されてきた人にとっては非常に有益です。その人の地位が高ければ高いほど、この計画立案の必要性も高まります。この計画立案でその部下が明確な目標を提示できれば、あなたの部署やコードへの理解が進んでいることが確認できるからです。あなたやチームも、この基本目標の設定作業を支援してあげるべきでしょう。新しいメンバーから見て、万事が自明で、重要な情報はすべて文書化されている、といった環境などないと言っても過言ではありません。

　時には、人選を誤るという残念な事態もあり得ます。通常の新人が最初の3ヵ月で達成できそうな明確な目標をいくつか事前に設定しておけば、そうした「人選の誤り」も察知しやすくなり、あなたの側でも部下の側でも対処の必要性を認識できます。過去に採用した部下に関する情報や記録、あなたの部署やチームが使っている技術やプロジェクトの現況、新メンバーのレベルを考慮して、現実的なマイルストーンを設定してあげてください。

新人研修用のドキュメントを更新させてチームに対する理解を促す

　新卒採用であれ中途採用であれチームに入ったばかりのメンバーに「新人用の参考資料の更新を担当させる」という手法は新人研修の一環として有益だろうと思います。現に多くの技術チームがこの手法をベストプラクティスとして実践しています。新人に、たとえば前の新人がそのドキュメントを更新して以来プロセスやツールに生じた変化を反映するとか、わかりにくく感じた箇所を指摘するといった作業を担当させるのです。この作業の指導、監督は必ずしも管理者が行わなくても構いません。チームの先輩でも、新人のメンタリングの担当者でも、チームのテックリードでもよいのです。ただしあなたは管理者としてこの作業をチームに根付かせ、新来のメンバーが必ず実践するよう計らう必要があります。

自分の流儀や要望をはっきり伝える

　前述のようにあなたは新人を理解する必要がありますが、同様に新人のほうでも管理者であるあなたの流儀や要望を理解しておく必要があります。相互理解には双方の

調整努力が欠かせませんが、あなたが新人に何を期待しているかがわからなければ、新人の側でも自分が出すべき結果を出せません。この「あなたが新人に何を期待しているか」の具体例をあげると、新人との1-1をどの程度の頻度で開くか、情報共有の手段はどのようなものにするか、あなたがいつ、どのようにしてその新人の作業の進捗状況や結果をレビューしたいと考えているか、などです。たとえば「新人には1週間ごとに作業の進捗状況をメールでざっと知らせてほしい」と思っているのであれば、そう告げましょう。「おおよそどの程度の間、自力で問題解決の努力を続けて、それでも目途が立たなかったら応援を求めてもよいか」といった判断基準も示してあげましょう（チームによって「1時間」も「1週間」もあり得ます）。

新人からもフィードバックを得る

最後のコツは「最初の3ヵ月間の、チームに関する感想や意見を新人にできるだけ多く表明してもらう」です。最初の3ヵ月間というのは、外から入ってきた新人がフレッシュな目でチームを見つめ、以前からチームにいるメンバーには気づきにくい事柄にも気づきやすい貴重な期間なのです。ただしこれは新人がチームのプロセス全体のコンテクストをまだよくわかっていない時期でもありますから、その意見は当然割り引いて受け取る必要がありますし、チームの既存のメンバーが「攻撃」と感じてしまうような、既存のプロセスなりシステムなりへの「批判」を煽る行為はもちろん禁物です。

4.2　チームメンバーとのコミュニケーション

> 定期的な1-1は車のエンジンオイルの交換と似ている。怠っていると、大きな道路で最悪のタイミングでエンストが起き得ると覚悟していなければならない。
>
> マーク・ヘドルンド

定期的な1-1は必要

ある時、私同様、企業のCTOを務め、管理者としての経験が豊富な友人としゃべっていたら、きまりの悪そうな顔をしてこんなことを言いました——「定期的な1-1っ

て好きじゃなくて。むかし上司にやるべきだって言われて、そんなの不要だって思ったけど、やるしかなかったものだから。定期的な1-1って、自分は元気だから必要ないと思いつつも精神科へ行ったら、実は鬱病だと判明って状況に似てるんだよね」。友人の言い分にも一理あります。たしかに人もチームも千差万別ですから、ニーズも、コミュニケーションのしかたも、焦点の当て所も違って当然です。それでも経験豊かなCTOでもないかぎり、まずは「定期的な1-1のスケジュリングをして実践する必要がある」と考えるべきではないでしょうか。

1-1のスケジュリング

　1-1のスケジュリングの標準とも言えるのが「週1」です。当面「週1」のスケジュールでやってみて、あなたも部下も共に「こんなに頻繁にはやる必要がない」と感じた場合に限り頻度を調整すればよいでしょう。「週1」の割でやっていれば、焦点を絞った短時間のミーティングで事足りますし、余裕も生まれるので、時たまならば休んでも支障が出ないはずなのです。「週1」よりも頻度を下げると、休む度に必ず別の日時を決めなければならず、あなたにとっても部下にとっても負担となりかねません。

　スケジュリングでは、あなたも部下も共にオフィスにいる確率の高い日時を選びましょう。週末にかけて長めの休暇を取りたい、という状況はありがちですから、月曜や金曜は不適です。また1日の時間帯に関して言えば、午後になるとあれこれ忙しくなるものですから、午前中が良いでしょう。これならスケジュール破りや、再スケジュリングも回避できます。ただし「1-1を午前中に」というスケジュールが奏功するのは、あなたも部下も出社時刻が早く、しかもスタンドアップミーティング（毎朝、立ったまま短時間でチーム管理者に進捗状況を報告する簡単なミーティング）がない場合に限られます。なお、1-1のスケジュリングに関してあなたの側でできる努力は、部下の抱えている「対顧客のスケジュール」を尊重すること、部下の仕事の能率が上がりそうな時間帯を避けてあげることです。

1-1にまつわる調整

　人生にはありがちなことですが、1-1についても「お膳立てさえできれば、あとは万事ノータッチ」というわけには行きません。以下にあげるように、配慮するべき要素がいくつもあります。

- その部下とは週に何回ぐらい（事前の取り決めなしで）やり取りをしているか——頻繁にやり取りをする相手なら、わざわざ時間を取って 1-1 を行う必要などないかもしれません。
- **その部下にはどの程度のコーチングが必要か**——チームに入ったばかりの新人には、ベテランのメンバーよりも時間を割いてあげるとよいでしょう。一方、今、新たに難しいプロジェクトを担当しているベテランメンバーなら、1-1 でもその仕事の詳細に重点を置いてあげるのがよいでしょう。
- **その部下があなたにもたらす情報の量は？**——上司への報告があまり得意でない部下との間では、比較的頻繁に 1-1 を行うようにします。
- **その部下とあなたの間柄は？**——この点に関しては注意が必要です。「良好な関係にある部下への配慮はほとんど不要。反りの合わない部下にこそ、時間をつぎ込むべし」という考えの人もいますが、「良好な関係でも定期的な 1-1 は必須」と感じている人が私も含めて大勢います。たとえあなた自身が「うまく行っている」と思っていても、相手が同意見だとは限りません。「優秀な部下を顧みず、扱いにくい部下、問題の多い部下だけに時間を費やす」という致命的な誤りを、どうぞ犯さないでください。
- **チームや会社の（不）安定度は？**—— 1-1 で話題になりがちな事柄のひとつが「会社に関するニュース」でしょう。とくに会社や業界、社会が急速に変化している時や不安定な時には、部下もそれについて訊きたいはずです。時間を取ってきちんと答えてあげましょう。「変化の時や不安定な時だからこそ定期的に開く 1-1」には、チームを安定させ、噂を封じる効果があります。

4.3　1-1の進め方

1-1 のスケジュールができたら、今度は「確保した時間を実際にどう活用するか」です。私自身の経験では、いくつかやり方があります。ただしどの方法なら最大の効果が上がるかは、上司によって、また部下によっても大きく変わってきます。

TO-DOリスト型

上司の側でも部下の側でも、TO-DO（やること）リスト、つまり議題の候補のリス

トを持ち寄り、重要なものから順に提起していきます。こうした枠組みで、最新の情報を提供し、決断を下し、話し合い、計画を立てるわけです。「無意味な会議で時間を浪費するな」のポリシーに従って確実に結果を出そうとする手法ではありますが、マイナス面もゼロではありません。「これがわざわざ顔を合わせて話し合うべきこと？」と思ってしまう時がなきにしもあらずで、チャットやメールで処理可能なトピックを無理矢理リストアップしたような「不自然感」が漂うことが多いのです。ですからこの方法を採用するなら上司も部下も 1-1 に適した有意義なトピックをリストするよう心がけましょう。実際に顔を合わせ口頭で話し合う場にふさわしい「微妙なニュアンスを伝えたいトピック」などを選ぶのです。

　この方法の一般的な特徴は「プロ意識の高さ」や「効率の良さ」です（時として多少冷たい雰囲気になり得ることは否めませんが）。部下は事前に 1-1 について考えを巡らし、何を話し合いたいかを決めておかなければなりません。私の知り合いの管理者は Google ドライブのスプレッドシートを部下と共有して、話し合いたいトピックが思い浮かんだら随時記入できるようにしていました。そしてそういうトピックを 1-1 で討議もしていましたが、実際に 1-1 に臨む前から相手の考えを見られるため、事前の心づもりや用意も可能でした。

キャッチアップ型

　私自身はあまり几帳面なタイプではないので、厳格な TO-DO リスト型の 1-1 は性に合いません。もちろん部下が TO-DO リスト型を望むなら喜んで応じますが、自分としてはもっと柔軟なやり方（キャッチアップ型、つまり、その特定の部下に関わる最新情報を入手するための 1-1）を好みます。私が 1-1 でまずやるのは「何であれ直属の部下が私と話し合いたい事柄を告げるのに対して耳を傾けること」です。そして 1-1 での話し合いは部下主導で進めさせることと、何であれ部下が重要と思う議題を気楽に持ち出せる雰囲気作りに努めることを重視しています。1-1 を計画立案の場であるとともに創造的な議論の場と捉えているのです。ただ、所定の枠組みをもたないこのタイプの 1-1 は、気をつけていないと「不満や愚痴を並べ立てる場」や「心理療法」と化してしまう恐れがあります。共感力豊かな上司が時に陥りがちなのが「直属の部下と健全な距離を保てない」という状況です。上司が部下の不満や愚痴に耳を貸し同情することに労力をどんどんつぎ込み出したら、そうした状況をさらに悪化させていると見てよいでしょう。TO-DO リストを用意しろとまでは言いません

が、1-1で職場の人間関係にまつわる問題を取り上げるべきか脇へ置くべきかは双方で話し合って決めるべきです。職場での「人間ドラマ」に頻繁にスポットライトを当てるのは、ほぼ無意味でしょう。

フィードバック型

　時として1-1を、非公式なフィードバックやコーチング（スキル向上や知識獲得のための双方向のコミュニケーション）のために活用する場合もあります。この手のミーティングは（とくに職歴の初期段階にある部下との間では）一定の間隔を置いて開くと効果的です。たとえば年4回なら「上司は1-1でキャリアアップのことばかり話したがる」といった印象をもたれることもないでしょう。また、個々の社員に一定の間隔で目標の設定を義務付けている企業も多いですから、そのタイミングを利用して（公式に、または個人的に）目標の達成度をレビューしてあげるという方法もあり得ます。

　ただし勤務状態に問題のある部下との間ではもっと頻繁にフィードバック型1-1を行う必要があります。解雇も検討中、という部下であれば、フィードバック型1-1の討議内容を文書の形で記録することをお勧めします。この記録には、討議の対象となった問題点や、その部下に対してあなたが文書化し（通常、メールで送付した）あなたなりの要望も記載します。

　同僚を侮辱した、大変重要な会議なのに出席しなかった、不適切な言葉を使ったなど、訓戒のためのフィードバックがただちに必要な場合には、できる限りすみやかに1-1を行いフィードバックを与えてください。直属の部下の言動をあなた自身が見聞きして、訓戒の必要ありと判断したら、すぐに行動に移してください。時が経てば経つほど、その話題を持ち出しにくくなりますし、フィードバックの効果も薄れていきます。同じことが「お褒めの言葉」にも当てはまります。部下の功績や優れた言動に対しても、先延ばしにせずその場で惜しみなく賛辞を与えてあげましょう。

経過報告型

　下級管理者を管理する地位の人が開く1-1の多くは「経過報告型」になります。つまり（仮にあなたが下級管理者を管理する立場にあるとして）あなたが部下と共に開く1-1は「その部下が監督するプロジェクトの、あなた自身には掘り下げる時間のな

い詳細について話し合うミーティング」となる場合が多いのです。ひと握りのチームメンバーを束ねるだけの管理者なら、経過報告型の1–1と言えば、自分が直接監督していないサイドプロジェクトへチームの誰かを派遣した場合にしか必要になりません。すでに密接に連絡を取り合って仕事を進めている相手ですから、そういった部下から改めて経過報告を受けるのは時間の無駄です。そんな1–1で部下が報告する内容はどれも、「直前のスタンドアップミーティング（あるいは直前のプロジェクトレビュー）」から「現在」までの「差分」にすぎないからです。ですから自分が部下と開く1–1が最新状況の更新(ステータスアップデート)になる場合が多い、という人は、その習慣を打ち破る努力をしてみてください。そのためには、部下に現行のプロジェクトのステータスとは無関係な質問を投げかけ、それに答える準備をしてきてほしいとか、チーム、会社、その他何に関するものでもよいから質問を用意してくれば、私がそれに答える、などと伝えましょう。また、これはごくまれなケースですが、経過を報告する以外に1–1で話し合うべきことがほとんどない、という部下が万一いたら、それは1–1の頻度を下げるべきであることを示す兆候だと解釈してもよいかもしれません。

相手を知るための機会

　以上のどのタイプの1–1を行うにしても、その部下を「生身の人間」として知り、理解するための機会ともなり得ることを忘れてはなりません。部下の私生活を詮索しろなどと言っているのではありません。相手のことを一個の人間として気にかけているのだという姿勢を見せることが大切だと言っているのです。家族や友達、ペット、趣味について、部下に話してもらってもよいでしょう。あるいはこれまでのキャリアについて話してもらい、今後の長期目標を尋ねてみてもよいでしょう。別に、次に習得すべきスキルや昇進に関する話し合いに終始しなくてもかまわないのです。現在も今後も部下を積極的に後押ししたいという気持ちを表明してください。

その他

　オフィスを出て、散歩を兼ねた1–1や、お茶やランチをしながらの1–1も目先が変わってよいかもしれません。ただし、メモが取れないと大切なことを失念する恐れがありますから、重要な議題を抱えている時はこの方法には頼れません。オフィスに物があふれてスペースが乏しく、プライバシーの守れる会議室も数に限りがある、とい

うのはよくある状況ですが、それでも 1-1 はできる限り他の人の耳や目のない場所で開きましょう。そうすれば微妙な問題でも「誰かに聞かれているのでは」などと心配することなく自由に話し合えます。

最後にもう1点、**1-1 の議事録は共有ドキュメントの形で作成し、管理すること**をお勧めします。書記は上司であるあなたが務めてください。それぞれの部下と開くそれぞれの 1-1 について、議論の要点のメモ、話し合いの中で持ち上がった意見や考慮点、TO-DO（やるべきこと）を順次書き込んでいく共有ドキュメントを作り、管理するのです。作業の進捗状況や職場での出来事などのコンテクストを常時把握する上で有用ですし、いつ、どのようなフィードバックがなされたかを思い出そうとする際にも役立ちます。また、勤務評価の要約を書いたりフィードバックを与えたりする際に参照できる不可欠な履歴にもなるでしょう。1-1 で目の前にパソコンが開いていると気が散ってしまう、という人は、共有のドキュメントに 1-1 の経過や結果を書き込むための時間を最後に設けておくとよいかもしれません。

4.4　すごい上司、ひどい上司──細かすぎる上司と、任せ上手な上司

チームの管理者であるAさんは、テックリードのBさんに、ある大きなプロジェクトの管理を任せました。納期は今月末で、そのことに問題はなかったのですが、Aさんはなぜか「納期が守れないのでは」という不安を拭い去ることができません。そのため、スタンドアップミーティングには毎朝欠かさず顔を出し（普段ならそんなことはしないのですが）、バグや不具合についての質問もチームに直接ぶつけるようになり、タスク管理のチケット（プログラム開発手法のひとつ「チケット駆動開発」で用いる作業指示書。実施するべき作業、修正するべきバグなどを個々のタスクとして登録し、それぞれの内容、優先度、期日などを記録して管理に活用する）にもいちいち目を通して山ほど注文をつけ、しまいには作業の割り振りの変更まで命じる始末です。やがて、Bさんとプロジェクトマネージャーが、ある機能の優先度を下げると決定したことを知るや、もう潮時だ、このプロジェクトの管理は自分が引き継ぐしかない、と決め込み、Bさんに「今後このプロジェクトの日程管理は私がやるから」と告げました。

至極当然の成り行きで（結局このプロジェクトは無事出荷の運びとなったものの）Bさんは「もうテックリードはやりたくないです」とAさんに申し出ました。それば

かりか、すっかりやる気を失って、いつもの仕事熱心なやり手のBさんはどこへやら、退社時刻になれば早々にオフィスをあとにし、会議でもまったく発言しなくなってしまいました。チームのベストメンバーだったBさんが一夜にして成績不振者(ローパフォーマー)に豹変です。一体どうしたというのでしょう。

　細部まで厳しく管理して部下に裁量権を与えない微細管理(マイクロマネジメント)は、どの管理者でも陥りがちな落とし穴です。とくに、納期厳守で気の抜けないプロジェクトはリスクも満載であるかのように思えて、何とかせねばと上司であるあなたが思わず知らず首を突っ込んでしまうのです。すでに一定の仕事や役割を部下に任せてはあるものの、チームが実装に向けて行った技術上の選択が気に入らず、書き直すよう指示します。そして「君たちの腕は信用できない」「これまでもミスが多すぎたし、結局は私がいつも尻拭いをさせられるんだから」といった理由をくっつけて、誰であれ決定を下す際には必ず事前に報告しろと命じます。

　ではここで、Aさんの同僚のCさんのやり方を見てみましょう。Cさんは部下のDさんに大きなプロジェクトの管理を任せます。Dさんにとって、これほど大規模なプロジェクトの管理は初めての経験です。納期が外せないことはCさんも承知していますが、「ミーティングというミーティングに顔を出し、詳細という詳細を逐一確認する」などということはせず、自分がどのミーティングに出席するべきかをDさんと共に見きわめ、詳細のうち自分がDさんから報告を受けるべきものはどれなのかをDさんが把握するのを手伝います。Cさんのこうした支援のおかげで、Dさんはこのプロジェクトの管理に対する自信を深め、それでいて「いざという時にはいつでもCさんが力になってくれる」という心強さも感じます。たとえプロジェクトの納期が近づいてプレッシャーが高まってきても、Cさんの助言を得てしっかりとやるべきことをこなし、納期内の出荷を実現できるでしょう。このような経験を積んでDさんはさらに自信をつけ、さらに大規模なプロジェクトを引き受けてCさんのためになお一層熱心に仕事に励む態勢が整う、というわけです。

　以上、2人の管理者の例で浮き彫りになるのが、マイクロマネージャー(細かすぎる上司)と任せ上手な上司を分ける微妙な違いです。AさんもCさんもチームの新たなリーダーの育成を視野に、優先度の高いプロジェクトの管理を任せます。しかしAさんはBさんに最後まで裁量権を渡そうとせず、Bさんを傷つけ、ないがしろにしてしまいました。一方、CさんはDさんに、目標が何であるのかと、Cさん自身はどういった責務を負うのかを明示し、Dさんを成功に導くべく支援、指導を続けます。

　最大の難題は「マイクロマネジメントが必要な場合もある」という点です。経験の

浅いエンジニアは微細な管理のもとでこそ実力を大きく伸ばすことが多く、それはこのレベルのエンジニアにとって逐一指示を受けることが必要だからです。それにプロジェクトによっては脱線することもあり、部下の決定をあなたが覆さざるを得ないことも時にはあります（そうしなければ甚だしい悪影響が及びかねないような場合です）。ただしマイクロマネジメントが常態化してしまっている人、チームを率いる際のいわば定番のアプローチとなってしまっている人は、上のAさんのような事態になるのが落ちです。本来ならば大事に育て上げ、その努力に見合った功績を上げさせてしかるべき部下を、図らずも傷つけ、骨抜きにしてしまうのです。

　マイクロマネジメントの核心は「信頼」と「管理」です。仮にあなたがある部下に対してマイクロマネジメントをやっているとすると、おそらくその仕事はあなた自身がやっているはずです。というのも、あなたはその部下の手腕を信頼していないから、または、あなたの望む高水準の結果が出せるよう、管理を徹底したいからです。これは優秀なエンジニアが——とくに、自分の技術的スキルを誇りにしているエンジニアが——管理職となった時に起こりがちな事態です。この手の管理者が焦点の当て所を「自分の得意な作業（プログラミング）」から「まだコツをつかめていない作業（部下の管理）」へ移した時、部下をまるで「自分の小さな分身たち」ででもあるかのように扱う傾向があるのです。そして納期が守れなければ（これはどんなプロジェクトでも避けられないことなのですが）それは自分の手綱さばきが厳密さを欠いたせいだと考え、これまでにも増して厳しく目を光らせるようになります。また、期待に沿わない事を見つけると、それをきっかけに、チームに対しマイクロマネジメントを行うことこそが自分の時間を有意義に使う方法にほかならないという信念をますます強めるようです。

　ちなみに「オートノミー（自分の職務に対する裁量権がある程度与えられて自主性を発揮できる状態）」は、モチベーションを生む重要な要因です。細かすぎる上司のチームには覇気がなく、しかるべき結果がなかなか出せないことが多いのですが、まさにこのオートノミーの不足こそがその原因です。独創的で才能豊かな部下を、自主性を発揮できない立場に追い込むと、みるみるやる気を失います。「自分で決断を下すことが一切できない」「どんな作業も例外なく上司にダブルチェック、トリプルチェックされてしまう」なんて状況は最悪です。

　一方、**「委任」**は**「放任」**とは違います。たとえ部下に一定の仕事を任せても、そのプロジェクトを成功させるために、あなたも相変わらず必要に応じて関与し後押しするべきなのです。現にCさんはDさんに仕事を任せたあとも「ほったらかし」にはし

ませんでした。Dさんが新たに担った責務を理解するのを助け、プロジェクトを支援する必要が生じた場合に備えて常に待機していました。

4.5　効率よく仕事を任せるために——実践的アドバイス

「優れたリーダーとは任せ上手」。これが大事です。常に忘れずにいてください。

自分がどういった事柄を細かくチェックすべきかを見きわめる基準は「チームの目標」

　マイクロマネジメントの必要性を感じたら、まずは「どういった方法で成功の度合いを測っているのか」をチームに尋ね、その計測結果を継続的に提示するよう指示してください。必要ならそのまま1、2週間何も口を挟まずに成り行きを見守り、どんな結果を提示してくるか、待ってみます。その上で、もしもチームがしかるべき結果を提示できないようなら、それは軌道修正の必要性を示唆する兆候であり、まずはそこを掘り下げるべきだと見てよいでしょう。

　しかしそもそもこうした計測結果等の情報の提示を命じるタイミングは、どう見計らえばよいのでしょうか。私のやり方はいたってシンプル——もしもチームがゴールを目指して着実に進んでおり、作業のシステムが安定しており、プロダクトマネージャーが満足しているのであれば、私は概要のチェックをするだけで細部にクチバシを挟むことはしません。ただしその前提条件として、しかるべき目標が設定されていなければなりませんし、チームの面々が進捗状況を確認する尺度となる計画もきちんと立てられていなければなりませんし、プロジェクト全体を私とは別の角度から見てくれているプロダクトマネージャーの存在も必須です。あなたの管理するチームにまだ明確な計画がないのであれば、あなたが定期的にチェックするべきだと思える事柄をチームに示し、それを使ってチームに目標と計画を立てさせましょう。今月、今季、今年度といった具合に期限を切って、それぞれの期間の目標や計画を立てさせ、その達成状況を報告させるようにするのです。チームにこうした目標がない場合、何はともあれチームにその設定を命じ支援してあげてください。

チームメンバーに尋ねる前にシステムからの情報収集を

　私たちエンジニアには強みがあります。チームの面々の手を煩わせなくても、システムそのものから貴重な情報を自分で入手できるという強みです。作業のステータスが知りたければバージョンやチケットの管理システムを調べ、システムの安定性を把握したければアラートに関する情報を定期的に受け取れるようにしたり、評価基準(メトリクス)をチェックしたり、緊急呼び出し(オンコール)の経過を継続的に見たりすればよいのです。これに対して最悪なマイクロマネージャーは、このように自分で簡単に入手できる情報でも、部下に提出しろと絶えず命令します。部下にステータスサマリーの提出を依頼したり、上記のような情報源から得られる中でも一番重要な情報を洗い出すようチームに（軽く）指示したり、といったことなら問題ないでしょう。しかし上司が自分で容易に集められる情報なのに収集を命じられ、そのために職務時間を半分も削らなければならない、という状況はチームの生産性にもメンバーの精神衛生にも響くはずです。さらにもう1点、こうした情報は全体像ではなく、あくまでもコンテクストのひとつにすぎず、上で説明したような目標がなければ無意味だ、ということも忘れてはなりません。

プロジェクトの進行に伴って焦点の当て所を調整

　管理者であるあなたの直属のチームがひとつか2つであれば、（たとえば毎朝のスタンドアップミーティングなど）チームの通常の作業プロセスを介してプロジェクトのステータスの詳細を漏れなく把握しておくべきでしょう。焦点の当て所はプロジェクトの各段階で変わっていくものです。たとえばプロジェクトの最初期やデザインの段階では、あなたの関与の度合いが高まるはずです。そのプロジェクトの目標設定やシステム設計を正しく行う上であなたの支援が必要だからです。また、デリバリの期日が近づくにつれて、作業の進捗状況の詳細が重要性を増します。この時期になると決断を迫られる事柄が増え、そういう時に作業の進捗状況の詳細を検討すれば、作業を完了するための、より現実的な情報が得られるからです。しかしそれ以外の通常の段階では、順調に進んでいる作業と予想より手間取っている作業とを大ざっぱに把握しておけば大抵は十分です（そうした情報を作業の再割り振りや苦戦中のメンバーの支援に活用できれば、なおのこと結構です）。

コードやシステムに関する基準を設定する

　私自身もバリバリのエンジニアから管理職に転じたひとりですので、システムの構築のしかた、運用のしかたにはうるさい方です。当然、部下に仕事を任せることには相当な抵抗感があります。そこで、チーム内での仕事の割り振りや進行をめぐる不安を少しでも払拭しようと、いくつか指針を打ち立てました。チームのために基本の水準を決めておくと、コードレビューやデザインレビューについてのコミュニケーションが円滑になりますし、技術的フィードバックを行うプロセスから個人的要素を排除する効果があるのです。私自身がチームのために決めた基本の水準とは、たとえば「変更をひとつ加えるたびに、単体テストをどの程度行うべきか」とか（一般的に言えば、ある程度のテストは必須です）、「どのような場合に、より大きなグループに技術上の決定をレビューしてもらうべきか」（たとえば既存のスタックに新しい言語やフレームワークを追加したいと誰かが言い出した場合など）でした。前掲の「管理職が、自分がどういった事柄を細かくチェックすべきかをチームの目標を基準にして見定める」場合と同様に、コードやシステムに関しても基本の水準を設定しておけば、チームメンバーが作業を進める際の考慮点が明白になるのです。

情報は良きにつけ悪しきにつけオープンな形で共有する

　こんなシナリオを思い浮かべてみてください。あなたのチームはあるプロジェクトを進めており、メンバーのひとりであるEさんは問題を抱えて手こずっているにもかかわらず、これまで誰にも相談せずにきました。やがてそのことがあなたの耳に入ります。この時点で上司としては部下にこう告げるのが妥当でしょう——「もっと先を見越した形で進捗状況を報告するべきだ。たとえそうすることで、自分が苦戦していることを認める形になってしまっても」。さて、そこでEさんをどう支援するかですが、「進捗状況を毎日報告させる」というマイクロマネジメントもあり得ます。ただし私が万一そこまでやるとすれば、短期間に限るでしょう。Eさんに対してマイクロマネジメントをしたところで、作業の遅れを報告する潮時を逸したEさんを罰することにはならず、Eさんが自分で責任をもって作業を進める能力を摘み取ってしまう形となり、それではかえってあなた自身を罰することになりかねません。ここであなたがやるべきなのは「そもそも報告というものの正しいやり方をEさんに教えること」なのです。ただしひとつ注意しなければならないことがあります。エンジニアの

苦戦やプロジェクトの停滞を前にして、その主な責任をエンジニア本人やプロジェクトの管理者など個人に問うてしまうと、その人がそれを批判と受け取り、その後あなたに報告するどころか、さらなる批判を避けたいがために、手遅れになるまで報告しない、という事態が起こり得ます。大事な情報を意図的に隠すというのは職務の怠慢にほかなりません。障害物にぶつかって立ち往生するとか失敗をしでかすといった状況は往々にして「学びの機会」となり得るのに、です。

　長い目で見ると、あなたが細かい点にはあえて目をつぶり、部下に仕事を適宜任せ、チームを信頼するコツを身につけないかぎり、結局はあなた自身が独り苦しむことになるのが落ちなのです。たとえチームのメンバーが辞めるとか、チームが解散させられてしまうといった事態にまで至らなくても、あなた個人が背負い込む責任は増える一方、勤務時間も増える一方、になりかねません。すでにそんな状況になってしまっている人がいたら、勤務時間を制限してみてください。もしも週45時間しか働いてはならないのだとしたら、その45時間をどう使いますか。たとえばその貴重な45時間のうちの5時間を、若手開発者の書いたコードを逐一調べてあら探しをするのに使うでしょうか。順調に進んでいるプロジェクトの詳細をひとつひとつ調べて、些細な間違いを見つけることに使ったりするでしょうか。それとも、もっと大きな問題に目を向けますか。その貴重な45時間のうちの何時間かを、現時点での詳細などではなく、将来を見据えることに使いますか。あなたの時間は本当に貴重なのです。無駄にしてはなりません。それにあなたのチームにしても、部下の手腕を信頼する上司をもつに値する優秀なチームであるはずです。

4.6 「継続的なフィードバック」の文化をチームに根付かせる

　私が「勤務評価」という言葉を口にしたとします。あなたの心は今、どんな反応をしたでしょうか。凍りついた人、「お定まりの単なる時間の浪費さ」とニヒルな笑みを浮かべた人、「部下の勤務評価は煩雑でうんざり」とうめき声をあげた人、「今度はどんな不備や欠点を指摘されるのか」と恐怖に駆られた人、「自分はみんなからどんな風に見られているのだろう」と不安と期待の入り混じった感覚を味わった人など、それこそ千差万別でしょう。

　勤務評価と言われて身震いした人。そう反応する人はあなただけではありません。残念ながら、すべての管理者が勤務評価を真摯に受け止め、「大人のやり方」で処理し

ているわけではない、というのが実情です。もしもあなたが生まれて初めて管理者になったのであれば、それは「勤務評価にまつわる直属の部下の経験を左右する大きな権限を手にしたこと」を意味します。部下のそうした経験を、あなたが実際に勤務評価を書くはるか以前にスタートさせようではありませんか。つまり、「継続的なフィードバック」という形でスタートさせるのです。

「継続的なフィードバック」とは、ひと口で言うと、「お褒めの言葉」などの肯定的なフィードバックも修正を命じる訓戒系のフィードバックもすべて定期的に共有する、という取り組みのことです。チームの管理者もメンバーも、勤務評価の時期を待たずに常日頃から功績の報奨や問題点の指摘を積極的に続けることが望ましいと私は思います。一部に、チームでの継続的なフィードバックとその長期的記録や分析に有用なソフトウェアを採用する企業が出始めましたが、肝心なのはそうした企業のチームが「こまめなフィードバック」の文化を根付かせた点です。新米管理者にとって「継続的なフィードバック」の習慣づけは部下ひとりひとりに目を向ける訓練にもなり、そうした訓練を積んでいるうちに部下の才能を見抜き伸ばしてあげることも容易になってきます。また、部下の勤務状態について、その部下とちょっとした、しかし時としてやりにくい会話をするすべを身につける練習にもなります。1対1で部下を褒めたり、正すべき点を指摘したりすることが気軽にできる上司などまずいないでしょう。そうした場面の気まずさをなんとか手なずける訓練ができるというわけです。

このような「継続的なフィードバック」を実践する上で有効な対策をいくつか紹介しておきましょう。

1. **部下の基本情報を仕入れる**——まずはチームのメンバーひとりひとりについて基本的な情報を仕入れておかなければなりません。たとえばこんな情報です。目標をもっているとすれば、どういう目標か。長所と短所は？ 現在の職位は？ 今後、昇進するためにはどんな点を改善するべきか。こういった情報は過去の勤務評価が手元にあるなら、それを読めば得られますが、実際に各メンバーと1対1で面談し、今あげたような質問を投げかけてもみるべきです。そうやって部下ひとりひとりに対する理解をある程度深めれば、それを基盤としてフィードバックの枠組みを決められますし、焦点の当て所を見定めることも楽になるかもしれません。

2. **日頃から部下を見守る習慣を**——よく見ていないとフィードバックは与えられません。というか、「継続的なフィードバック」のサイクルを定着させる取り組

みの最大の効能は、必ずしもフィードバック自体の促進ではなく、むしろその取り組みであなたがチームの面々に注意を払わざるを得なくなることだと私は思うのです。管理職としてのキャリアの初期段階で（部下がまだ2、3人の頃に）「継続的なフィードバック」を習慣化すると、部下に対する観察眼を養うことができます。まず何よりも、それぞれの部下の才能や功績を見つけてあげる練習をしてください。「できる上司」は、部下の才能を見抜き、長所をさらに伸ばすコツを心得ているものです。たしかに短所や要改善点を見つけてあげる必要もありますが、そちらに重きを置きすぎると「継続的なあら探し」と化する恐れがあります。

また、目標がやる気の源となることもあります。ですから管理者の側では、称賛に値する働きや行動をした部下を定期的に見つける努力もしてみてください。こうした前向きな評価を習慣づけると、褒めるべき事柄を日頃から探す必要に迫られるので、さまざまなプロジェクトに対する部下の貢献に注意を払うようになります。少なくとも週にひとつはチームの誰かの長所や功績を見つけてあげましょう（必ずしも皆の前で褒めてあげなければならないわけではありません）。どの部下についても毎週、長所や功績を認めてあげれば、なおのこと結構です。

3. **深刻な話題も日常レベルのフィードバックで「さらり」と**──まずは肯定的なフィードバックから始めましょう。批判的なフィードバックよりも伝えやすいでしょうし、気分良くできるはずです。新米管理者の場合、のっけからコーチングをしなければと力む必要はありません（スキル向上や知識獲得のための双方向のコミュニケーションであるコーチングは「上級者向け」です）。そもそも人は批判や叱責よりも「お褒めの言葉」により良く反応するものです。そうした「お褒めの言葉」の威力を借り、部下の功績を大いに褒めて、態度や行動を改善するよう導いてあげると良いでしょう。

肯定的なフィードバックには、「続けていると、訓戒系のフィードバックを与えなければならない時でも部下が耳を傾けてくれる傾向が強まる」という効用もあります。「上司は私の長所や功績にしっかり気づき、認めてくれる人だ」と信頼している部下は、批訓戒系のフィードバックも比較的素直に受け入れるのです。明白なミスや誤りに対してはすぐその場で叱責や忠告を与えるのが最良の策ですが、継続的なフィードバックではそれ以上のことができます。どうやらうまく行っていないようだとあなたが察した事柄を1対1で話し合うのに「継続的

なフィードバック」の枠を活用するのです。そうすれば、勤務評価の時期が来るまで先延ばしした挙げ句、気まずい会話をするハメになった、という悲惨な事態も回避できるかもしれません。

4. **＜補足＞コーチング**——管理者が「継続的なフィードバック」で最終的に最大の効果を得られるのが、コーチングと組み合わせた場合です。何らかの事態が発生したらコーチングを行って、「ほかにどんな方法でやり得ただろうか」と部下に問うてみるのです。うまく行っている場合ならもちろん褒めますが、それと同時に、今後どういったことをさらにより良くできるかといった提案もしましょう。こうした、コーチングをベースにした「継続的なフィードバック」とは、部下を褒めるだけに終わらず、細部まで本格的に関与し、部下との協働態勢を確立することで、二人三脚で部下の成長を図っていくことなのです。

上で＜補足＞としたのは、必ずしもコーチングが部下の成長や功績に必須の要素ではないから、かつまた、管理者がチームのあらゆるメンバーに対し、おのおのに必要な類(たぐい)のコーチングを行える資格なり能力なりをもっていないケースが少なくないからです。コーチングがとくに有効なのは、チームの中でもエンジニアとしてのキャリアを歩み始めたばかりのメンバーや、昇進の見込みが濃いメンバー、昇進を望んでいるメンバーです。やり慣れた作業を手際よく進められることに不満を抱く人はまずいないでしょうし、一定レベルで首尾よく仕事がこなせている部下にあえて「コーチング」をしようとするのは管理者としてうまい時間の使い方とは言えません。コーチングのための時間は、それを必要とし、傾聴する気の十分ある部下のために使うべきです。

4.7 勤務評価

以上で紹介してきた「継続的なフィードバック」は、たとえ単なる「仕事上の成果や優れた行動に対する褒め言葉の、日常レベルでの定期的な表明」にすぎない場合でも、管理者にとっては現場で大いに頼りになるツールキットの1要素です。ただし、より公式な「360度の勤務評価」の代わりにはできません。

この「360度の勤務評価」モデルでは、評価対象者に関するフィードバックを、直属の上司からだけでなく、対象者本人のチームメイトや直属の部下、定期的にやり取りしている同僚、さらには対象者本人からも入手します。直属の部下をもたないエンジニアであれば、所属チームの他のエンジニア2人、本人が今進めているメンタリ

ングの対象であるチームの新人、日頃共に仕事をしているプロダクトマネージャーなどからフィードバックをもらいます。このようにさまざまな人との間で相互にフィードバックを提供し合う必要があるため、このモデルの勤務評価は相当な時間を要します。そうした多数のフィードバックを管理者が集めて、評価対象者ごとに要約を書きます。

　勤務評価は、対象者に関する大量の情報を集約する貴重な機会が得られるので、時間はかかりますが、それなりにやり甲斐があります。それに「360度の勤務評価」では少なくともあなたの直属の部下に対する他のさまざまな人の意見を聞くことができます。また、自己評価からは、部下が自分自身について、自分の長所や短所、今年度の成果について、どう感じ、どう考えているか、感触をつかむことができます。そして皆のフィードバックをまとめて要約を書く際には、きちんと時間を割いて部下ひとりひとりに注目し、長期的、大局的な視点で評価する機会が得られます。以上のすべての作業をこなすことで、日常レベルの「継続的なフィードバック」では見過ごす可能性のあるパターンや傾向が見えてくる場合もあります。

　次に勤務評価でつまずく要因をあげてみましょう——「勤務評価の作業を優先的にこなす時間をもらえない」、「勤務評価のためのフィードバックを書くのが苦手な人が多い」、「6ヵ月以上前の出来事は忘れ、直近の6ヵ月間に起きたことばかりを強調する嫌いがある」、「誰にでも自覚の有無に関係なくバイアスがあり、その『色眼鏡』を通して人を評価する傾向があるので、たとえばAさんとBさんがほぼ同じ言動をしても、Aさんだけを過度に批判し、Bさんの同様の言動には気づきさえしない」などです。以上はどれも現実に起きていることで、みなさんも今後、実際に目にすると思います。しかしこういった数々の要因があってもなお勤務評価のプロセスは非常に有用で、その効果を生かすか減じるかはひとえに管理者の腕次第なのです。

勤務評価の要約の作成と面談

　ではここで、管理者が勤務評価の要約を作成し、評価面談を行う際に役立つ指針をいくつか紹介しておきます。

作業を早めに開始し時間的余裕を確保する

　これは、わずか1時間の「突貫工事」でしかるべき結果を出せるような作業ではありません。あなたの前には吟味するべき材料が山ほど並んでいるのですから、割り込

みなしのまとまった時間が取れるよう事前に計画を立てなければなりません。必要なら自宅へ持ち帰ってやってもよいでしょう。皆が時間をかけて書いてくれたフィードバックなのです。あなたにはそれを集め、熟読し、咀嚼し、適切に要約する責任があります。私がお勧めしたい手順は、皆から集めたフィードバックを、メモを取りながら読み、そうやって得た情報をまずは頭の中で整理し、それから実際に要約を書く、というものです。要約の作成には十分時間をかけましょう。できあがったら、提出前に最低1回は読み直しましょう。

　大半の企業は、管理者が皆のフィードバックを読んで要約を作成する過程で、フィードバックの提供者名を伏せる、という方法を取っていますが、その一方で提供者名を伏せず、フィードバックの対象者に提供者がわかるオープンな方式を取っている所もあります。いずれにせよ管理者は皆からのフィードバックに漏れなく目を通し、要約作成の参考にするべきです。あらゆるフィードバックの中で管理者による要約がもっとも重要であると考える企業が依然多数を占め、責任重大だからです。

直近の2、3ヵ月だけでなく過去1年全体に目を向ける

　どの対象者についても1年を通して常時記録を取るようにすると、勤務評価の要約が作成しやすくなります。たとえば、毎回の1-1で話し合った内容を（フィードバックを与えた場合には、その内容も）要点のみでかまいませんから記録しておくのです。この手法をまだ実践していない人は、過去1年間のメールを読み直して、どのプロジェクトがいつ始まったかや、各月にどのような活動が行われたかを確認し、この時期全体を振り返ってみるとよいでしょう。過去1年間全体を視野に入れることで、その1年間の初期に対象者が上げた功績等を思い起こすだけでなく、その後の成長や変化にも気づくことができます。

具体例をあげ、皆のフィードバックからの引用も使う

　必要なら、皆のフィードバックは匿名にします。しかし自説を裏付ける具体例が見つからない場合は「この項目を勤務評価に載せる必要が本当にあるか」と自問してみましょう。こうして事例探しを自分に課することで、無意識バイアスの影響下で勤務評価を書いてしまう事態を回避できます。

功績や長所の報奨にはたっぷり時間をかける

　部下の功績はしっかり認めて惜しみなく賛辞を与えてあげるべきです。順調に運ん

でいる事柄を話題にのぼせ、良い仕事に対してはたっぷり褒め言葉を贈りましょう。勤務評価の要約に記載するのはもちろん、評価面談でもきちんと取り上げてください。自分の功績や貢献、長所に関する話はさらりと済ませて、要改善点に焦点を当てたがる部下は多いのですが、そうさせてはなりません。功績や長所は、その部下の昇進を決定する際の判断材料となるのですから、勤務評価にきちんと記載し、面談でも話題にして検討し合うことが重要なのです。

要改善点を書く時は焦点を絞って

　勤務評価で要改善点を指摘するというのは、多くの場合やりにくいことです。最良のシナリオは「皆のフィードバックに目を通していったら、共通して指摘されている要改善点が2つ3つ見つかり、管理者自身も同意見であったため、これを勤務評価の要約に含めた」というものです。以下に、よくある要改善点をいくつか紹介します。

- 他チームからの割り込み依頼に「ノー」と言えず、手伝ってしまうため、結局は自分自身の仕事をおろそかにして納期を守れない。
- 良い仕事をするのだが、ミーティングやコードレビューなどの共同作業で批判的すぎる（あるいは無礼に過ぎる）傾向があるため、仲間は共同作業がやりづらいと感じている。
- 中間生成物のデリバリを見据えた作業の分割が下手で、「計画立案／デザイン」と「実際に行う作業」との差が大きい。
- チームの他のエンジニアとの共同作業は支障なくできるが、他の部署やチームとの共同作業がうまくない。
- チームのベストプラクティスに従うのが苦手で、工程をはしょったり「やっつけ仕事」をしたりする。

　勤務評価で皆から集めたフィードバックにありがちなのが、いい加減な内容のものが山ほどあって、ひいき目に見ても参考程度にしかならない、という状況です。勤務評価のフィードバックを書くよう言われて無理矢理ひねり出した人物評があったり、賛同者がひとりもいないような恐ろしく手厳しい評価があったりするのです。こうしたいい加減な内容のフィードバックに関してはとくに、事前にしっかり検討し、その真偽を確かめて、勤務評価の要約に載せるか否かを判断するべきです。たとえば、あるチームメイトに関するフィードバックの中に「やっつけ仕事をする」というコメントがひとつだけあったとしましょう。この場合、本当にそのメンバーの仕事のやり方

がぞんざいなのか、それともこの意見を寄せたメンバーの仕事の質に関する基準がチームの他のメンバーよりはるかに高いのか、あなた自身が判断する必要があります。対象者にとって有意義なフィードバックだと判断できたものは対象者と共有するべきですが、恨みや悪意のこもったフィードバックも含めて何もかも鵜呑みにするのは禁物です。

　改善の努力に役立つ有意義なフィードバックがほぼ皆無、という状況はどうでしょうか。これは、対象者に昇進の準備が整ったこと、もしくは、さらにやり甲斐のある課題を与えられる態勢が整ったことを示唆しています。後者は「その対象者が現在の地位に見合った堅実な仕事ぶりを見せてはいるが、昇進は時期尚早」と判断される場合で、昇進の資格ありと見なすためには、あともうひとつか2つスキルを磨く必要がある状況です。今の地位で十分満足だ、昇進は不要、と考えている人もいるかもしれませんが、IT業界では常に最新の技術や知識に精通すべくスキルを磨き続けなければならないため、そうした最新の技術や知識の習得に焦点を当てるというアプローチもあり得るでしょう。

部下を驚かせてはならない

　勤務評価では、予想外の評価で対象者を驚かせないよう配慮する必要があります。どのスキルもおしなべて標準以下という対象者なら、「要改善」のフィードバックはおそらく初めてではないでしょうが、最近昇進したばかりの対象者なら、昇進したことで勤務評価の基準が高くなったことを事前に告げておくとよいかもしれません。

評価面談には時間をたっぷりかける

　私は評価面談が翌日に迫ると、プリントアウトしておいた勤務評価を部下の退け時に手渡すようにしています。こうすれば部下は自宅で目を通せますから、事前に内容を検討した上で翌日の面談に臨むことができます。とはいえ面談では改めてすべての項目を（長所と功績の項から）ひとつひとつ一緒に通読するようにしています。前述のとおり、長所と功績の項を飛ばして要改善点に飛びつきたがる部下がいますが、それを許してはなりません。長々と「お褒めの言葉」を頂戴することに居心地の悪い思いをする人は多いものの、長所と功績の項を軽く飛ばしたりすれば、その人を励まし、才能を伸ばしてあげる効果が鈍ってしまいます。

　企業や部署によっては勤務評価に一定の尺度を設けている所もあります。1から5までのスケールや、「標準未満」「良好（標準）」「極めて良好」といった区分です。こうし

た尺度を使って評価しなければならない場合は、「最高レベルの評価が得られなかった対象者との面談はやりにくいもの」と覚悟しておく必要があります。私自身の経験で言うと、標準を満たせたにすぎないと告げられた人は肩身の狭い思いをするようです（とくにキャリアをスタートさせたばかりの人はそう感じがちなようです）。ですからこのような対象者の場合は評価の理由を詳しく説明できるよう、（どうすればもっと高い評価を得られるかの具体例も含めて）しかるべき準備をしてから面談に臨みましょう。

> **CTOに訊け** 部下の潜在的な可能性を見つけるには？
>
> Q　部下の潜在的な可能性を見つけるのに有効な方法はありますか。こうした可能性は、表面的にはどれも同じに見えるのでしょうか。「○○さんには可能性がある」と言う時、それはどのようなことを指すのでしょうか。
>
> A　「人の潜在的な可能性」に関しては、とんでもない勘違いが少なくありません。生来の特質であるとか、学歴や資格で決まるものだとか思い込んでいる場合が多いのです――「あの人は一流大学を出たから将来性がある」「彼女は弁が立つ。前途有望だ」といった具合です。中には「彼、ハンサムで背も高いから未来は明るいわね！」などという目も当てられない勘違いもあります。色眼鏡を通して見ることで「可能性」を盲信してしまうわけで、そんな「可能性」など幻想にすぎないと判明してからも、行き過ぎた「善意の解釈」をし続けたりするのです。
>
> そこでひとつ提案をさせてください。あなたが勤務状態をすでにきちんと観察したと言えるほど、入社してからの期間が十分に長く、勤務成績が「悪くない」「まあまあ」のレベルにさえ一度も達したことのない部下がいたら、少なくとも現在の会社でのその人の「将来性」はない、と見てよいかもしれません。学歴や弁舌の爽やかさ、背の高さなど関係ありません。一定期間勤続しているにもかかわらず、これといった手腕を披露できないのであれば、あなたがその部下に期待している「将来性」はあくまで「期待」にすぎない、あなたの想像力（または先入観）が生んだ幻想にすぎないのです。
>
> 真の可能性は時を置かずに芽吹くものです。「もうひと頑張り」の努力を惜しまず、問題が発生すれば鋭い提言をし、以前は手付かずだった領域でチーム

を助ける、といった形で自然と現れ出てくるのです。可能性があるのに今はまだそれに見合った働きを見せられていない人というのは、（たとえ作業に手間取っても）チームの他のメンバーとは違う独自のやり方をもっているはずです。そうした人の勤務成績が「悪い」ことはまれですが、「標準よりやや劣る」ことはあり得ます。この場合の対策としては「その人の優れた才能が開花するような部署や立場に移してあげる」という方法を試してみてください。たとえばビジュアルデザインのセンスはなかなかだが、プログラミングで日々のノルマをなかなかこなせない、という部下にはUIやUXの方面の仕事を与えてみるとか、プランニングは大の苦手だが危機管理の腕はピカイチという部下は運用チーム向きかもしれない、といった具合です。

　ただし今ここで扱っている「可能性」を、小学校の先生が生徒に関して言う「可能性」と混同してはなりません。子供たちの心や頭脳の発達を促すわけではなく、会社を成長発展させるべく部下に働いてもらいたい場面なのです。そうした意味での「可能性」は、したがって、その部下が取る行動や生み出す価値に結びつくものでなければなりません（たとえそれが、その部下に創出してもらいたいとあなたが望んでいる価値と、現時点では異なるものであるとしても）。万一「非常に将来性がある」とあなたが見込んでいた部下が大物に「化け」損ねたとしても、その失望からあなたが立ち直るのが早ければ早いほど、チームの別の（本物の）「金の卵」を見出し育てることも、より早く始められるというものです。

4.8　キャリアアップの取り組み

　私がこれまでに果たした昇進の中でもとくに重要だったと思っているのが、金融業界にいた時に経験したものです。ちなみに米国の金融業界の社員の肩書きに関しては独特の習わしがあります。これは「パートナーシップ」のビジネスモデル（2名以上の組合員(パートナー)が金銭やサービスなどを出資、提供し共同で事業を営むというビジネスモデル）に従って会社が設立されていた時代の名残で、表向きの肩書きが「アソシエイト」「バイスプレジデント（VP）[*]」「マネージングディレクター（MD）」「パートナー」ぐらいしかない会社が多いのです。このうちバイスプレジデント（VP）への昇進はとくに

---

[*]　訳注：vice presidentの日本語訳については2章の26ページの脚注を参照してください。

重要で、それを果たすと、その社員が今後その会社で長期にわたってキャリアを積むに値する実力をつけたことを意味します。そのため、VPへの昇進の手続きには大変な手間暇がかかるものの、それだけになおさら今後の成功を強く示唆するシグナルと解釈できます。そしてこれは年に1回のみ、上級管理者の間で進められる複雑な手続きです。

　私がこのプロセスを経験したのは2度で、いずれの場合も上司の助言のおかげで乗り切ることができました。最初は自分自身がVPに昇進する時で、昇進を申請し、実力や実績を立証するための証拠資料を集めたり作成したりする際、上司が逐一細かく指導してくれました。成功したプロジェクトに関する資料はもちろん、リーダーシップを発揮でき、所属チームの他のメンバーよりも優れた人物であることを示す資料も提出する必要があったのです。2度目は、私の直属の部下がVPに昇進するのを私が支援した経験です。この時にもありとあらゆる種類の証拠書類を集めましたが、中にはその部下がフロア全体の防火責任者を務めた際の仕事ぶりを褒める書状までありました。2度とも無事昇進を果たせましたが、最初は上司として、2度目はメンターとして、しかるべき進め方を教えてくれた先輩がいたからこその成功でもある、と確信しています。

　管理者はチームのメンバーの昇進を実現させる上で重要な役割を果たします。誰を昇進させるかの決定権を管理者自身が握っている場合も時にはありますが、通常は上層部が検討するか、または人事委員会が審査します。その場合、チームの管理者は、どのメンバーが昇進に値するかを見定めるだけでなく、昇進に値すると判断したメンバーのために資料を集めて後押ししてあげなければなりません。

　その典型的なプロセスがどのようなものかというと、通常はチームの管理者が年に1、2度、各メンバーの昇進の可能性を検討します。現在の職位を確認し、昇進が近いと思える者がいないか考えてみるわけです。キャリアの初期の段階のメンバーは昇進の可能性が高いと見てよいでしょう。近年、新卒採用者は最初の1、2年間で最低1度は昇進を認められる傾向があります。というのも、米国の企業では「一定期間内に昇進できない場合には辞めてもらう」という条件付きで採用されるケースが多いからです。

　具体的に米国の、とある大手有名企業の事例をあげて説明します。この会社では学部の新卒で採用した社員の職位をレベルE_2と規定しています（E_1はインターンのレベルです）。そしてこのレベルのまま2年が過ぎてもスキル向上の兆しがまったく見られないエンジニアに関しては、同社での将来はないと判断します。この方針はレ

ベル E_3 と E_4 にも適用されますが、E_5 になれば同じ理由で解雇されることはありません。

　たとえばあなたがレベル E_2 と E_3 のエンジニアから成るチームを率いているとすると、2年ごとに皆の昇進の態勢が整うよう後押ししてあげる必要があります。幸い、この作業は通常、単純明快です。このレベルの部下は管理者自身が文句をつけない限り昇進できる仕組みになっているのです。具体的にあなたがやるべき作業は「ひとりひとりの部下が自分の作業を見積もり、その見積もりから大きく逸れない範囲で作業を完了し、失敗から学ぶコツを身につけるよう計らうこと」です。そして部下が昇進に値することを証明するための資料としては、その部下が独りで完成させたプロジェクトや機能、緊急呼び出し(オンコール)などのサポート業務への貢献、チームでのミーティングや計画立案への関与などを立証できるものを用意するのが普通です。

　初めてチームの管理者になった人が必ずやっておくべきなのは「自分の会社では部下の昇進に関してどのような方針と手続きを取っているかをきちんと把握しておくこと」です。どの企業、組織にも、それぞれ独自の基準や手続きがあり、チームの管理者もおそらくその責任の一端を担っているはずです（現にその管理者自身がその過程を経て昇進を果たしてきました）。自分の組織の昇進の基準や手続きの詳細がわからなければ上司に訊いてみてください。昇進に関する判断や決断はどう下されているのか。部下の昇進のための申請書類一式はいつ頃から準備し始めればよいのか。各年度に昇進を認められる人の数に上限はあるのか。こうした基準や手続きに関する情報が得られたら、そのつどチームの面々にも教えてあげましょう。昇進の希望を口にした部下はいるが、申請できるほどの実力や実績がない、といった場合に、昇進の手続きで審査される事柄や必要な書類等を知らせてあげれば、各自が今後改善すべき事柄も把握しやすくなるはずです。

　また、成果を上げれば昇進材料となりそうなプロジェクトを見つけておいて、昇進が近いと思われる部下に担当させ実績を上げるよう計らう必要もあります。管理者は自分のチームにどんなプロジェクトが回って来そうなのか、情報を得やすい立場にいます。プロジェクトがチームに任される経緯や仕組みによって、チームの管理者自身が部下に直接仕事を割り振る場合もあれば、部下の能力向上に役立ちそうなプロジェクトに参加を申し出るよう勧める場合もあるでしょう。管理者は部下のスキルアップにつながる機会を見逃さないよう、常に目を光らせているべきです。

　ただし管理者のこの職務は、自分のチームを構成するメンバーのランクが上がるにつれて変わってきます。一定のランクまで昇進したら、（少なくとも同じ会社やチー

ムにおいては）その後も昇進し続けるということはあまりありません。地位が上がってくると、リーダーシップや影響力を発揮してさらなる昇進を果たす機会が減ってくるのです。そうした部下の上司に打てる手はもう何もない、という場合もありますが、部下を社内の他部署のリーダーに紹介してメンタリングや支援を要請することは可能かもしれません。そうすることで、その部下を他部署や他社に奪われてしまう可能性もゼロではないでしょうが、部下は新たな機会や挑戦課題を手にすることができます。

　多くの企業では社員を特定の地位に昇進させる以前から、その地位の者が果たすべき職務を課しています。これは社会学で「ピーターの法則」と呼ばれる現象を回避するための慣行です。ピーターの法則によると、組織構成員は時の経過とともに出世していくが、自分の能力の極限まで出世し、その瞬間に無能化してしまいます。昇進は現在の仕事の業績に基づいて決定されるため、現在の職位で成績が良かった人が昇進することになりますが、それが必ずしも昇進後の活躍を保証してはくれないというわけです[*]。「社員をある職位に昇進させる以前から、その職務を課す」ということは、つまりそのチームにはその分だけまだこなすべき職務が余分にある、とも解釈できます。管理者は自分のチームのメンバーのキャリアアップを検討する際には、常にこうしたチーム状況にも配慮しなければなりません。さらなる昇進の余地がチーム内になく、従ってスキルアップやキャリアアップの好機や可能性が見込まれない場合、それは「より大きな責任をメンバーに負わせられるよう、チーム内での仕事の割り振りや進め方を再検討する必要があること」を示唆する兆候なのかもしれないのです。

4.9　やりにくい仕事——成績不振者の解雇

　どの管理者にとっても誠にやりにくい職務に「成績不振者の解雇」があります。
　これは私自身も書きにくいテーマです。というのも近頃米国では小企業の場合でさえ社員の解雇に人事部が大幅に関与するからです。それが良くも悪くも影響しているわけですが、（議論の余地はあるものの）おそらく管理者にとって一番ありがたいのは、踏むべき段階や手続きが定められていて、それに従えばよいという点です。成績不振者に関して「パフォーマンス向上計画」と呼ばれる書類を作成し、それを本人へ送付するよう、管理者に命じる企業が多いのです。これは対象となった社員が所定の

---

[*]　訳注：たとえば、日本版ウィキペディアの「ピーターの法則」のページにわかりやすい解説があります。

期間内に達成しなければならない複数の目標を明示した書類です。目標を達成できた対象者は「パフォーマンス向上計画」から解放され、達成できない者は解雇されます。企業によって、「パフォーマンス向上計画」が文字どおり対象者の業務成績を向上させるためのものである場合もあれば、所定の期間内に到底達成できそうにない目標が列挙されている場合もあります。現実には後者のほうが多く、事実上、クビを切られる前に職探しをする時間的余裕を対象者に与える寛大な措置にすぎません。

　どのような規定や手続きが設けられているにせよ、管理者であるあなたは、人事部にパフォーマンス向上計画の書類を提出したり、実際に解雇したりするより前に、まずは成績の振るわない部下に徹底したコーチングをするべきでしょう。（勤務評価の所でも触れましたが）「部下を驚かせてはならない（悪いニュースの場合はとくに要注意）」は管理者の基本ルールのひとつです。管理者は部下ひとりひとりがあなたの下で果たすべき職務や役割をきちんと把握しておき、それを果たせていない部下に対しては、ぐずぐずせず、かつ頻繁に、「期待されているレベルの仕事ができていない」とはっきり知らせる必要があります。

　理想的なのは、管理者がそれぞれの部下の職務を逐一正確に把握しており、職務を十分果たせていない部下がいたら「君はXとYとZが不十分だから、この3点に関してもっと頑張ってくれ」と命じる、といったシナリオですが、こんな風にすっきり片づけられることなどめったにないのが現実でしょう。

　そこで、現実によくある、その中でもシンプルなシナリオを考えてみましょう。次のようなものです。Fさんは2、3ヵ月前にあなたの部下になりました。新人研修の際にも多少飲み込みが悪いという印象がありましたが、あなたは好意的に解釈してあげることにしました——なにしろこのチームのコードベースは完璧なものとは言えませんし、新人が最初の2、3ヵ月の間に覚えなければならない専門用語や職場の隠語も山ほどありますから。しかしFさんが入社して半年になる今、その間のFさんの働きぶりを振り返ってみると、何も進歩していないように思えるのです。それどころか、その期間にFさんが担当した作業の中に、はかばかしい結果が得られていないものが2つ3つあります。大幅に遅れていたり、バグが多かったり、あるいはその両方の問題が見受けられるものがあるのです。

　理屈の上では明白な状況でしょう。Fさんには「君には会社から期待されている仕事がこなせていない。作業の遅れや不備が散見される」と告げ、厳密な達成目標を課する必要があります。しかし、もちろんFさんの側にも言い分はあり、中にはもっともだと思えるものもあります。新人研修がわかりにくかった、最初の1ヵ月は会社の

4.9 やりにくい仕事——成績不振者の解雇

パーティーの準備のためプログラミングを集中的に進められなかった、上司（あなた）が1週間休暇を取ったため、質問できる人がいなかった、等々。なんだかFさん自身はまったく悪くなくて、あなたやチームに責任があるとでも言いたげです。

さきほど「しかるべき職務が果たせていない部下に対しては、ぐずぐずせず、かつ頻繁にフィードバックを与える必要がある」と書きましたが、それはこのFさんのようなケースがあるからです。与えたフィードバックについてはきちんと記録を取っておきましょう。ただし肯定的なフィードバックも否定的なフィードバックも口頭で伝える必要があります。このうち否定的なフィードバックを、話しづらいからと言ってずるずる先延ばしにしていると、いざフィードバックを与えた時に山ほど言い訳をされるのが落ちです。そんなことになったら、どうするのですか。自分の責任であえてそうした部下の言い訳をことごとく無視し、（新人のための研修もコーチングも下手なら、明確な目標を与えることもできない、不親切な）チームに入ってきた新人のクビを次々に切り続ける管理者もいれば、部下のどんな言い訳も受け入れ（聞き流し）、これ以上「臭いものにフタ」で済ませられない状況になるまでそれを続け、仕事の遅い部下に対して無策だったとチームの怒りを買う管理者もいます。

社員の解雇に人事部が大幅に関与し「パフォーマンス向上計画」の書類作成が義務付けられている企業の場合、解雇のための否定的なフィードバックに関しては必ず記録を取っておくべきです。人事部がない、あるいは人事部が関与しない場合でも、パフォーマンス向上を命じるフィードバックは、期間や期限など改善のスケジュールを記載した明確な書面の形で与えるとよいでしょう。そしてその計画書の対象者である部下にも承諾の書面を提出させましょう（メールでも結構です）。こうすれば、あなたは法的に自分の身を守れますし、書面の存在を意識して部下を公平に扱わざるを得なくなるはずです。

最後にもう1点、警告です。この人材は失いたくない、と思える部下を「パフォーマンス向上計画」の対象者にするなど、もってのほかです。「できる部下」なら、正式な警告である「パフォーマンス向上計画」の対象者にされたりしたら、それは「この会社が自分には向かない証拠」と解釈し、さっさと辞めてしまいかねません。以前、優秀なエンジニアにまつわるこんな話を耳にしたことがあります。このエンジニア（以下、Gさんと呼びます）は、あるプロジェクトへの参加を辞退しましたが、そのことで社内の誰かが不満をもらし、その流れでGさんの上司がいきなりGさんにパフォーマンス向上計画書を突き付けてきました。その上司はGさんの辞退を傍観していたばかりか、その辞退が生んだゴタゴタにまるで無頓着だったにもかかわらず、パフォー

マンス向上計画書を作成しろとの社内の圧力に屈し、結果的に、Gさんが上司に対しても会社に対しても抱き得た好意や善意の芽を摘んでしまったわけです。当然のことながらGさんは（そんなパフォーマンス向上計画の目標など容易に達成できる実力の持ち主でしたが）ほどなくこの会社を辞めてしまいました。

CTOに訊け 「脱皮」のためのコーチング

Q 伸び悩んでいると思われる部下がいます。1、2年前に入社し、「並」の仕事ぶりを見せてきましたが、現在のチームではこの先昇進できる見込みがないと私には思えるのです。折に触れて昇進のためのアドバイスを求めてくるので、そのつど必要なことを教えてきたものの、尋ねたきりで、やり慣れた通常の作業に戻ってしまい、昇進の努力はどうした、といくら私が水を向けても、一向に変わる気配を見せません。どうすればよいでしょうか。

A 管理者が対処しなければならない、かなりよくある問題です。社内で一定レベルまで昇進したのち足踏み状態となって覇気を失っている模様です。現在の水準まではクリアしてきたものの、（あなたがあれこれ支援してきたにもかかわらず）さらなる成長を遂げて次なる高みへ上る方法をつかめずにいるわけです。どうやらこの部下には「脱皮」のためのコーチングをするべき潮時が来たようですね。

　先にも述べましたが、キャリアの初期の段階にある社員に対しては「所定の期間内に昇進できなければ辞めてもらう」という規定を適用している企業が少なくありません。技術系の道を踏み出したばかりの社員は一定期間内に昇進を果たして当然と見なされ、昇進できないのは期待に応えられていないからだとして解雇されるのです。一方、勤続年数の長い社員に関しては、上からの監督や支援をあまり受けなくても独りで日々の作業をこなせるよう、管理者としてはそれなりの目配りが必要です。ただ、このレベルの部下が伸び悩んだ場合はどうすればよいのでしょうか。

　シニアエンジニアや中間管理職になったら、それで十分満足、それ以上出世は望まない、という人も中にはいます。その人の仕事ぶりが本人にも上司にも納得の行くものであれば別に問題はありません。しかしご質問の部下のように、

> 昇進を望んでいるにもかかわらずチーム内で何らかの理由からそれがかなえられずにいる、という人もいるものです。あなたの部下もこうした状況にあることを、はっきり説明してあげなければなりません。これは「脱皮」のためのコーチングです。現況を明確にしてあげてください——「次のレベルで求められるスキルがどういったものなのか、すでにもう何度も説明してきたが、君はそれに見合うスキルアップの努力をまったくせずにきた。そのため私は君がキャリアアップを図る上で今のチームが最適な場とは思わない」と。これは部下をクビにしようとしているのとは違います。昇進を望むなら別へ移る必要がある、と知らせているのです。
>
> 社内の他の部署、または他社で仕事を見つける機会を部下に与えてあげましょう。うまく見つけられたら、笑顔で送り出してあげて、その後も良い関係を維持する努力をしてください。共に暮らしていても将来が見えないと判断し離婚した男女が、その後も良好な友人関係を続けているケースもあり、似たようなことが上司と部下の関係についても言えるのかもしれません。その部下にとっては単に別のチームや会社こそが「自分の輝ける場所」なのかもしれないのです。

4.10　自己診断用の質問リスト

この章で解説した「人の管理」について、以下にあげる質問リストで自己診断をしてみましょう。

- 直属の部下と定期的な1-1を計画した経験がありますか。
- キャリアアップについて最後に部下と話し合ったのはいつですか。「3ヵ月以上前」と答えた人にお尋ねします——次回の1-1でこの件を忘れずに持ち出すことができるでしょうか。
- 先週、部下にフィードバックを与えましたか。最後に「チームのひとりを皆の前で褒める」ということをしたのはいつでしょうか。
- 訓戒を要する言動をチームの誰かが最後にしでかしたのはいつでしょうか。その言動に関する批判的なフィードバックを与えたのは、どの程度の時間が経過してからでしたか。与えた場所は、人目のない所でしたか、それとも人前でし

たか。
- あなたがこれまでに受けた勤務評価のうち、「何の役にも立たない、単なる時間の無駄」と感じたものはありますか。その勤務評価は、どのような点を補えば、もっと有意義なものになったと思いますか。
- あなたがこれまでに自分の職務に関して与えられたフィードバックの中で一番有益だと思うのはどのようなものでしたか。それはどのような形で与えられましたか（口頭、書面など）。
- あなたは自分の会社の昇進の規則や手続きを把握していますか。「知らない」と答えた人にお尋ねします――誰かに詳しく説明してもらうことは可能ですか。

5章
チームの管理

「直属の部下がひとりか2人いる管理者」から「チーム全体の責任を負う管理者」までは職位で言えば1段階上がるだけですが、だからといって職務内容も「個々の部下を管理する仕事」の総和に過ぎないかというと、そうではありません。職務内容はこの時点でガラリと変わってしまうのです。いや、それどころか、ここから上はランクがひとつ上がる度に「これまでとはまるで違う任務と課題を担う経験」を繰り返していきます。キャリアの梯子(キャリアラダー)を上がる度に「これから私は今までとは全然違う仕事を始めるのだ」と覚悟を決めて臨まなければなりません。「シニアエンジニアとして身につけ磨いてきたスキルを自然な形で拡張したものが管理職の職責だ」と思いたいところでしょうが、未経験のスキルや課題に取り組まなければならないのが現実なのです。

かつて私が「チーム全体の責任を負う管理者」用に使っていた職務記述書(ジョブディスクリプション)を以下に紹介しておきましょう(このランクの管理者を私は「エンジニアリングリード」と呼んでいました)。

> エンジニアリングリードになるとコードを書く作業に費やす時間は減るが、チーム全体の作業の進行を遅らせたり妨げたりしなければ、小規模な技術的成果物の作成(バグ処理やちょっとした機能の作成など)に携わるべきである。エンジニアリングリードは、そうしたコードを書く作業以外に、チームの作業の遅滞を招くボトルネックや成功を妨げる問題を突き止め、これを解消する責任を負う。
>
> この役を引き受けた者は組織全体の成功に多大な貢献をするものと期待され

> る。とくに、もっとも価値のあるプロジェクトを見きわめ、そうしたプロジェクトに自身のチームを集中的に従事させる権限を有する。そのための取り組みの一環としてエンジニアリングリードはプロダクトリードと緊密に協力してプロジェクトの範囲を調整し、技術的成果物を確実に構築する。また、エンジニアリングリードはチームに必要な人数を確認し、その確保のための計画立案と人材募集を行う権限も有する。
>
> 　エンジニアリングリードは独立した管理者であり、自分とは異なるスキルセットをもつメンバーから成るチームを管理する権限と能力を有する。チームのメンバーに期待する能力や言動、成果は、全員に明確に伝え、個々のメンバーとの間で（勤務評価の期間に限らず常日頃から）こまめにフィードバックを提供し合うべきである。こうした優れた管理スキルに加えてエンジニアリングリードに求められるのは、（主力）製品グループに関する技術的ロードマップを管理するリーダーの役割である。スケジュールと範囲とリスクを主要パートナーに明確に伝え、主要なマイルストーンのデリバリ作業を明確なスケジュールに従って主導する。さらに、戦略に関わる技術的負債（場当たり的なアーキテクチャや余裕のないソフトウェア開発のせいで生じたツケ）を感知し、その解消を見据えた費用対効果分析（CBA: cost-benefit analysis）を行い、その結果得られた解消優先のスケジュールを経営陣に提示するものとする。

　個々の部下の管理の基本についてはすでに前章で解説しましたから、この章ではエンジニアとしての現場の仕事もある程度こなしつつチーム全体を率いていくのに必要な心構えやコツを紹介していきます。

　つまり「チームの管理者として人的管理以外に焦点を当てるべき側面は何か」です。新任の管理者はとかく人的管理に過度に重点を置く嫌いがあるので、チーム管理という観点からも、もっと技術、戦略、リーダーシップにまつわる領域にも目を向けてほしいのです。

現場の声　管理者にとって一番大切なこと

ベサニー・ブラウント

　私が初めてチームの管理者の役割を（非公式な形で）引き受けたのは、昔ながらの管理職の職位を設けるのを潔しとしない企業でのことでした。しかししばらくその非公式な役目を果たすうちに、管理者の職位を正式に設けようではないかという話になりました。そうした職位の設置そのものがその会社にとっては初のことでしたから誰もが不安を抱きつつも敢行することになったのです。管理者候補の間で技術部門のスタッフをどう割り振るかを決めるに当たっては、「階層」が生み出しかねない摩擦も検討しました。それでも以前の同僚の下で働くことを快く思わない人が皆無ではありませんでしたが、私は幸運なほうでした。私のチームに配属されたメンバーは大半がもう長いこと共に働いてきた仲間たちで、私が上に立っても構わないと言ってくれたのです。この気遣いには本当に助けられました。おかげで、ある程度の波風は避けられなかったものの、乗り切ることができました。

　さて、その「ある程度の波風」ですが、私がこの新しい正式な管理者として受け持った部下の中に、経験年数でも技術力でも私のはるか上を行く先輩エンジニアが2人いました。私はそれまで、チームを率いるための主な「ツール」として「チームの誰よりも豊富な知識を有すること」を頼みの綱としてきたので、その「ツール」が使えなくなってしまいました。いいえ、こんなことを言うからといって、「インポスター症候群（自分の成功を内面的に肯定できず、自分の実力によるものではないと思い込む自己評価が異常に低い心理状態）」などではありません。「分不相応な役割を引き受けてしまった」と感じていたのです。しかも私がそう感じていることを、その2人も知っていました。気まずい状況だ、と当然その2人——大先輩であり、今回私の「部下」となってしまったその2人——も感じていました。そこで膝を突き合わせて話し合い、誰しも果たさなければならない職務があり、私の務めはこの先輩エンジニアたちの成功を極力サポートすることだ、と確認をし合いました。

　その後、先輩のひとりは「定期的なフィードバックのやり取り」という形で私を支え助けてくれました。私の側でもこの先輩にとって重要なことは何なの

> か、先輩たちの成功に必要なことは何なのかを探ろうと必死に努力しました。しかしもうひとりの先輩は私の部下という立場をどうしても受け入れられず、他チームへ移籍してしまいました——ただし、それも短期間のことでしたが。数ヵ月後、恐縮顔で戻って来ると、私のチームで働くのでよいと言ってくれたのです。結局、この一連の出来事で私が身をもって知ったのは「優れた管理者になる上で何よりも大切なのは、最強の技術力の持ち主であることではない」という点でした。管理者としての成果を上げるためには、チームの人々を後押しすることのほうがはるかに重要なのです。

5.1　ITスキルの維持

　これは技術系の管理者のための本です。管理職全般を対象にした本ではありません。技術系の管理とは、人やチームを束ねるスキルだけでなく特有の知識や技術も求められる専門的な仕事です。それを担当する技術系の管理者は、キャリアアップを重ねた末にコードを書く作業を「卒業」してしまってからも、技術面の意思決定を主導する責任を負っています——チームのリーダーとして、経験の浅いエンジニアにとどまらず、システムのデザインを担当するアーキテクトや、細部に関する責任を負うシニアレベルの技術者に対してさえ、自分の下した決定には自分で責任をもってもらい、さらに、そうした意思決定が技術的な「嗅覚テスト」に合格したこと、チーム全体や会社全体といった広範なコンテクストとの間でバランスが取れたものであることを確認する責任です。そしてその際にモノを言うのが、長年現場での実務で培ってきた「技術者の勘」です。

　また、技術チームで一目置かれる存在になりたいと本気で望むのであれば、「確かな技術力の持ち主」という評価をぜひとも皆から勝ち得なければなりません。そういう意味で認めてもらえないと今後苦戦を強いられるでしょうし、たとえある会社で管理者の地位を得られても、その後の選択肢が限られてくるでしょう。技術系の管理者としての成功を視野に入れて努力を重ねる場合、ITスキルの価値を甘く見てはならないのです。

　もちろん優れたバランス感覚も身につけなければなりません。技術系管理者になってからも技術力を何とか維持するすべを模索するのは大変なことです。管理者になると従来よりも頻繁に、かつ多様な会議に出席しなければならない、さまざまな計画を

練らなければならない、部下やチームの管理に関わる仕事もこなさなければならないなど、新たに各種の責任を担いますが、だからといって集中的にコードを書く時間をすべて奪われてしまうようでは困ります。そうは言っても、四方八方へ気を配らなければならなくなるので、コードを書く時間を捻出するのは至難の業となるわけです。

それでも下級から中間レベルの技術系管理者はコードも書き続けていないと、十分キャリアアップができないうちに技術力が頭打ちの状態になってしまう恐れがあります。すでに出世コースに乗って経営陣入り確実という人も中にはいるかもしれませんが、それでも技術面での責任は相変わらず果たしていかなければなりません。いや、もっと言えば、前掲の「エンジニアリングリードの職務記述書」で私が規定したように、技術系の管理者は「小規模な技術的成果物の作成（バグ処理やちょっとした機能の作成など）に携わる」ことが期待されているのです。

「バグの処理やちょっとした機能の作成」といったささやかな作業しかやらないのに、コードを書く作業にこだわるのはなぜでしょうか。それは、ボトルネックや作業工程の問題点の在り処をすばやく察知するためには、ある程度コード書きの作業に従事していることが必要だからです。こうしたボトルネックや問題点はメトリクス分析の結果を見ればわかるでしょうが、管理者自身がコードの作成に積極的に関与していれば、はるかに容易に察知できます。管理者であり経験豊富なエンジニアでもあるあなたなら、システムの構築がひどく手間取っている、コードのデプロイが遅すぎる、緊急呼び出し（オンコール）の負担が異常に重いといった状況を、ごく小規模なプログラミング作業の最中に出くわす問題や障害から感じ取れるのです。こうした状況にチームの面々がどれほど苛立っているかが実感できるのです。また、技術的「負債」に気づき、その解消を優先することも、日頃から自分で苦心しながらコードを書いていれば、はるかに容易にできるのです。

さらに、ひとつのチームを率いているだけの管理者でも、会社の現在のシステムで可能なことと不可能なことを見きわめるのに手を貸して欲しいと要請されることがあります。たとえば共同作業中のプロダクトマネージャーが突拍子もない機能を思いついたとしても、会社の所定のシステムでその機能を実装する際の難易度なら評価できるという自信が管理者にあれば、対処もはるかに容易になるはずです（自信過剰は禁物ですが）。また、技術力のある管理者なら、新機能を実装する際の最短ルートを見分けられるものです。「実装に最適なルートを見分けられるほどまでシステムの各要素を十分理解している」というのは、複雑なプロジェクト管理を成功裏にこなすための要件のひとつで、これはテックリードをやっている際に習い覚えるコツです。システ

ムのコードに対する理解度が深ければ深いほど、最適なルートの見きわめが容易になるのです。

あいにく、こうして「コードを書く作業に多少なりとも時間を割くこと」を技術系の管理者に認めていない企業が一部にあります。そのような企業では経営系と技術系の線引きがきわめて明確になされているため、管理者になるやいなや直属の部下を大勢抱え込むハメになります。いきおい管理者は経営と人的管理に関する職務に忙殺され、仮に技術的な作業に時間を割こうとしても夜間か週末しかない、ということになります。自分の会社がこういう企業なら、「コードの作成やシステムのデザインはもう十分マスターした」と得心するまでは**技術力の強化に専念**し、納得がいった時点で初めて経営系に舵を切るか否か判断するとよいでしょう。いったんコードを書く作業から遠ざかってしまうと遅れを取り戻すのが大変です。機が熟する前に離れてしまうと、中間管理職より上に昇るのに必要な技術力を十分身につけられずに終わってしまう恐れがあるのです。

以上、「管理者になってからも、多少なりともコードを書く作業を続けたほうがよい」と提案してきましたが、これを読んで「私、続けていない！　どうしよう?!」と思った人はいませんか。あまり心配しなくてもよいかもしれません。あとのほうの章で詳しく解説しますが、技術系管理者のキャリアパスには「これ以上コード書きに従事しても無意味となる地点」があることはあるのです。まあ一応ここでは「頑張ってコード書きの作業は多少なりとも続けよう」と提案しておきます。そうすればきっと管理者としての仕事が楽になります。

5.2　機能不全に陥ったチームの「デバッグ」の基本

時には、機能不全に陥ったチームの管理を任されることもあるでしょう。「機能不全」とは具体的にどういう状況を指すかというと、成果物の引き渡し期日を毎度のように守れない、チームのメンバーが惨めな思いをしている、メンバーが次々に辞めていく、プロダクトマネージャーがイライラを募らせている、プロダクトマネージャーに対するチームメンバーの不満が膨らんでいる、などです。あるいは単に、仕事をする気力や体力が枯渇してしまった、現在進行中のプロジェクトに情熱を感じられない、といったケースもあり得ます。そして管理者となったあなたは、どこかがおかしいことはわかるのだけれど、何がどうおかしいのかを特定できない、そんな状況です。技術チームに現れがちな典型的な「症状」があるので、それがどういったものなのか、

どう解決すればよいのか、参考までに以下で手短に紹介しておきましょう。

デリバリにこぎつけられない

　こんなのは機能不全状態ではない、と思った人もいるかもしれません。たとえば、我がチームは今、新たな問題に関する調査と研究にかかりきりなのだから、当面デリバリにこぎつけられなくても別に機能不全状態ではない、といったケースです。しかし調査や研究がおもな職務であるチームでさえ、ゴールや目標成果物を掲げているのが普通です（たとえそのゴールや目標成果物が「調査や研究における初期の成果」に過ぎなくても）。概して人は、たとえ些細なゴールであっても定期的に設定、達成できていれば、そこそこの満足感を味わい、精神衛生を維持できるものです。

　チームの管理者がメンバーへの催促のし過ぎを恐れて何の文句もつけられず、結局は納期破りを許す形となってしまう。こうした事態を回避するコツは、本当に催促するべき時と、口出しを控えたほうがよい時の適度なバランスの取り方を会得することです。あなたがチームの管理者で、現在もメンバーと共にコードを書く作業を続けているのであれば、「デリバリにこぎつけられない事態」が常態化してしまった今こそ、自ら袖まくりをしてチームにハッパをかけ、一丸となって目標の成果物を完成させるべき時なのかもしれません。あるいはプロジェクトの中でもどの部分に遅れが出ているのかを突き止め、その部分の責任を負っているエンジニアたちに現況を理解してもらう好機なのかもしれません。

　このほか、チームが使っているツールやプロセスのせいで仕事を効率よく進められず、デリバリにこぎつけられないケースもあり得ます。よくあるのは、製品アップデートのリリース頻度が週1回以下と低いケースです。リリースの頻度が低いと、「リリースに関わるツールの不備」「手作業に頼りすぎのテスト」「規模が大きすぎる機能」「作業の細分化のコツを心得ていない開発者」といった「ペインポイント」に気づきにくくなることがあります。こんなチームの管理を引き受けることになったら、こうしたボトルネックを解消するようあなたがチームに働きかけましょう。

　私が前に働いていた会社では一時期、システムの重要部分のアップデートを週1回という頻度でリリースしていました。毎回ひどく手間取って大変な思いをし、皆が土壇場で変更を持ち込むのでテストもうまく行かず、全体がますます遅れてしまう、といった事態もしばしばでした。これではいけない、と全員の意見が一致し、もっと手早くリリースできるようコードベースを改良し、自動化を推し進めました。改善の取

り組みが完了に近づいた頃、私はチームにさらに指示を出しました——「リリースを毎日できるようにして」。それが実現されると、たちまちチームに良い影響が現れました。これはリリースがメンバーにとって大きな負担となり得ることを身をもって知った経験でした。リリース作業が「大事(おおごと)」として捉えられている時には軋轢(あつれき)が避けられずチームの雰囲気もとげとげしくなりがちなのです。アップデートのリリースが「日常」となり、これに要する労力が少なくなった途端にチームの士気が上がりました。

厄介な部下への対応

　ブリリアントジャーク（brilliant jerk）。「エンジニアとしては格別に優秀だが、実に嫌なやつ」のことです。この手の部下がチームにいて、ことのほか手こずらされる、という状況も時にあるものです。ものすごく頭が切れて仕事もバリバリこなすので「取り替え」が効かないことはわかっているのですが、いかんせんチームプレイができず周囲の人たちを不快な気分にさせる人物なのです（このタイプの有害な部下については121ページの「ブリリアントジャーク」の項に詳しく書きました）。これほどひどくはないものの、管理者としてやはり扱いにくいのが、チームに波風を立てる部下、マイナスの経験にいつまでもこだわる部下、噂話の度が過ぎる部下、「我々 vs. ほかのみんな」という排他的な思考パターンに陥っている部下などです。

　人間関係のゴタゴタはチームの管理者が勇気をもって小さな芽のうちに摘んでしまわなければなりません。必要なら管理者であるあなた自身の上司に応援を仰いでも構いません（初めてそうした対応を迫られた時はとくにそうです）が、ブリリアントジャークの場合、その上司自身があなたにも増して手を焼く恐れもあるので要注意です。たとえばブリリアントジャークがチームの人間関係に及ぼしている悪影響をあなたの上司がなかなか理解してくれず、単なる「やり手」としてしか見ないといったケースです。したがってその部下ともあなたの上司とも何度か話し合う必要があるかもしれないと覚悟しておいてください。もっとも、その部下を他チームへ配転させるだけで問題が解消してしまうこともありますが。

　上でブリリアントジャーク以外にあげた「問題部下」のほうがまだ扱いが楽です。その部下が問題の言動を見せたら直ちに注意し、今後は正すよう、具体例もあげながら説明し命じればよいのです。時には「実はその部下が何らかの理由で鬱々とした日々を送っているだけ。最良の方法はその部下が嫌な思いをせずにチームから出ていけるよう手を貸してあげること」というケースもあり得ます——こんな結末（解決法）

もあり得ることを頭に入れておいてください。このほか、自分がチームに悪影響を与えていることをまるで自覚していない「問題部下」もいますが、こういう部下とは少し話し合うだけで問題を解決できるはずです。

以上、紹介してきたものも含めて、言葉遣いに配慮できない部下を長い間放置しておいてはなりません。ただ、チームのエネルギーを吸い取り枯渇させてしまいかねないこうした「エネルギーバンパイア」たちが巻き起こす有害な「人間ドラマ」は、辣腕管理者でさえ頭痛の種となるはずです。この手の部下に対しては「巧みな攻撃こそが最大の防御」であり、「迅速な行動」が不可欠です。

過労による士気の低下

この問題のほうがはるかに御しやすいものです。過労によるチームの士気の低下は、根底に対応可能な問題が横たわっているのが普通です。たとえばシステムの（不）安定性が原因でチームの面々が過労状態に陥っているのであれば、管理者は当面安定性の向上に注力できるようロードマップを調整するべきです。アラートやダウンタイム、インシデントの回数を測定し削減に努めましょう。そして、計画立案の段階で、管理者としての職務時間の2割をシステムの「持続可能性（サステナビリティ）」のための作業に確保することを推奨します（「技術的負債」［を解消するための作業］という言葉が使われることが多いのですが、「持続可能性」と捉えましょう）。

なお、どうしても外せない納期が間近に迫ってチームが過労状態になっている場合に関しては、次の2つのツボを押さえておく必要があります。ひとつ目は「管理者はチアリーダーたるべし」です。必要な支援の度合いに関係なく、とにかくチームを支えてあげるのです。とくにあなた自身も作業に加わることが大事です。残業中のチームのために宅配のピザなどを注文し、「助かるよ、お疲れさん」の言葉のひとつもかけてあげましょう。一段落したら休みを取ってよいと明言し、それまではせめて明るい雰囲気で仕事が進められるよう計らってあげましょう。時には、一丸となって難局を乗り切ることでチームの結束が強まる効果も期待できます。部下たちはしっかり覚えているものです——その必死の作業の場に管理者がいて共に乗り切ってくれたか、それともどこか別の場所で自分だけの仕事かをやっていたかを。

さて、押さえておくべき2つ目のツボは「この難局から学び、それを活かして次回はこうした事態の再発を防ぐよう全力を尽くす」です。可能なら機能を削減あるいは縮小してください。非現実的と断言できる納期なら延長してください。こうした「必

死の思いで作業を進めざるを得ない期間」を100%避けることは不可能ですが、これが頻繁に起きてよい理由はどこにもありません。

協働に関する問題

　あなたのチームと、プロダクトチームやデザインチーム、あるいは他の技術チームとの共同作業がうまく行かず、関係者全員が足を引っ張られる形になっているケースです。あいにく手っ取り早い応急処置はありませんが、あなたが改善の意欲を見せるだけでもかなり効果があるものです。それがまだ実行できていない人は、この問題を解決するのにふさわしい相手方の責任者と必ず定期的に連絡を取り合ってください。自分の部下たちからも実行可能なフィードバックを集めて、可能性のありそうな改善策を積極的に検討し合いましょう。ただ、あなた自身のチームを前にして、相手チームの責任者を批判したりすると、事態がさらに悪化してしまう恐れがありますから、どれだけ相手チームの責任者に不満があっても、自分の部下の前ではあくまで前向きに解釈し支持してあげるよう努力するべきです。

　一方、チーム内での協力関係がはかばかしくない場合には、皆で一緒にちょっと息抜きをする機会を作れないか考えてみてください（息抜きですから、仕事の話に終始するようでは困ります）。たとえばチーム全員を昼食に連れ出す、金曜の夕方早めにオフィスを出て、皆で何か楽しいイベントに参加する、チャットルームで目にするような少し「大人の」ユーモアをチームの会話に持ち込んでみる、「最近会社以外じゃどんな具合？」などとオフの生活にもさりげなく触れてみる、といった工夫には、いずれもチームの人間関係を改善する効果があるはずです。私が新米管理者だった時はこの方面の努力にはまるで気が乗りませんでしたが、人一倍引っ込み思案なメンバーでさえチームとのつながりを望む気持ちがないわけではありません。あなたのチームに106ページの「厄介な部下への対応」であげたような問題がないのであれば、今紹介したようなちょっとした工夫でも、チームの雰囲気をかなり改善できると思います。

CTOに訊け　元同僚を自分の部下として管理する立場に立たされたら

Q　私は部下をもたないシニアエンジニアでしたが、このたびチームの管理を任せられました。そのため同じチームの、私同様シニアエンジニアで、しかもその管理者の地位に就きたいと希望していた同僚が、今後は私の部下、という事態になってしまいました。今後この人と良好な関係を維持しつつ管理者の役割を首尾よく果たしていくにはどうすればよいのでしょうか。

A　かなり気まずい状況でしょう。まずはそのとおり「気まずい状況だ」と認めることです。「チームの同僚だった人（以下、「Aさん」と呼びます）の上司を務めることになった」という厄介な現実としっかり向き合ってください。そして、自分は管理者としての職務を全力投球で果たしていくつもりだが、そのためには君の助けが必要だ、と腹を割って伝えましょう。うまく行っていることも、行っていないことも、包み隠さず話して欲しい、と。管理者になりたての移行期間はなかなか完璧な仕事ができないものです。したがって、とくにAさんからは批判されたり弱点を突かれたりしそうだという感覚が多少あってもおかしくありません。

　次に、あなた自身の職務がいくつかの点で大幅に変わった点も意識しておくべきでしょう。あなたは今後はAさんの上司なのですから、Aさんの決定を覆す職権を手にはしたものの、それを行使する時には細心の注意を要するのです。通常、管理者の職権で技術的決定を覆すのは得策ではありません。また、部下に対して——とくに以前は同僚であった現在の部下たちに対して——微細管理（マイクロマネージメント）をしたい思いに駆られても、その誘惑に負けてはなりません。あなたが昇進という形で「会社から認められた」ことに元同僚は微妙な反応を示す恐れがあるのです（たとえ元同僚本人が管理者になることを望んでいなくても）。そうした元同僚たちの行動や措置をいちいち問題視したり、すべての決断をあなたが自分独りで下そうとしたりすれば、微妙な関係がますます微妙になるのが落ちです。

　管理職になれば、当然の成り行きとしてあなたはそれ以前の職務の一部を手放さざるを得ません。今は人的管理という新たに背負った職責を果たすことに徐々に慣れていく時期でもあるのです。もともと管理職にとってはキャリアパスを一段、また一段と上がる度に新たな責任を担い、以前背負っていた荷を下

すのが常なのです。そういう状況を有利に活用して、以前自分が担当していた技術的作業の一部を「元同僚で現在の部下」にあっさり任せるという手があります。あるいは、そうした作業の一部をチームの若手メンバーに新たな課題として任せる機会にしてもよいかもしれません。一方、企業の側では、初めて管理を担当することになったエンジニアに今後もコードを書く作業を続けるよう望む所が少なくありませんが、この場合に管理者に求めるのは、高度で複雑な新システムの構築といった大規模な作業より、むしろ小規模な機能の作成やバグ処理、機能の拡張などであると思われます。

いずれにしても、管理者になった直後の移行期間には、常に「チームの面々の成功を支援すべく全力投球する意気込みを示すこと」を目標とするべきです。あなたの新たな務めは、チームのメンバーから何かを奪い取ることではなく、以前には放置されていたか誰か別の人が担当するかしていた職責を引き受け、自分が以前担当していた職務の一部をチームの他のメンバーに譲ることです。

元同僚があなたの下で働くことには耐えられないと言ってぞろぞろと辞めてしまったら、チームはしかるべき成果を上げることができません。元同僚は、管理者となったあなたとの間に意見の不一致が生じたり、あなたが部下を思いどおりにしようとしたりすれば、他の部下よりも敏感に反応するはずです。それどころか、あなたの立場を弱める事さえしでかすかもしれません。どうせ売られた喧嘩を買うのなら「価値ある戦い」と思えるものだけに応戦しましょう。長い目で見れば、管理者になった直後の移行期間は「大人の対応」で乗り切ったほうが結局はうまくいくのです。

5.3　盾になる

チームの面々の「盾(たて)」になれるのが「できる上司」——これは新米管理者に管理術を伝授する本やサイトでよくあげられる秘訣です(「盾」の代わりに「たわごとからみんなを守る傘(bullshit umbrella ブルシット アンブレラ)」というくだけた表現を使っている場合もあります)。つまり管理者は、社内のチーム外で起きている「人間ドラマ」や権力闘争、さまざまな変化に、チームが巻き込まれ気を散らされることなく、なすべき仕事に注力し完遂できるよう後押しするべきだ、ということです。

私はこの「秘訣」には賛成でも反対でもあります。チームの面々が自分たちとは無

関係な有害な「人間ドラマ」に徒（いたずら）に巻き込まれたりすれば、気を散らされてストレスを溜め、参ってしまう、という見方は正しいと思います。たとえばあなたの管理する技術チームのメンバーは、顧客サービス部門で発生した人間関係のトラブルには別に関わらなくてもよいはずです。私自身はこれまでずっと、周囲の一切合切が「大炎上」しているような状況でも自分のチームだけは順調に作業を続けるのを（その「大炎上」に対する心配や同情や苛立ちは混じっていたものの）誇らしく思いながら見守ってきました。この文脈で覚えておくと役立つコツは「自分たちが影響力を行使して変えられる事柄になら焦点を当てられるし当てるべきだ。自分たちに変えられない事柄は無視しよう」です。職場での人間関係のトラブルは、通常、エゴイストを喜ばせ、周囲の者を消耗させる要因でしかありません。

　というわけで、そう、気の散る要因から自分のチームを守る「盾」となるのは管理者にとってはたしかに大切なことです。別の言い方をするなら「チームの面々を支援して、成功のカギとなる重要な目標を理解させ、その目標に焦点を絞らせることが大切」なのです。とはいえ「自分はあらゆるものからチームを守る盾になれるし、そうなるべきだ」とまで思い込むのは非現実的です。時には「ストレスの素（もと）」をあえて部分的にチーム内に入れてしまったほうが良い場合もあります。その狙いはもちろん皆をストレスで参らせることではなく、今取り組んでいる対象に関わるコンテクスト（状況）を理解してもらうことです。「盾」の信奉者はとかくこう考えがちです——「チームに焦点を絞らせ、モチベーションを高める上でもっとも効果的なのはチームに明確な目標を提示すること」。しかしそうした目標が**なぜ**設定されたのかや、それによってチームが今どのような問題を解消しようとしているのか、といったコンテクストを知りたいのが人情でしょう。たとえば11月に運用上の問題点を解決しなければならず特定のシステムが正常に稼働しないことが見込まれる場合、チームは当然その影響を把握しておくべきです。こうした「しかるべきコンテクストの把握」は、どこにどのように注力するべきかについてチームが適切な判断を下すのに役立ちます。そうした判断はすべて管理者が独りで下せばよい、というわけではないのです。

　「管理者はチームの盾たるべし」という秘訣の信奉者が時折犯すもうひとつの誤りは「チーム外の良からぬ動きや出来事を、その存在もひっくるめて全否定してしまう」というものです。たとえば社内の別の部署で一時解雇（レイオフ）が実施されることになり、あなたは「盾」となって自分のチームにそれを知らせまいと頑張りますが、他の誰かからレイオフのことがチームのメンバーに漏れ伝わってしまったとしましょう。この場合、あなたは図らずも「社内でまずい状況が発生したが、どうやら誰もそれを認めた

がらないようだ」とチームの面々を疑心暗鬼にさせるような状況を生み出してしまいました。こうした好ましからぬ動きや出来事にまつわる情報は、明快かつ冷静に伝えれば、妙な噂も立たず、チームへの影響も即座に解消できます。

　管理者は時と場合によってはたしかに「盾」にもなり得ますが、「親」とは違います。にもかかわらず、「盾」と指南役(メンター)を兼ねたような役目を果たしているうちに、自分のチームをまるで親のような目で見るようになってしまう管理者が時にいるのです。チームのメンバーを、まるで弱い子供であるかのように扱って、守り、育(はぐく)み、教え諭(さと)そうとするわけです。しかし**あなたはチームのメンバーの親ではありません**。チームのメンバーはしかるべき敬意をもって対するべき大人なのです。この「敬意」は、あなた自身にとっても部下たちにとっても、精神衛生を保つ上で重要な要素です。部下を自分の小さな分身のように考えて、部下の失策をすべて自分自身のせいにしてしまうとか、部下に対する思い入れが激しすぎて意見の不一致が生じた場合に個人攻撃と受け取ってしまうといった落とし穴にはまらないようにしましょう。

5.4　チームの意思決定を主導するコツ

　チームの意思決定のプロセスでは、管理者はどのような役割を果たすのでしょうか。それをあなたは把握できていますか。あなたのチームにはプロダクトマネージャーがいて、その人がプロダクトロードマップやチームが担当している機能を管理しているかもしれません。また、チームにはおそらく（3章で紹介したような）テックリードもいて、メンバーと共にコードを書きつつプロジェクト管理を行い、完遂すべき作業に気を配っていることでしょう。では技術チームの管理者は、それ以外のどういった職責を果たすべきなのでしょうか。

　管理者の責任は案外重いのです。上述のようにプロダクトマネージャーがプロダクトロードマップを管理し、テックリードが技術的詳細を管理する一方で、チームの管理者は通常そのプロダクトロードマップと技術的詳細に関わる作業を推し進める責任を負っています。ただしこの場合の「責任」は次のような性質のものとなります——「管理者に与えられているのは自ら決定を下す権限ではなく、チームによる意思決定を主導する権限にすぎない。それでいて、そうした意思決定の結果の良し悪しが管理者の能力の判断材料にされてしまう」。

　そこでこのような職責を果たしていく上で有用なコツをいくつか以下に紹介していきます。

「データ重視」の文化を根付かせる

　チームの管理者であるあなたの上に、製品や事業を担当する監督者がいる場合、その監督者には事業や顧客、閲覧者のネット上での行動履歴、潜在需要などに関わるデータを意思決定の判断材料にすることに慣れてもらう必要があります。いや、これに限らず他種のデータも加えていってください。たとえばチームの生産性に関するデータ（機能の完成までの所要時間など）や、品質の測定に関わるデータ（システム障害に対処するために要した時間や、QAで発覚したバグやリリース後に見つかったバグの数など）です。こうした効率に関するデータや技術的なデータは、製品の機能や技術的改変についての意思決定を評価する上で有用です。

顧客に対する共感を深める

　優れたリーダーは、チームを成功に導くために心を砕き、プロジェクトを無事完遂できるチーム作りを目指します。ということはつまり、自社の顧客にとって何が重要かを理解する努力を欠かさないということです。あなたのチームの任務が「外部顧客向けのプログラムの作成」であれ、「エンジニア向けのツールの開発」であれ、あるいは支援業務であれ、あなたが管理者として出す結果に影響される「顧客」が存在するという構図は同じです。そうした顧客にこそ焦点を当て、時間を割いてそうした顧客への共感を深めることが大切です。というのも、あなたはチームのエンジニアたちにそうした「コンテクスト」を伝える必要があるからです。また、顧客に対する深い共感は「技術的にどの部分が顧客に最大の直接的影響を与えるか」を見きわめる判断材料となり、その部分を明らかにできれば、今度はそれが「自分のチームにどこに注力させるべきか」を見きわめる判断材料になります。

将来を見据える

　管理者は、製品や技術に関しては、「今、ここ」より2歩先に立って考えていく必要があります。たとえばプロダクトロードマップに描かれている今後の展開を把握しておくと、テクニカルロードマップをベースにした管理がやりやすくなります。また、新機能をスムーズに導入できる能力が、技術プロジェクトを支える強みとなるケースは多いものです——たとえば、新規格を組み込めるよう決済システムを改良する能力

とか、よりインタラクティブな体験を構築するためJavaScriptの新しいフレームワークに移行する能力といったものです。まずはプロダクトチームに将来の見通しや可能性を尋ねてみましょう。また、現在構築中のソフトウェアやその運用方法に対する見方を変えてしまう可能性のある新技術を常に把握しておけるよう情報収集の時間も設ける必要があります。

チームの意思決定やプロジェクトの結果を振り返る

プロジェクトのモチベーションを高めるためにチームが採用した仮説や前提が適切なものであったか、プロジェクトが完了した時点で振り返る反省会を開きましょう。たとえば「あのシステムに修正を加えてから、以前より作業がはかどるようになったか」「あの新機能を追加してから、顧客のビヘイビアがプロダクトチームの予測どおりに変わったか」「A/Bテスト（ウェブページの一部や全体に、AとB、2つのパターンを使って、どちらのほうが効果的かを実験するウェブマーケティング法）でどのようなことがわかったか」といった具合です。プロジェクトが完了してしまうと、とかく仮説や前提の真偽の確認を忘れがちですが、管理者の側でもチームの側でもこれを習慣づければ、自分たちの下した意思決定から常に何らかのことを学べます。

プロセスと日程を振り返る

アジャイル開発では2週間程度の反復(イテレーション)が完了するたびに「振り返り（反省会）」を開くのが普通です。良かったもの、悪かったもの、そのどちらでもないものなど、出来事を2つ3つ選び出して詳細に話し合います。アジャイル以外の手法を採用しているチームでも、こうした定期的な反省会は、何らかのパターンを見出したり、意思決定の結果確認を促したりする効果が大きく、非常に有用です。チームのメンバーは作業要件の提示方法に満足しているでしょうか。自分たちが作成しているコードの質に満足しているでしょうか。「振り返り」の手法は、チームが長期にわたって行う数々の意思決定がチームの日々の作業にどう影響しているかをあなたが把握する上で有用です。チームの健全性に関するデータ収集よりは主観性が強くなりますが、チームの面々が気づいて苦しんだり喜んだりしている事柄に光を当てられるため、（議論の余地はあるものの、ほぼ間違いなく）種々の客観的な計測結果より有効です。

5.5　すごい上司、ひどい上司──「対立を何とか手なずけられる上司」と「対立を避けて通りたがる上司」

　Aさんのチームは大規模なシステムの改変作業に追われ、毎日くたくたです。にもかかわらずチームのメンバーのひとりであるBさんがもう何ヵ月も、このシステムに関して自分が企画した特別なプロジェクトにかかりきりで、チームの作業については「お留守」の状態です。当然ながら他のメンバーから「Bさんはチームの作業に貢献していない」という不満の声があがり、それを耳にしたAさんは全員を集めて、作業負荷を減らすためにはどのプロジェクトを中止すべきかで投票をさせます。結果は言うまでもなく「Bさんのプロジェクト」でした。しかし不満の声が上がっていることを一切知らされておらず、きちんとチームに貢献しているとばかり思っていたBさんにとってはまさに寝耳に水でした。

　この、時間に追われてくたくた、というチーム状況の背後には「Aさんは管理者のくせに他チームから皆を守ってくれない」というメンバーたちの思いもあります。Aさんは新しいプロジェクトを頼まれるとなかなか「ノー」と言えません。それでいて、増えてしまった作業負荷を担うのに必要な人員補強を要請してもくれません。Aさんは頭の切れるリーダーで、それは誰もが認めるところですが、対立を解決したり難しい決断を下したりということになると、これがなかなかできないのです。いきおいチームは疲れ果て、作業推進のための優先順位付けにも苦労し、メンバー間の恨みつらみもひとつやふたつではない、という状況に陥っているわけです。

　一方、Cさんのチームも時間に追われる毎日です。おまけにこのチームにも前述の「Bさん」と同じような「厄介なメンバー」がいます（以下、「Dさん」と呼びましょう）。Cさんは現在進行中のプロジェクトに関してDさんが企画した特別なプロジェクトを進めるための時間を与えてもよいとたしかに以前約束はしましたが、当時と今とでは優先順位が変わっており、Dさんの特別なプロジェクトも変更の必要があることは明白です。そこでCさんはDさんとの1対1のミーティングで現在の作業負荷を明示し、今はシステムの改変作業に手を貸してもらわなければならないと説明します。もちろんDさんは不満げですし、Cさんにとってもこの話し合いは愉快なものではありません。それでもCさんはチームの管理者として、一番重要なプロジェクトに焦点を絞るようにしなければなりません。

　Cさんはこの「今担当しているプロジェクトを引き続き推進し完遂することがチームにとって重要」との認識にもとづいて、人員補強を申請する一方、この大規模なプ

ロジェクトを引き受けようと決断したそもそもの理由をチームに説明することも忘れません。さらに、チームメンバーと共に作業の優先順位を決め、どのような技術を使うかについて意見が割れた際も、「選択肢を提示して、意見や情報などフィードバックを募る」という手法で意見の取りまとめを図ります。こんなＣさんをチームの面々は「手強いが公平無私な上司」と評します。そういう上司を頂いたこのチームは、意見の対立こそもちろん皆無ではないものの、おかげで難局を乗り切り、共同作業をスムーズに進めていかれます。

　こうして描き出してみると見えてくるのが「Ａさんはチーム内の葛藤に手こずりがちだが、Ｃさんは何とか管理できている」という構図です。Ａさんの「民主的な」やり方は一見強力なチーム作りを促すようにも思えますが、Ａさんは「ノー」と言うのが下手な上に、どんな意思決定に対しても責任を負おうとしません。ということはつまり、Ａさんのチームには常に安心感や安定感が欠けている、ということです。Ａさんがチームを率いているのではなく、チームの舵取りをチーム全体に任せてしまっているので、次に何が起こるのか予測もつかないのです。

　始終、些細なことで口論をしたり意見が対立したりするチームを率いていくのは容易なことではありませんし、しかるべき結果もなかなか出せないかもしれません。ただ、「わざとらしい仲の良さ」という状況もあり得ます。対立を避けて通りたがる上司は「納得の行くレベルでチームが十分機能していかれる職場環境」よりも「仲の良さ」を優先しがちなのです。しかしたとえ意見が対立しても何とか取りまとめられる比較的安定した環境を作り出すほうが、意見の相違などまったくないふりをするのより、はるかにましです。

対立を解決しようとする際の「べし・べからず集」

- **「コンセンサス（複数の人による意見の一致）や投票結果に従って決定を下すという方法だけに頼ってはならない**——コンセンサスというと道義的に信頼のおける方法のようにも思えますが、「投票者全員が公明正大で、この投票で生じる種々の結果に対して投票者全員がまったく同等の利害関係にあり、なおかつこの投票のコンテクストに関する投票者全員の理解度が同レベルである」という前提条件が満たされなければ真に道義的に信頼のおける方法とはなり得ません。チームのメンバーの間では専門知識も果たすべき役割も異なりますから、こんな条件を満たすのはほぼ無理な話でしょう。前掲の例のうち「ひどい上司」

のAさんのチームがBさんのプロジェクトの中止を決定した際のように、「コンセンサス」が大変むごいものとなる場合もあります。チームの管理者が自ら部下にプロジェクトの中止を告げる責任を引き受けず、悲惨な結果しか出ないことを承知でチームに投票をさせるなど、あってはなりません。

- **意思決定から個人的要素を排除するための明確なプロセスを確立する**——チームに意思決定を委ねられるようにしたければ、投票者たちが事前にその意思決定に関する評価を行うための明確な基準を用意しておくべきです。まずは投票の目標やリスクを、（質問に回答してもらうなどの形式で）全員に理解してもらう手順を考えてみてください。管理者が自分以外のチームメンバーに決断を委ねる場合には、チームのどのメンバーにフィードバックを仰ぐべきかと、決定の内容や計画を誰に知らせるべきかを明示しましょう。

- **「爆発寸前」の問題に見て見ぬふりをしてはならない**——対立を避けて通りたがる上司には、手遅れになるまで問題に対処しようとしない傾向も見られます。上司が部下に勤務評価の段階ですでに批判的なフィードバックを与えていたとしたら、自分の失策に無自覚だった部下が「問題爆発」で驚愕、のような事態も起こらないはずです。勤務評価の要約を作成するまで管理者が微妙な点を見落とすのはやむを得ないとしても、管理者は部下の仕事ぶりに大きな問題があることに気づいたら、その場ですぐその部下に指摘するべきなのです。そうした大きな問題に管理者自身も気づかずにいたが、勤務評価で数人のチームメイトのフィードバックを読んで初めて知った、というのは良い兆候と言えません。これは管理者の目配りが足りないこと、また、部下との1-1でチームのメンバー間の問題を持ち出せる雰囲気を作れていないことの表れかもしれません。

- **本当に対処を要する問題だけを取り上げる**——「人間関係のちょっとした摩擦」と「チームの効率低下を招くほど深刻な問題」は明確に区別しなければなりません。チームの面々が不満をため込まず口にできるような雰囲気作りももちろん必要ですが、それと「メンバー間の重大な問題に気づき、対処すること」とは別物です。管理者はしっかり判断力を働かせて、対処すべき事柄とあえて問題視しなくてもよい事柄とを見きわめなくてはなりません。まずはこんな具合に自問してみることです——「これは今も続いている問題なのか」「私自身も気づいていた問題か」「チームの多くのメンバーがもてあましている問題か」「背後で権力闘争や偏見が影響していないか」。ここでの狙いは「チームの効率低下の元凶となっている問題を突き止め、それを解決すること」であって、「管理者

がチームのセラピストになること」ではないのです。

- **他チームへの責任転嫁は禁物**——皮肉な話ですが、対立を避けて通りたがる上司は他チームが絡む状況では逆にわざわざ対立の種を探し出そうとする傾向があります。自分のチームへの思い入れが非常に強く、「外からの脅威」と感じられる事柄に対しては攻撃的な反応を示すのです。たとえば複数のチームが関わるゴタゴタのような問題が起きると「ガキ大将」と化して、「うちのチームは不当な扱いを受けている」とか「あっちのチームがいけない」とか言い出します。時に上司のこうした振る舞いが、実は自分のチームに対する屈折した思いの表れである場合もあります。現に私の友人もこんな風に言っていたことがあります——「うちのチーム、長所や功績が9割、改良点が1割だったんだけどね、もし改良点を指摘したら、全体としてはうまく行ってるってことが伝わらなくなると思って、結局ほかのチームに責任をかぶせちゃった。うちのチームだけが悪いんじゃないってことを、チームのみんなにも外にも何とか納得してもらう必要があったのよ」

- **誰しも人に好かれたいのはやまやまだが、管理者は「優しさ」よりも「親切」を旨とすべし**——人に好かれるには「優しい人」の印象作りが大事、目標は「優しさ」だ、と考える人は少なくありません。しかし管理者が目指すべきは「優しさ」よりもむしろ「親切」でしょう。「優しさ」は他人と知人の別なく皆とうまくやって行くための心配り、つまり世渡りには欠かせない社会常識です。たとえば「お願いします」や「ありがとう」など挨拶を忘れないとか、ビルの入り口で、あとから荷物で両手の塞がった人やベビーカーを押している人が来たらドアを押さえていてあげるとか、「ごきげんいかが？」と訊かれたら「今、虫の居所が悪いんだから放っといてよ」ではなく「元気です」と答える、といった例があげられます。このように「優しさ」は普段の何気ないやり取りでは効果的ですが、管理者が職場でもつ人間関係はもっと深いものですから、親切であること、つまり相手の身になり思いやりをもって尽くすことのほうが大切です。「昇進にはまだ早い」と判断した部下にははっきりそう告げて、その部下がさらなる研鑽を積むのを支援するのが「親切」というものでしょう。逆に、「昇進できるかも」と調子のいいことを言ってけしかけ、あとは部下の失敗を「高みの見物」ではあまりにも薄情です。あるいは、部下の言動で会議が混乱したと感じたら、すぐに注意してあげるのが「親切」です。気詰まりで言いにくくはありますが、こうした「やりにくい会話」も管理者の務めのひとつなのです。

- **恐れずに勇気を出して**——対立を避けたい気持ちは往々にして恐怖心から生まれてきます。「意思決定の責任を負うのが恐ろしい」「口うるさい上司だと思われたらどうしよう」「部下に耳の痛いフィードバックを与えて辞められてしまったら困る」「嫌われてしまうかも」「ここで一か八かやって失敗したら」といった恐れです。中には、誰もが感じるような当然の恐怖心もあるのですし、対立の結果を見越して敏感に反応する、というのは賢明な資質とも言えます。
- **我が身を振り返る**——対立を恐れる気持ちを克服する最良の秘訣は「自分の言動を顧みる」というものです。「俺が意思決定を皆に任せたのは優秀なチームだから？ それとも、賛同者が少なくても、あえて必要な決断を下し、それが原因で皆の不評を買ったらどうしようと恐れてるから？」「彼女とこの問題を解決することを私が避け続けてるのは、彼女に協調性がなくてやりにくいから？ それとも何もしなくても多分そのうち自然に解決すると期待してるから？ っていうのも、彼女と話し合うのはやっぱり気が重いし、私が間違ってる可能性もあるから？」「彼に注意しなくちゃいけないのに先延ばしにしてるのは、あのミスが毎度のことじゃなく、たまたまあの日、彼に運がなかっただけだからか。それとも、注意なんかしたら、うるさい上司と煙たがられる恐れがあるから？」。このようにして常に我が身を振り返るよう努めていれば、不必要に波風を立てることもないはずです。

5.6　やりにくい仕事——「チームの結束を乱す人」への対処

　しかるべき成果を上げられるチームを育て上げるのに不可欠な目標のひとつが「楽しく気持ち良く共同作業ができるチーム作り」です。私はかつて、技術チームの結束度を測る、こんなテストを教えてもらったことがあります——「管理者のあなたが、夜、チームのみんなの帰り際に宅配ピザを取ってあげたら、みんな仲良く食べて帰る？ それとも手も付けずにさっさと帰っちゃう？」

　この問いに対して私はこんな風に答え、お茶を濁してきました——「何かしら義務や責任があって毎日決まった時刻に退社しなければならない部下であっても、喜んで食べ、楽しくしゃべっていく部下であっても、チームへの思い入れの度合いはさして変わらない」。ただ、もっと広い視点に立てば、もっとましな答えをすることができる

でしょう——「結束力のあるチームには得てして仲間意識があるもので、ジョークを飛ばし合ったり、一緒にお茶やランチに行ったりして仲良くやっている。オフィスを出れば、果たさなければならない義務や、情熱を注いでいる趣味や活動もあるだろうが、だからといって自分のチームを、日々脱兎のごとく逃げ出さなければならない場所と見なしているわけでもない」

　ここで管理者が目指すべきは「心理的安全性」です。これは心理学用語ですが、つまりは、この仲間の前でならリスクを冒そうがミスをしようが平気、と思えるようなチームを作るべきだということです。こうした感覚が土台となって優れたチームが育っていくわけです。まず「やがては心理的安全性が生まれてくるような打ち解けた雰囲気を作り出すこと」から始めましょう。そのために効果的なのは、チームのひとりひとりを生きた人間として理解しようと努める、具体的には、職場の外での暮らしや興味の対象について尋ねてみたりするといった工夫です。相手がこだわりなく話せることを聞かせてもらえばよいのです。「お子さんのバースデイパーティー、どんな具合でした？」「スキー旅行、どうだった？」「マラソンのトレーニング、うまく行ってる？」といった具合です。単なる無駄話とは違います。チームに対する親近感を育む効果や、「組織の歯車のひとつ」ではなく一個のれっきとした人間だという意識を自他ともに強める効果のある会話なのです。

　こうして各メンバーがチームにもっと親近感をもつよう管理者が努力を払うだけでなく、そもそもチームに馴染みやすそうな人材を採用することも必要です。企業の間では「うちの社風に合った人材を」という声が聞かれますが、これは多くの場合、「既存のメンバーが今後、共に心置きなくやっていかれる人材を」という希望の表明にほかなりません。これが差別などの好ましくない事態を招いてしまう可能性もないわけではありませんが、こうした発言の元来の動機にはうなずけるところがあります。人間関係が良好なチームは雰囲気も明るく、結束力も強まりやすく、しかるべき成果を上げられる可能性も高いのです。第一、大嫌いなメンバーばかりのチームで毎日顔を突き合わせて働きたいと思う人がいるでしょうか。

　「チームの結束を乱す人」が要注意なのは、以上のような理由があるからです。この手の社員はほぼ例外なく、チームの他のメンバーの「心理的安全性」を脅かすような言動をします。私たち経営サイドの人間がこの手の部下を「有害」と見なすのは、周囲の他のメンバーの足を引っ張る傾向があるからです。そのため管理者にとっては「チームの結束を乱す人」に迅速に対処することが、外せないツボのひとつとなるわけです。

ブリリアントジャーク

「有害な社員」の第1のバリエーションは「ブリリアントジャーク」です。先述のとおり、エンジニアとしては非常に有能なのですが、ひどく自己中心的で、周囲の人全員に恐れと嫌悪の入り混じった気持ちを抱かせると言っても過言ではありません。厄介なのは、あまりにも長い間その抜きん出た技術力を褒めそやされてきたため、その栄光に、まるで救命ボートに対してするように、しがみついている点です。「世の中には超一流の知性や生産性以外にもすばらしいものがある」ということが認められないのです。そうした考えは、この世での自分の立ち位置を危うくする恐るべき構図としてしか映りません。いきおい、「ブリリアントジャーク」は知性を振りかざして同僚や部下をいびり、辛辣な物言いで反対意見を斬り捨て、自分に太刀打ちするなど到底無理と見なした同僚や部下には目もくれず（あるいは大っぴらに鬱憤晴らしの標的にする）といった行動に出るわけです。

最近では大抵の企業や組織が「ブリリアントジャークのような存在は許さない」という姿勢を打ち出すようになりましたが、現実にはそんな風には行かないと私自身は見ています。部下のひとりがブリリアントジャークで、周囲の者の意欲を削ぐような不快な存在であるとしても、管理者にとって、バリバリ仕事をしてすばらしい成果を上げている部下を辞めさせる理由を見つけ、経営陣を説得するのは至難の業なのです（この部下がブリリアントジャークぶりを発揮する時期や期間が一定していない場合はとくにそうです）。そこで管理者は「ブリリアントジャークはどの程度までなら許容範囲か」などと繰り返し自問しては、問題の部下のクビを切れずにいることを正当化しようとします。仮に管理者が問題の部下に注意を与えたとしても、当座は多少ましに振る舞うようになるものの、しばらくすればかえって悪化するのが落ちです。

こうした「ブリリアントジャーク症候群」を回避する最良の策は「初めからそういう人は雇わない」です。いったん雇ってしまうと、いざクビを切ろうとする段になって、経営陣の説得に並々ならぬ苦労を強いられます。幸い、自分から辞めていってくれるブリリアントジャークが少なくありません。というのも、管理者は、たとえこういう連中のクビを切ってのける根性（ガッツ）がなくても、昇進を認めてやるほどバカではないからです。そうでしょう？　まあ、そうだと期待することにしましょう。

万一、チームの一員としてブリリアントジャークを抱え込んでしまった管理者は、心を強くしっかりもたなくてはいけません。どんなフィードバックにも楯突いてくる、と覚悟しておく必要があります。管理者にとってもブリリアントジャーク本人に

とっても容易な状況ではありません。厄介なのは、自分の言動に問題があることを本人が自覚していなければ改めるはずがない、という点です。たとえ管理者が「私なら自覚させてあげられる」と思っても、おそらく無理でしょう。ありったけの証拠を並べたとしても、変わることを望んでいない人を変えるのは土台無理なのです。

　管理者がチームのためにできる最良のブリリアントジャーク対策は「好ましくない言動は、断固、公然と拒否する」です。これは管理者としての心得「褒めるのは人前で、叱るのは1対1で」の数少ない例外だと思います。ブリリアントジャークが、明らかにチームに悪影響が及ぶ形で、チームの他のメンバーにまねてほしくない（と管理者が思うような）ひどい言動をしたら、管理者はその場でただちに注意し、チームのメンバーが守るべき基準を明示すべきです。「仲間にそんな話し方をしないでください。失礼です」。ただしこうして皆の前で注意するのは危険な「綱渡り」的行動ですから、管理者は極力冷静に対処しなければなりません。感情的になっていると見られたら、こちらの立場が悪くなりかねません。「感情的な管理者のフィードバックなんて、どうせ感情的なものさ」と斬り捨てられたり、「私ばかり標的にしていびってる」と反撃されたりするのが落ちです。ですから相手が問題行動をした直後に、その場で、かつ皆の前で注意をするのであれば、あくまで冷静に対応しなければなりません。ただし留意すべきなのは「この手法は、ブリリアントジャークの言動がチーム全体に有害であると判断された場合にしか使えない」という点です。ブリリアントジャークの有害な言動が管理者個人に対するものであれば、1対1で話し合うべきです。管理者として最優先しなければならないのは「チーム全体を守ること」、次に優先するべきなのが「チームの各メンバーを守ること」、そして最後が「管理者自身を守ること」です。

秘密主義者

　ブリリアントジャークと同様によくいるチームの問題児が「秘密主義者」、つまり、管理者やチームメイト、プロダクトマネージャーに隠し事をする人です。具体的には、自分が企画した「すばらしい」プロジェクトを秘密裏に進め、完成したところで披露する、チームメイトが手を加えたコードを無断で元の状態に戻してしまう、仲間の作業を横取りして完成させてしまう、コードをレビューされるのをいやがる、大きなプロジェクトのデザインを引き受けておきながらそのレビューを頼まない、といった行動をします。

　これにはチームの誰もが不快な思いをさせられます。管理者はこうした情報隠しの

行動を、極力小さな芽のうちに摘んでしまわなければなりません。必要なら「あなたは期待されている職務をこなせていない」と明言して構いません。往々にしてこうした情報隠しの行動の根元には恐怖心が隠れています。たとえば、力不足がばれることへの恐れや、興味のない作業を割り振られることへの恐れです。時には「自分はもっと責任ある仕事を任されるべき人間だ」という本音や、尊敬できない上司に対する思いが、秘密裏の行動という形を取っている場合もあります。理由はどうあれ、他のメンバーとの協力ができていないのですから、チームの結束を乱していることに変わりはありません。また、「自分の作業に関する情報をチームメイトと共有するのが不安だ」というこの手の問題社員の姿勢を、他のメンバーがまねてしまうケースも少なくありません。

　可能であれば、情報隠しという行動の根っこにどんな理由があるのかを探ってみてください。たとえば「秘密主義者」が批判されることを恐れているようなら、「うちのチームのレビュー等のやり方が辛辣すぎるのだろうか」「うちのチームの『心理的安全性』はどの程度だろうか」「多分このメンバーの学歴やスキルセットが違うせいで、他のメンバーがよそ者扱いしてるのかもしれない」などと自問してみるのです。もしもチームがこのメンバーを拒否しているのであれば、チームに態度を改めさせるべきなのか、それとも問題のメンバーを他チームへ配置転換すべきなのか、天秤にかけてみる必要があるでしょう。他チームへの異動が一番思いやりのある措置となるケースもあれば、チームの文化を改善し、新入りを歓迎しない風潮を改めるよう皆で努めるのが最善の策となるケースもあります。

無礼者

　第3の「有害な社員」は無礼者、つまり管理者やチームメイトに敬意を払おうとしない人です。この手の部下は扱いが難しい場合もあり、管理者であるあなた自身が上司の応援を仰ぐ必要があるかもしれませんが、あなたが自分だけで解決できれば、管理者として有望な資質があると見てよいでしょう。そもそも尊敬できない管理者やチームメイトと一緒に働いていること自体が謎です。本当にこのチームで働きたいのか訊いてみてください。答えが「働きたい」であれば、管理者として部下に望むこと（この場合は礼儀や敬意）を明確かつ冷静に説明してあげましょう。「働きたくない」であれば、他チームへの異動か退社のための手続きを始めればよいのです。

　それだけ？　そう、これだけです。管理者は自分やチームメイトに敬意を払おうと

しない部下を放置するべきではありません。こんな風に上司に敬意を払わなくても許されるのか、と他のメンバーが首を傾げるようになり、チームの結束が徐々に乱れてくる恐れもあります。好ましくない芽は早く摘み取れば摘み取るほど、悪影響も小さく抑えられます。

5.7　管理者が担当するべき、より専門的なプロジェクト管理

　技術系の管理者には、チームのスケジュールの立案の支援という職務があります。しかし部課や全社など、より大きな規模で四半期なり年間なりの計画が立てられる際には、管理者はまた別種の職務を果たさなければなりません。たとえば自分のチームが特定のプロジェクトをこなせるか否かや、そうしたプロジェクトの所要作業量がどの程度か、その作業をこなせるレベルのメンバーが十分揃っているか、といった見積もりを求められるのです。加えて、現在担当している仕事以外にも旧システムのサポートを引き受けられないかとか、もしも新構想の支援を担当するなら新規に何人採用する必要があるかなどと尋ねられることもあります。しかも会社は管理者に、その場での手早い「即席」の見積もりと、具体的なプロジェクト計画の立案の両方をこなせることを期待しています。

　チームレベルのプロジェクト管理については「3章 テックリード」で概要を紹介しました。ここではもう少し掘り下げて、チームの管理者が果たす、より「上級の」プロジェクト管理を考えてみます。チームのプロジェクトの計画立案は、一部分をテックリードに任せるものの、管理者が指導や助言を行ったり自分でも一部をこなしたりと、関与は必須です。その作業に加えて、管理者はチームが引き受けるプロジェクトの選択と決定もしなければならないでしょうし、（アジャイル型開発手法で立案、反復するものも含めて）作業完遂の所要日数の大まかな見積もりも要請される場合があります。

管理者が担当すべき、より専門的なプロジェクト管理の経験則

　管理者はチームの作業負荷を適宜調整するために、チームのリズムやペースを十二分に把握している必要がありますが、幸い有用な「近道」がありますから、それを紹介しておきましょう。常に頭に入れておくと役に立つ経験則です。

アジャイル型開発手法を適用すべき場面はチーム主導で

まずはっきりさせておきたい点があります——私は何も「ウォーターフォール型の開発手法を採用して、どのプロジェクトも最初から詳細に計画を立てるべきだ」などと言っているのではない、という点です。ただ、大抵のチームで、全体的、長期的な目標と、そうした目標を達成するための短期目標とを立てているはずです。このうち短期目標の詳細を計画する際には、作業の分割や大まかな見積もりをチームの面々が共同で行うアジャイル型手法が大変有効です。日々の作業が円滑に進むスケジュールが立てられるのです。チームの管理者はこの立案プロセスを混乱させたり横取りしてしまったりすることのないよう注意しなければなりません。管理者が担うべきなのはより大局的な職務で、それは作業の進捗状況を週単位ではなく月単位で管理することです。まさにこのレベルでの立案を、新任の管理者は初めて担当するわけです。

「一定レベルの生産性が見込める週」は、1四半期、エンジニア1名当たり10週

1年間を週に換算すると52週、1四半期当たりでは13週になります。しかし現実には、それだけの時間を丸々作業に使えるわけではありません。休暇、会議、レビューや勤務評価、機器等の機能休止、新人研修などで、集中的に作業できない時間を差し引かなければならないからです。したがってチームのメンバー1名が1四半期に主要なプロジェクトに集中的に取り組める時間はせいぜい10週と考えてください。一般に、生産性がもっとも高いのは（米国では）第1四半期（クリスマスから年末までの冬休暇の直後に始まる四半期）、もっとも低いのは第4四半期（クリスマスから年末までの冬休暇を含む四半期）です。

「システムの持続可能性維持作業」には2割を

「システムの持続可能性維持作業」とは具体的には、テスト、デバッグ、レガシーコードの改善、他言語への移植、プラットフォームバージョンの更新など、システム全体の維持に不可欠な作業のことです。この作業に利用可能時間の2割を充て、これを習慣化すれば、中規模のレガシーコードなら四半期ごとに一部分でもかなり改善できるはずです。こうしてレガシーコードの改善を常時続けていくと、そのシステムでの作業が常にスムーズに運び、おかげで新機能を作成、追加する作業もはかどります。それに万一、機能の開発で予想外の遅れが出た場合などに、この2割の時間を急遽振り分けることも可能です。利用可能時間のすべてを機能の開発に充てたスケジュール

にしてしまうと、ゆくゆくはシステムの老朽化で新機能等の開発速度が急速に落ち込むといった事態も覚悟しなければならなくなります。

納期間近での管理者の務めは「ノー」と言うこと

　管理者自身が設定した期日であれ、上層部から命じられた期日であれ、とにかく納期のないプロジェクトなどないと言ってもよいでしょう。そして納期を守る唯一の方法が「土壇場で範囲を狭める」というものです。つまりチームを率いる管理者が、テックリードやプロダクトリード、顧客担当者と協力して、「期限内に完成させなければならない項目」のうち、どれなら外せるかを検討するわけです。その際、管理者は必要なら上に対しても下に対しても「ノー」と言わなければなりません。自分の技術チームが「この新機能を実装するには、また別の技術的作業が必須」と言ってきたら、力技を使ってでも期限内に実装するべきなのか、たとえ納期を延長してでも正攻法で実装するべきなのか、管理者は見きわめなければなりません。機能の中には技術的に相当複雑な実装作業が必要なものもあり、その場合管理者はチームの構想を実現するのにかかるコストを提示しつつ、「本当に期限内に完成させなければならないもの」をチームと共に厳選しなければなりません。いざとなったら管理者自身が「現実的に何なら実装可能なのか」「すべてを完成させるにはあとどのくらい時間が必要なのか」の選択肢をチームに提示することもあり得ます。

即席の見積もりには「倍増ルール」を適用し、長期的作業の見積もりには立案のための時間を要求する

　ソフトウェアの見積もりでよく使われる「倍増ルール」は、「見積もりを頼まれたら、概算し、その結果の倍の数字を提示する」というものです。ただしこれは「即席」の見積もりに有効なルールであって、2週間を超えそうな長期的なプロジェクトの場合は、一応倍増ルールで出した数字を提示はするものの、「この数字の妥当性を確認するためには具体的に計画を立てることも必要で、そのための時間が欲しい」と要求するべきです。長期にわたるプロジェクトでは、当初の大ざっぱな見積もりの倍以上の時間がかかる時もあるので、大規模で未知の要素の多いプロジェクトを実際にチームに任せる前に、時間を割いて慎重に計画を練る価値はあるのです。

チームメンバーに見積もりを頼むなら厳選して

　見積もりと計画立案の過程で管理者が果たす役割の重要性を私が強調するのは、ひ

とつには「管理者がプロジェクトに関する見積もりを手当たり次第に命じたりすればチームの面々は気を散らされてストレスが溜まってしまうから」です。管理者には不確定要素を見据え、それに関してチームにどこまで知らせたらよいのか判断する責任があります。自分のチームと社内の他部門との間にどっかり腰を下ろしてメッセージを取り次ぐだけの「電話線」になり、担当中の重要な作業でそれでなくても大忙しのメンバーの気を散らす、などということのないよう注意しましょう。だからといって管理者が見積もりを全部一手に引き受けて勝手にやってしまう「ブラックボックス化」も困り物です。チームで新機能や顧客の苦情について話し合うためのルールや手順をあらかじめ決めておき、その枠外のものに関する見積もりは厳選した上でメンバーに依頼するようにしましょう。

> **CTOに訊け** 小さなチームの新来の管理者になったのですが。
>
> **Q** 5人のエンジニアから成る小規模なチームの管理者として雇われた者です。管理者の職務はすでに他の複数の会社で経験済みですが、転職先では当然ながら組織もチームもシステム環境も初めてのものばかりです。そこで、最初の2、3週間の心構えを教えてもらえませんか。
>
> **A** 既存の小さなチームの管理者としてに新たに加わるというのは、なかなか大変なことです。ソフトウェアエンジニアから管理者に昇進して管理者としての仕事と技術的な仕事のバランス取りを図るのと、新来の管理者としてチームのことや対象のコードのことを1から覚えるのとではまるで話が違います。
>
> チームのメンバーを極力煩わせずにコードや作業を把握するためのコツが2、3あります。まずは「誰か適任者を見つけて、システムとアーキテクチャ、テストとリリースの手順を詳しく説明してもらう」というものです。あるいは、新来の開発者がコードを精査したりシステムをデプロイしたりする方法を知るための研修プロセスが用意されているのであれば、それを活用してください。きちんと時間を取ってコードベースを必要なレベルまで把握し、コードレビューやプルリクエスト（開発者のローカルでの変更を、他の開発者に通知する機能）があればそれにも目を通しておきましょう。
>
> 最初の2ヵ月間は、最低でも2つの機能に関する作業ができるよう計画して

ください。すでに仕様書のある機能に何かを加える作業でもよいでしょう。あるいは、エンジニアのひとりとペアを組んでもらい、その人が担当している機能に関する作業に加わるのでも、あなたが新規に担当する機能の作業を共に進めてもらうのでもよいでしょう。完成したコードはチームのメンバーのひとりにレビューしてもらいましょう。また、リリース作業も経験し、さらに（チームの担当職務のひとつがシステムのサポートであれば）最低でも 2、3 日はローテーションをこなす必要があります。

新来の管理者として社内で果たすべき職責も同時並行で覚えなければなりませんから、こうした研修作業はなかなかはかどらないと見てよいでしょう。しかしゆっくりじっくり進める価値は大いにあります。コードと、コードを書くプロセス、そしてチームが毎日使っているツールとシステムをきちんと把握することで、チームの管理に必要な知識や情報を仕入れられる上に、皆から有能なリーダーと認められる上で必須の技術的信頼性を身につけられるからです。

5.8　自己診断用の質問リスト

この章で解説した「チームの管理」について、以下にあげる質問リストで自己診断をしてみましょう。

- チームの管理者になった人が新たに担う職責とは？　あなたがそうした職責を果たす時間を捻出するために、やめてしまった作業やチームの他のメンバーに譲った作業には、どのようなものがありますか。
- あなたのチームがコードの作成やデプロイ、サポートに関連して日々直面している課題を、あなたはどの程度把握できていると思いますか。
- あなたのチームが「作業完了」を報告する頻度は？
- あなたが最後に、機能を作成したり、デバッグしたり、あるいはコードの作成に手こずっているメンバーとペアを組んであげたりしたのはいつのことですか。
- チームにひどく好ましくない影響を与えるメンバーがいますか。「いる」と答えた人にお尋ねします——そうしたメンバーの起こした問題を解決して作業を進展させるために、あなたが考えている計画は？
- あなたのチームの人間関係はうまく行っていますか。ミーティングは和やかな

雰囲気で進められていますか。おしゃべりをしたりジョークを飛ばし合ったりすることがありますか。お茶やランチを共にすることがありますか。最後に皆で集まって仕事以外の話をしたのはいつのことですか。
- あなたのチームの意思決定の方法は？　意思決定を特定のメンバーに委ねる場合のルールや手順はありますか。管理者であるあなた自身が責任をもって下す意思決定にはどのようなものがありますか。
- プロジェクトが完了した時点でレビューを行い、目標を果たせたかどうかの確認をあなたが最後にしたのはいつですか。
- 現在進行中のプロジェクトをチームが担当している理由を、あなたのチームはどの程度理解できていますか。
- あなたが最後にプロジェクトの範囲を削ったのはいつですか。どこを削るかを決める際、何を判断材料にしましたか。

6章
複数チームの管理

　この章では複数のチームの管理について解説します。「管理者たちの管理」よりも先に「複数のチームの管理」に焦点を当てる理由は「この2つの仕事に関連性はあるが、必ずしも同時に行うとは限らないから」です。ともかくあなたの下には直属のテックリードが少なくとも3、4人はいて、そのテックリードが各自のチームの作業をきちんと把握するための支援をあなたが同時並行で進めているはずです。このことが示唆するのは、ある重要な状況——つまり「あなたはもう（プロダクション）コードをあまり（あるいはまったく）書いていない」という状況です。

　私が前職で（パーティードレスのレンタルサイト「レント・ザ・ランウェイ（Rent the Runway: RTR）」のCEOとして）エンジニアの肩書きと職務内容を規定した際、エンジニアが複数の大きなチームの管理を初体験する職位は大抵「技術部長（director of engineering）」でした。その「技術部長」の職務記述書の一部を以下に紹介しましょう。

　技術部長は技術チームの重要な職務に関する責任を担い、通常、複数の製品分野または複数の技術部署のエンジニアを統率する。テックリードにとっても、部下をもたないエンジニアにとっても、この技術部長が直属の上司となる。

　技術部長にとって日常レベルでコードの作成作業に携わることは職務上の義務ではないが、全社レベルの技術力を維持、強化する責任を負っており、必要に応じて研修や人材採用によりチームの技術力を強化するものとする。技術部長は優れた技術的経歴と実績をもつ者が務めるべきであり、執務時間の一部を充てて最新技術に関する調査を行い、IT業界の最新動向を常時把握する。また、技術部

長はデバッグや問題を抱えたシステムのトリアージ（優先度付け）を支援し、監督するシステムについては、必要に応じてコードレビューや問題の調査の支援ができるほど十分に理解していなければならない。アーキテクチャとデザインに関わる作業には、主として、チームのエンジニアに事業や製品についての質問を投げかける「事情に明るいベテラン技術者」として貢献し、チームで作成中のコードが製品や事業のニーズに合致することと、そうしたニーズが増大した場合に適宜システムの規模を拡張できるよう万全を期するものとする。

　技術部長が第一に重視するべきなのは、複雑な成果物が順調に提供されるよう計らうことである。そのため、会社に持続的に価値をもたらし得る技術を生み出すべく、開発およびインフラにおける標準やプロセスを絶えず評価、改善する努力を重ねなければならない。また技術部長はプロセスの評価と反復により良好な結果を迅速に出せる組織を築き上げる責任も負っている。さらに、人材の募集と採用、人員数の管理と計画、全社レベルのキャリアアップと研修も主導するものとする。これに加えて、必要に応じて、ベンダー各社との関係を管理し、予算編成にも参画する。

　技術部長の影響力は、技術部門の複数の領域に及ぶ。技術部門で次世代のリーダーや管理職となり得る人材を発掘、育成し、そうした人材が技術系の職務と管理系の職務をバランス良くこなすコツを習得するのを支援する責任を負う。また、モチベーションが高くひたむきで、大きな成果を効率よくあげられる組織を生み出すことに重点を置き、担当組織で人材維持目標を達成することも求められる。加えて、技術部長は短期的または長期的な、製品または事業に関わる業務と技術的負債や戦略的な技術開発とのバランスを戦略的に取る責任も負っている。

　技術部長は（技術部門と他部門の協働も、技術系の部署間の協働も含む）部門間協力で部下の手本となる有力なリーダーである。この部門間協力の狙いは「ビジネスニーズ、事業効率と収益、根本的な技術革新に関わる取り組みの戦略的、技術的ロードマップを作成すること」である。また、技術部長には優れたコミュニケーション能力が求められる。非技術系の協力者に対しては技術概念を平易な形で説明でき、技術チームに対してはメンバーを鼓舞し主導する形で事業の針路を説明できなければならない。さらに技術部長はRTRの技術に関して良好な社会イメージを生み出し、同社とその事業領域を潜在顧客に売り込む努力も重ねるものとする。

> このように技術部長は幅広く技術部門にも事業推進部門にも関わるため、組織内のすべてのチームの目標設定プロセスを主導する立場にある。事業戦略の点でも、技術面や組織面の質の向上という点でも有用な目標をチームに立てさせる責任を負っているのである。

　私がこの職務記述書(ジョブディスクリプション)でとくに明確にしたかったのは「技術部長はコードを書く作業に必ずしも毎日携わらなくてよい」という点です。複数のチームを直接管理する技術部長にとって、コードを書くのは至難の業だと思うからです。このレベルになると管理者は管理者でも、もはや「作り手」の要素のまったくない「完全な管理者」のものと呼べるスケジュールをこなすようになります。部下との1対1のミーティング（以下、「1-1」）の合間に、エンジニアリングリード（1チーム全体の責任を負う管理者）たちとのミーティングや、各チームによる計画立案のミーティング、製品管理部など他の部署を率いる部長仲間とのミーティングにも出席しなければならず、てんてこ舞いなのです。したがって技術部長は自分のスケジュールを現実的な目で見据えなければなりません。集中してコードを書くためのまとまった時間が取れず、実際に「最低でも週2日は丸々コード書きに充てられる」といった状況にない限り、コードの作成作業ははかどらないと見てよいでしょう。

　幸い、プロダクションコードを大量に書かなくても常に現場の仕事に精通していられるようにするための手段がいくつかあります。たとえば「コードレビューを（少なくとも「副レビュアー」として）引き受ける」という方法で、これにはプログラミングの腕が鈍るのを予防してくれる効果があります。あるいは、現場の仕事をもっとやっていた頃はシステムの構築に関わっていたという人は、そのシステムに関連する作業を今後も続けていくとよいでしょう。チームの大半のメンバーよりも詳細を記憶しているはずですから、今そのシステムの作業を担当しているエンジニアをコードレビューや質問などの形で支援できるはずです。その他、デバッグやプロダクションサポートも非常に有益です。ただ、どのような方法を取るかは、あなた自身のスキルセットを考慮して決めましょう。以前デバッグ作業があまり得意でなかった人が、管理職になってからいきなりバグ関連のインシデントの対応作業を手伝おうとしても、役に立つどころか「お邪魔」になりかねません。むしろ2人で1台のマシンを使って行う「ペアプログラミング」や小規模なバグの処理、ちょっとした機能の作成のほうがよいかもしれません。この手の小規模な作業を無価値なものとして見向きもしない

人は多いのですが、ソフトウェア開発の腕を鈍らせないための方策としても、日々の作業を有意義な形で手伝う気も能力も自分にあることをチームに示す方策としても大変有効です。

　なお、部長職を引き受ける前にたっぷり時間をかけてコードを書く作業を十分経験し、最低でも1種類のプログラミング言語を自在に使いこなせるようになっていないと、コード書きの作業からすっかり「足を洗ってしまう」ことの危険ははるかに大きくなります。私は常々「人を管理する道へと舵を切る前に、まずは十分時間をかけてプログラミングを完全にマスターしましょう」と声を大にして説いています。私自身は学部と大学院も含めて10年ほどかけました。もっと短期間でマスターできる人もいるでしょうが、どうぞ自分の能力を慎重に見定めてください。仮にあなたが最低1種類のプログラミング言語に十分精通しているとして、標準的な開発環境で標準的なフレームワークやライブラリを使い、限られた時間内にその言語の基本を復習すれば、その言語で書かれたコードベースに関わる作業に貢献し、しかるべき成果を上げられると思いますか。ある言語を誰よりも深く理解している人の場合でも、そのスキルはいつの日にか時代遅れになってしまうのが「この業界の定め」ですが、（標準的なツールやライブラリ、ランタイムを自在に操れる能力も含めて）ひとつのプログラミング言語に精通しているというのは、長年にわたって頼みの綱となる「強み」なのです。

　現場での実用に耐える優れた（プログラミング）言語能力を身につけるためには、「その言語を駆使して、しかるべき成果を上げるのがどういうことなのか」を（できればプロダクションソフトウェアを構築しているチームで）自ら体験し、深く理解しなければなりません。こうしてソフトウェア構築のリズムを体得していないと、チームの問題を解決しつつ、常に質の高いソフトウェアをスムーズに作り出せるよう作業を推進するという技術部長としての重要な職務でつまずく恐れがあります。

　最後にもう1点。技術部長になったからにはコードはもうあまり書くつもりがないという人も、最低でも週に半日は（会議などの予定をまったく入れていない自由な）まとまった時間を作り、その一部分でもよいですから何か創造的な活動に使うことを強く推奨します。技術系のブログに書き込みをする、カンファレンスで行う講演の準備をする、オープンソースプロジェクトに参加するといった、創造力を高め、発揮できる活動です。日々スケジュールに追われる多忙な部長クラスは、こうした意識的な努力をしなければ確保するのが難しい時間です。

CTOに訊け　コード書きの仕事が恋しくてたまりません！

Q 私は組織的に複雑で規模の大きなチームを2つ抱え、日々その管理の仕事に忙殺されて、現場の技術的な作業にタッチできずにいますが、コードを書く作業がやりたくてたまりません。これは私が管理職に向いていない印でしょうか。

A 現場のエンジニアから管理職に転じた人はほぼ例外なく「この進路変更は間違いだったんじゃなかろうか？」と自問を重ねる過渡期を経験するものです。おまけに「こんなことしてたら、エンジニアとして身につけた貴重なスキルをすっかり忘れてしまう」と不安に駆られる人も少なくありません。しかしまずは「人やチームの管理なんて仕事じゃない」と思い込んでいないか、自分の心に訊いてみてください。IT業界には「コードを書く仕事のほうが重要だ」として管理の仕事を見下す人が山ほどいます。しかし管理もれっきとした仕事、必須で重要な仕事です。それに何より、それが今のあなたの職務ではありませんか。

コードを書く作業では「クイックウィン（すばやい成果）」をいくつも上げることができます（経験豊富な開発者の場合、とくにそうです）。たとえば、自分の作った機能がテストにパスした、新機能を始動させることができた、ソースプログラムのコンパイルにこぎつけられた、問題を解決できたといった、目に見える成果です。これに対して管理の仕事にはクイックウィンがそうそうありません（新米管理職の場合はとくにそうです）。ですから「技術畑にいた頃はシンプルでよかったなあ、相手といったらコンピュータだけ。ややこしくて面倒な人間様のお世話なんかしなくてよかったんだから」と思うのも無理はないのです。これに似た「昔を懐かしむ気持ち」を、社会人になって大人の日々がどういうものかがわかり始めた頃に、学生時代を振り返って抱きませんでしたか。「学生時代は自由気ままでよかったなあ」と。こうしたノスタルジックな気分に浸ったり、従来身につけてきたものを手放すことに不安を感じたりしても、おかしくはないのです。ただ、今、すべてを同時にやろうとしても土台無理な話です。「できる上司」になるためには管理のスキルを集中的に磨かなければならず、そのためには技術系の作業もあきらめなければなりません。これは「あちらを立てればこちらが立たず」のトレードオフの状況で、あなたはどちらかを選ばざるを得ないのです。

6.1　時間の管理――何はともあれ「重要な仕事」に照準を

　コード書きの時間もひねり出せないほど管理の仕事が山積していると、「皆の気まぐれに振り回されるだけの毎日」を送っているような気がしてくるものです。会議の予定は増える一方――部下との1-1、計画立案のミーティング、現況確認会議(ステータスミーティング)、スタンドアップミーティング（毎朝、立ったまま短時間でチーム管理者に進捗状況を報告する簡単なミーティング）、シットダウンミーティング（ラップトップや雑誌をもって会社のトイレの個室にいること）……戦い、戦い、戦いの日々！

　いや、待ってください。司令室に「戦い」は禁物です！

　こんな人は、今すぐ自分にぴったりの時間管理法を模索しなければいけません。さもないと「日はどんどん過ぎていくのに、皆に示せる成果がほとんど上げられていない」といった事態ともなりかねません。部長としての責務は常に付いて回るものですし、会議に出席する以外にも期限の外せない仕事が山ほどあります。たとえばチームの目標を設定する、直属のプロダクトチームがプロダクトロードマップの詳細を決めるのを支援する、任せられていた仕事をチームが完遂したことを確認する、といった仕事です。とくに最後にあげた「作業完了のフォローアップ」は気をつけないと大幅に時間を取られるハメになって、他の仕事に差し支える恐れがあります。

　時間管理というのは個人的な作業です。中にはきちっと完璧に管理できている人もいて、スケジュールやTO DO（やること）リストを管理する複雑な戦略を編み出し、実践しています。こういう人たちに私は拍手を送りたい。概して私自身はここまで完璧ではありません。ただ、なかなか良いアイデアを提案している本があるので、丸ごと実践しなくてもよいですから参考にしてください。デイヴィッド・アレン著『Getting Things Done[*]』です。

　さしあたりここでは私自身が実践している時間管理のコツを紹介しておきましょう。あなたがどういう作戦を採用するにしても、参考にはなると思います。時間管理の究極のツボ、それは「**重要**と**緊急**の違いを見抜く」です。技術部長の職務の大半は、「重要」と「緊急」で4つの枠に区切った表（**表**6.1）のどれかひとつの枠に分類できるものです。

---

[*]　David Allen, Getting Things Done: The Art of Stress-Free Productivity (New York: Penguin, 2001)（邦訳『全面改訂版　はじめてのGTD　ストレスフリーの整理術』二見書房、2015年）

表 6.1　時間の優先度付け

	緊急ではない	緊急
重要	必須。時間を作る	明らかにやるべき事
重要ではない	明らかに回避するべき事	ついつい注目しがちな「気の散る要因」

　「重要」で「緊急」な仕事なら、すぐやるものです。どんな仕事か、わかりますよね。大規模なシステム障害の復旧支援、期限が明日に迫った勤務評価の要約の作成、期限が2日後で、おまけに他社からもすでにオファーが来ている優良候補へのオファー、といった仕事です。このカテゴリーの仕事をしくじったりすれば、目に見える形で何かを失うのが落ちです。この種の仕事を見逃す可能性はまずないでしょう。

　時間管理が難しくなるのは、重要性の感覚があいまいになり始めるあたりからです。私たちは大抵、「重要性」よりも「緊急性」に強いインパクトを感じるものです。メールを例に取るとわかりやすいので、これを使って説明しましょう。誰しもメールには気を散らされるものです。あの、数字の入った赤い丸が目に入れば、それは「未読の受信がある」という印ですから、すぐに返事をしなければ、とついつい思ってしまいます。しかし「受信したメールに返信すること」が「緊急」なことなど、どの程度の頻度であるでしょうか。メールは時間的に制約のある「緊急」の情報を伝える上ではおそらく最悪の手段なのではないでしょうか。いかにも急を要するような印象を与えるくせに、実は緊急でない。だからこそ、時間管理の秘訣を伝授する本やサイトに、よく「メールのチェックと返信は時刻を決めて」というアドバイスが載っているのです。また、私たちは物事の価値を判断しようとする際に、「明らか」を「緊急」と思い込んでしまう傾向もあります。たとえば、ある会議の予定がスケジュールに書き込んであると、あなたがその時刻にいるべき場所は「明らか」ですが、だからといってその会議が「緊急」であるとは限りませんし、案外この会議を口実にして、自分の時間の有効な活用法を考えるのをサボっているだけかもしれません。

　本当は緊急ではないのに緊急であるかのように感じてしまうものは沢山あります。ニュース、フェイスブック、ツイッターなど、インターネット絡みの多くのものがその好例です。チャットも「緊急」の印象を与えがちではありますが、ひとつの集団の中で真に緊急かつ重要な情報を伝えるのに最悪な手段であることにかけてはメールに引けを取りません。IT業界では通信手段をメールからチャットツールに切り換えている企業があります。こうした措置には良い点も悪い点もありますが、要注意なのは「手段を換えただけで、通信を全廃したわけではないこと」です。言葉も情報もどんど

ん流れ込んで来ることは変わらず、変わったのは届く場所だけ。チャットの場合、情報が絶えず流入して来ますから、気を散らされる度合いはかえって増しているはずです。

　こんな調子でおそらくあなたは「緊急だが多少重要でしかないこと」に時間の多くを費やし、「重要だが緊急ではないこと」をないがしろにしているのではないでしょうか。「重要だが緊急ではないこと」の例をあげると、たとえば「ミーティングで部下を建設的な形で主導できるよう、自他ともに事前の準備を徹底する作業」がこれに当たります。建設的なミーティングを実現させるには「関係者全員が出席すること」が必要であり、短時間で成果の出せるミーティングを良しとする文化を根付かせるには「出席者たちが事前にある程度準備をして会議に臨むこと」が求められます。あなたは複数のチームを管理しているのですから、効率的なミーティングを良しとする文化をチームに植え付ければかなりの時間を確保できます。どのようなものでも構いません、それぞれのケースに適した方法で事前に準備をする責任を出席者に課するのです。議題も前もって提案してもらいましょう。計画の立案であれ、反省会であれ、「プリモータム」（3章参照）であれ、とにかく複数の人が関与する標準的なミーティングには「明確な手順」と「予想される結果」とがあってしかるべきなのです。

　この章で扱っているレベルの管理者とそのすぐ下のレベルの管理者とを比較した場合のおもな相違点のひとつが「前者は自分自身も直属の複数のチームも独力で管理できるだけの腕をもっていると上司から期待される点」です。つまり「重要だが緊急でないこと」が「緊急」になってしまわないうちに――とくに上司にとって「緊急」になってしまわないうちに――先を見越した形で対処できると上司から信頼されているわけです。こうした上司の期待や信頼に応えるために職務を遂行する時間を捻出すべく、スケジュールを管理するコツは、誰かが教えてくれるものではありません。私はこれまで技術部長がひとりならずこの段階でつまずくのを目の当たりにしてきました。多岐にわたる仕事を、巧みにバランスを取りつつ組織的にこなす、ということができなかったのです。

　ちなみにミーティングはこの「緊急だが重要でないこと」のカテゴリーに分類できるので、「自分が出る必要がないことは明らかだ」と思われるミーティングには出席しないことにしても構わないでしょう。ただしこの戦略には、とくに技術部長のレベルでは頼り過ぎないよう注意しなければなりません。チームの作業を順調に進展させ、メンバーのモチベーションを維持する責任はあなたの肩にかかっているのですから、チーム内のすべてのミーティングに出ないことにしてしまうと、問題を早期に察知す

るための手がかりをつかみそこねる恐れがあるのです（問題の代表格が、ほかでもない「退屈なミーティングが多すぎるという状況」ではあるのですが）。ミーティングに出たら、議論に集中しているかどうかチームの面々を観察してください。半数が居眠りをしたり、宙を見つめていたり、スマートホンやラップトップの画面に目が釘付けになっているなどで「お留守」になっていたりしたら、そのミーティングは皆の時間を浪費しているということです。技術部長であるあなたがこうしたチームミーティングに出席する理由のひとつは「チームの人間関係や士気をチェックすること」なのです。うまく行っているチームからは活気や熱意が、うまく行っていないチームややる気を失っているチームからは覇気のなさや倦怠感が感じ取れます。

「重要だが緊急でないこと」に話を戻しましょう。このカテゴリーの上位に入るのが「将来を考える仕事」です。やらねばと思いつつ先延ばしにしてきた課題があなたにもきっとあるはずです。たとえば「新たに募集する職種の職務記述書(ジョブディスクリプション)を作成すること」「人材募集の計画そのものを立てること」「プロジェクトの現行の作業を再検討し、目立った問題がないか確認すること」「共通の問題点への対処法について対立や意見の相違がある相手チームの管理者と話し合うこと」「重要だが、しばらく検討していなかった事柄をリストアップして、焦点の当て所を把握すること」などです。こうした仕事は時間を捻出して処理しておかないと、あとでツケが回ってきます。複数のチームを率いる管理者には、幅広い思考と深く掘り下げた思考とをバランスよく働かせることが求められます。チームの詳細な現況だけでなく、将来目指すべき方向と、そこへ到達するのに必要な事柄をも把握する責任を負っているのです。

新任の技術部長は、以上のような職責の数々を何とかこなしつつ先へ進むために、こんなふうに自問することを始めてください——「今私がやっている事は、どの程度重要なのだろうか」「それは『緊急』だから『重要』だと思えるのか」「今週私は『緊急』な仕事にどの程度の時間を費やしてきたか」「私はこれまで『緊急でない』仕事のために十分な時間を捻出してきただろうか」。

> **現場の声　管理者としての苦渋の決断**
>
> ケイト・ヒューストン（http://bit.ly/huston-manager）
>
> 　私はチームの管理者として常に頭の中に「チームのために私がやるべき事のリスト」を作っています。常時監視している進捗状況、要改善事項、調査中の事項などのリストです。チーム内で何が起き、どう進行しているかや、チーム全体が効率よく成果を上げるためには何が必要か、といったことを把握するのが私の務めなのです。
>
> 　さて、管理者が現在のチーム状況を振り返り、「納期が迫ってるから来月にはエンジニアがもうひとり必要になる。じゃ、そのエンジニアの役は私がやろう」と判断したとします。
>
> 　しかしよくよく考えてみると、チームは管理者をも必要としています。まだあと数人増員する必要がありますし、新人のX君は将来有望ですが、まだある程度のコーチングが必要ですし、プロダクトチームやデザインチームなど他のチームが我がチームから受けた依頼に応えてくれていないので催促しなければなりませんし、作業を進めるためのプロセスが大事であるにもかかわらず我がチームのプロセスは不十分（もしくは不適）ですし……というわけで管理者の出番がいくらでもありそうなのです。
>
> 　このように「エンジニアも必要だけれど、管理者のほうは切実に必要」というのが今のチーム状況なら、その「管理者」はあなたなのですから、そのあなたがエンジニアの役を兼務することは不可能だと認めざるを得ないでしょう。中には立派に兼務できる人もいますが、「もしもヘマをするならどちらがヘマをしたほうがマシか」と自問して決断するべきです。
>
> 　私なら、エンジニアとしてヘマをしたら私自身がバツの悪い思いをするだけですが、管理者としてヘマをしたらチームの皆に迷惑がかかり、それは管理者としてはよくない選択だと考えます。
>
> 　そんな具合で、終業時に1日を振り返って、たとえ「今日はこれだけ仕上げられました」と見せられるほどの量のコードが書けなかったとしても、「でも管理者としてはやるべきことをきちんとやれたんだもの」と自分で自分に言い聞かせるようにしています。それだけでも1日の仕事としては十分なはずです。

6.2　意思決定と委任

　最近あなたはどんな感覚で1日を終えていますか。フルタイムで働く他の新任の技術部長と似たり寄ったりなら、答えは多分「くたくた」でしょう。1日を通してコードはあまり（あるいはまったく）書いていないのに、家にたどり着く頃には気力も体力も底を突き、夕食に何を食べるかも決められず、趣味を楽しむ気など一切湧かず、せいぜいチョコバーやアイスクリームなど「癒やしのおやつ」を食べ、ビールを飲むぐらいで、あとはもうコンピュータやテレビの画面をボーッと見つめるばかり、ふと気づいたら寝る時刻、といった有り様ではないでしょうか。

　複数チームの管理を任された最初の数ヵ月は、残業がなくてもまるで「デスマーチ（計画に無理があって、チームのメンバーに過酷な労働を強いるプロジェクト）」のように感じるはずです。それに1日に何度もさまざまな会議に出なければならないので、以前に比べるとはるかに集中が途切れがちでもあります。私は複数チームの管理を始めて最初の2、3ヵ月間はたびたび声を枯らしました。1日の間にあれほど沢山しゃべる経験は生まれて初めてだったのです。最近技術部長に昇進した私の友人は、アシスタントにランチを注文してもらわなければならなくなりました。というのも、あまりの忙しさに昼食のことなど忘れ果て、何か口に入れなければと気づく頃には、何を食べるかも決められないほどのガス欠状態になってしまうと悟ったからです。

　まずは悪いニュースから――こうした状況を脱する方法はただひとつ、「この辛い時期をひたすらがんばって乗り切るだけ」しかありません。新米の技術部長は大抵はしばらくの間こうした経験をするものなのです。「そんな経験、全然ない」と思った人は、「超」の字のつく幸運な人か、もしくは配慮しなければならない事柄のすべてにきちんと配慮できていない恐れがあるので再確認するべき人でしょう。私自身がこの時期を何とか切り抜け、さらに後年、この時期に耐えてがんばっている部長クラスの部下たちを管理した経験から言うと、この時期の大変さに多少でも圧倒されることのない人は、何かをやり損ねている可能性が高いのです。

　部長レベル以上の管理職が味わっている感覚を表現するとしたら、「皿回し」が最適です。回転速度が一定レベル以下に落ちた皿は棒から落ちてしまうため、どの皿にも注意を払っていなければなりません。こうした皿回しの「皿」が、技術部長であるあなたにとっては監督対象である部下たちでありプロジェクトであって、どのタイミングでどの部下なりプロジェクトなりにどの程度注意を払うかを見定めるのがあなたの務めです。新任の技術部長は「生徒の目」でこの務めに取り組むことが大切です。ま

だ「見習い中」の身なのですから、うっかり「ほったらかし」にした皿が床に落ちてしまう恐れがあります。どの皿にいつ回転を加えればよいのか、その感覚を身につけることが、このワザを自分のものにする秘訣です。

では次に良いニュース——やがてはこうした技術部長の職務にも慣れて上達してくるものです。技術部長ならではの勘が身についてきます。はかばかしく進んでいないプロジェクト、辞めようかと思い悩んでいる部下、しかるべき成果が上げられていないチームなどに、「前兆」の段階で勘づくようになってきます。前項で私は「『自分が出る必要がないことは明らかだ』と思われるミーティングには出席しないことにしても構わないが、この戦略への頼り過ぎは要注意」と指摘しました。その理由のひとつは前述のとおり「ミーティングが、プロジェクトや参加者の『健康状態』を把握する場にほかならないから」ですが、まさにこの同じ理由で、私は直属の部下と有益な1-1を定期的に行う習慣をつけることも強く推奨しています。部下の人数が多すぎる場合には、1-1の時間を短縮するか、もしくは頻度を週1ではなく隔週に下げますが、他の用事で忙しいからという理由で1-1を省いてばかりいると、辞めようかと悩んでいる部下の発するシグナルを見落とすことになりかねません。

さて、この項のタイトルは「意思決定と委任」としましたが、技術部長はどういった場面で「委任」をするのでしょうか。実はこの「委任」こそが、「一度に回さなければならない皿の枚数が多すぎる」感覚を何とか脱するための秘訣なのです。仕事が自分のところへ回ってきたら、こう自問してみてください——「私がこの仕事を受け持つ必要はあるのか」。その答えを決める要因はいくつかあります（**表6.2**を参照）。

表6.2　仕事を委任するか自分でやるかの判断の基準

	頻繁	頻繁でない
単純	委任	自分でやる
複雑	（慎重に）委任	訓練目的で委任

仕事の複雑さと頻度が、委任すべきか否かと、（委任するとすれば）どう任せるかとを決める基準になり得るわけです。

「頻繁で単純」な仕事は委任

頻繁に行う単純な仕事なら、適任者を見つけて任せましょう。このカテゴリーに分

類できる仕事は、スタンドアップミーティング（毎朝、立ったまま短時間で進捗状況を報告する簡単なミーティング）を開く、週ごとのチームの作業の進捗状況の要約を書く、小規模なコードレビューを行う、などです。直属のチームのテックリードを始めとするシニアエンジニアならこうした仕事をおそらく訓練なしで任せられるのではないでしょうか。

「頻繁でない単純」な仕事は自分で

　頻度が低く、部下に説明するより自分でやってしまったほうが手っ取り早くできるような仕事は、たとえ「部長クラスより下の者がやるべき仕事だろう」と思ってもあなたが自分でやってしまいましょう。このカテゴリーに入るのは、チームのためにカンファレンスのチケットを予約する、四半期報告書を生成するアプリケーションを実行する、といった仕事です。

「頻繁でない複雑」な仕事は有望な管理者の訓練の機会として活用

　「勤務評価の要約を書く」「人材募集の計画を立てる」などは、あなたがひとりでこなすべき仕事ではありますが、この手のスキルは後輩の有望な管理者に「伝授」する必要があります。そこで、勤務評価の要約を書く際にテックリードを「見習い」として同席させるとか、来年、あるプロジェクトの支援要員を新たに何人雇う必要があるかについてシニアエンジニアに意見を言わせるといった工夫をするとよいでしょう。最初のうちはあなた自身の上司に助言を仰ぎながらやってみて、コツが飲み込めたら自分の判断で行ってください。

「頻繁で複雑」な仕事はチームの面々に委せてチーム全体の態勢を強化

　プロジェクトの計画の立案、システムのデザイン、システム障害の復旧作業のまとめ役といった仕事は、チームの有望なメンバーを育成すると同時に、チーム全体の運営力を強化する絶好の機会となります。「できる上司」ならこうした機会を逃さず、十分に時間を割いてチームメンバーを育成するものです。その際の目標は管理者があまり命令や助言をしなくても高水準の仕事ができるチームを育て上げることで、それは

つまり「管理者がその場にいなくてもこうした複雑な仕事を引き受けて遂行できる人材が直属の各チームには必要」ということなのです。

あなたのチームでは、チームに不可欠なこうした仕事をメンバーが独りでもやれるよう訓練していますか。それともあなたがいないと独りではできない依存状態でしょうか。この種の仕事のうち、やり方を完璧に知っているのはあなただけ、というものをリストアップしてみてください。中には勤務評価の要約の作成や人材募集の計画立案など、あなただけがやり方を知っていれば事足りる仕事もあるでしょうが、チームのメンバーが独りで完遂できるよう訓練がぜひとも必要という仕事も多いはずです。たとえばプロジェクトの管理、新来のメンバーの研修、（プロダクトチームと共に行う）プロダクトロードマップの技術的成果物(デリバラブル)への細分化、プロダクションサポートなど。いずれもあなたのチームのメンバーが習得するべきスキルです。はじめのうちはメンバーのトレーニングに時間を取られますが、ゆくゆくは管理者自身の時間の節約につながります。というよりも、こうした後進の指導は管理者であるあなたの職務のひとつです。自分が率いる組織の人材を育成し、各自のキャリアアップに必要な新たなスキルの獲得を支援する責任をあなたは負っているのです。

「部下への作業の委任」は、最初はなかなかはかどらなくても、やがては各メンバーのキャリアアップに不可欠な要素を生んでくれるプロセスです。あなたなしではうまく機能できないチームのメンバーなんて、将来、昇進の見込みも薄いでしょう。どうぞ有能なメンバーを育成し、意思決定を任せてください。そうやって空いた時間を活用すれば、あなた自身は新たな面白い「皿」を見つけて、回す練習にいそしむことができるというものです。

CTOに訊け　問題の前兆

Q 直属のチームが不意に予想外の難局に陥ったり、メンバーが予告もなく辞めてしまったり、といった経験をこれまでに何度かしてきた管理者です。こうした問題を早期に察知するための「前兆」があるのでしょうか。

A 部長レベルの管理職をしばらく続けていると気づくようになる前兆が確かにあります。私自身が気づくようになった前兆を以下に紹介しておきましょう。

- 日頃、朗らかでよくしゃべり、仕事熱心なはずの部下が突然、退社時刻

きっかりに帰ってしまうようになり、遅刻や早退が増え、会議でも発言せず、皆とおしゃべりを楽しむこともなくなった——こういう部下は、何か個人的に大きな問題を抱えているか、あるいは辞める準備をしているか、だと思われます。家族が病気になった、恋人や配偶者とうまくいっていないなど、個人的な問題を抱えている時、誰かにその話をするのが普通ですが、しない場合も皆無ではありません。このように部下の態度がガラリと変わったのが、昇進やチームの再編など大規模な調整の直後であれば、「私は無視された」が本音かもしれません。理由はともかく、その部下と腹を割って話し合い、辞められてしまう前に問題の根を探り当てる必要があります。

- **テックリードが「万事順調に進行中」と言いながら、管理者との1-1をたびたびキャンセルし、最新状況の更新(ステータスアップデート)でもめったに詳細を明かそうとしない**——この人は何かを隠しているのかもしれません。よくあるのは「作業の進捗が予想よりはるかに遅れている」「プロジェクトの範囲外の何かを作っている」といったケースです。管理者がやるべきなのは「初期段階でテックリードが明確なプロジェクト計画を立てるよう促し、状況が変わって計画調整が必要になった場合に備えて、その調整方法に関する基準も提示して、たとえ進捗が遅れたとしてもそれを隠しづらい状況を作っておくこと」です。また、テックリードにプロジェクトの目標と範囲を明確化させる必要もあります（が、これは新任のテックリードの手には負えない作業かもしれません）。このようなテックリードと同様の「隠し」の行動を、雇ったばかりの部下が取るケースもあります。背後にある事情は「新たな職務をこなせず、お手上げ状態になった」というものでしょうが、「隠し」の行動の代わりに「新しい言語やプラットフォーム、プロセスの利点や長所を説いて回ってばかりいて、自分の仕事をやろうとしない」という行動に出る場合もあります。

- **チームミーティングに出席しているメンバーにまるで活気がない**——もっと言えば、「恐ろしく辛くて長い仕事」の真っ最中、のような雰囲気のミーティングです。プロダクトマネージャーとテックリードだけがしゃべり続け、チームの他のメンバーはじっと座っているだけで、発言を求められなければ口を開こうともしません。会議でのこうした無気力や無反応の裏に

> よく隠れているのは「仕事に身が入らない状態」や「自分には意思決定の過程では発言権がないと感じている状況」です。
> - **チームのプロジェクトリストが顧客の気分次第で毎週のように変わる気がする**――顧客を喜ばせること以外に目標を考えてこなかったチームのようです。製品や事業に関するより良い方向付けが必要でしょう。
> - **小規模なチームで、仕事に対する認識がメンバー間で大幅に違っているようだ。エンジニアは自分たちに無関係なシステムに関しては何も知らないことを認めるにもかかわらず、そうしたシステムのことを知りたいという好奇心も公平な目ももっていない**――全社レベル、あるいは他チームも含めたより広範なチームのレベルで仕事を捉えることができず、日々の作業や自分たちが直接タッチするシステムにしか目が行かないチームです。より広いレベルのニーズにもとづいて作業のシステムを変えようと言われたら抵抗を示すかもしれません。

6.3　やりにくい仕事――「ノー」にも言い方がある

　管理者の職務のひとつが「部下が仕事をやりやすいよう、仕事のはかどる創造性豊かな環境を作り出すこと」です。管理者はチームの強みや持ち味を存分に生かせるよう皆に焦点を絞らせ、チームの絆や親近感を強め、メンバーが新たなスキルを習得するのを支援します。つまり管理者は後援者でも指導者でも擁護者でもあるわけです。

　ただ、「仕事のはかどる創造性豊かな環境を作り出す」ために「ノー」と言わなければならない場面も時にはあるものです。管理者が「ノー」と言う相手は、チームの場合も、同レベルの管理者の場合もあれば、上司の場合さえあります。誰が相手であってもそれぞれに違った意味での言いにくさがあり、「できる上司」になりたければ、それぞれの場合に効果的に「ノー」と言うための戦略を編み出さなければなりません。以下に私自身が編み出したり、効果を実感したりした手法を紹介しておきます。

「はい、それでですね」

　部長レベルの管理者が自身の上司に対してまともに「ノー」と言える場面はめったにありません。むしろ欧米の即興のコメディでよく使われる「はい、それでですね」の

テクニックを駆使したほうが無難です。たとえばこんな具合に——「はい。そのプロジェクトはうちのチームでやらせていただくことが可能です。それでですね、その場合に1点だけやる必要があるのが、現在ロードマップに載っているプロジェクトの始動を遅らせることなんですが」。こうやって「はい」と肯定形で受けつつも「限界」という形で実情を明示することができるようになれば、ゆくゆくは経営陣入りも夢ではないでしょう。エンジニアでこうした「肯定的なノー」を駆使するコツを飲み込める人はなかなかいません。エンジニアという「人種」は仕事上、プロジェクトの不利な側面を明示する習慣がついているため、ついつい反射的に「いいえ、それは不可能です」と応えてしまいがちで、このクセをなかなか卒業できないのです。ですから（とくにあなたの上司や同レベルの管理職仲間に対して）「ノー」と言わなければならない場面で「はい、それでですね」と言えるよう、コツをマスターしてください。そうすれば「きな臭いせめぎ合い」を回避して「優先度を見据えた現実的な交渉」に持ち込めることが多くなるはずです。

ポリシーを決めておく

「ノー」と言わなければならない相手があなたのチームである場合、あなたから「イエス」を引き出すための要件をメンバーに理解させるとよいでしょう。事例をあげて説明します。チームのエンジニアのひとりが、今度のプロジェクトにはチームが使ったことのない、あるプログラミング言語を使うべきだと主張し、そのプロジェクトでその言語を使えばいかに完璧なツールとなり得るか、能書きを並べます。けれどあなたは、「完璧」だからという理由だけで新たなツールを加えることには気乗りがしません。その場で「ノー」と言って、その理由をあげ、それで幕引きにしたいところなのです。それですんなり収まる場合も時にはあるのですが、毎回毎回同じように「ノー」と言っては同じ理由をあげている自分に気づくこともあります——「だめだ。チームでその言語を知っている者がほかにも何人かいないとな。それにその言語を現場で開発に使うってことがどういうことなのか、きちんと把握してからでなくっちゃ」「だめ。ロギングの基準が必要。テストがどんな感じになるのか考えてみないと」。こんな風に同じようなことを繰り返し始めたら、それはつまり、筋の通ったポリシーを決めるためのベースがすでにある程度整ったということです。この場合のポリシーとは、管理者であるあなたから「イエス」を引き出すために満たさなければならない厳しい要件と、意思決定のための検討を行う際の指針とから成ります。こういったポリシー

を決めておけば、あなたから「イエス」を引き出すために迫られる対策や代償をチームメンバーが事前に把握、検討できるというわけです。

「私に『イエス』と言わせてみて」

前項で紹介した「ポリシー」は有用ではあるものの、どんなケースにも使えるというわけではありません。そこで次なる手「私に『イエス』と言わせてみて」を紹介します。「ポリシーを決めておく」と同類の手法ではありますが、1回限りの事柄であるために明確なポリシーを決められないような場面で威力を発揮します。たとえばチームのメンバーが、あなたから見れば非常に生半可なアイデアを出したとしましょう。ここで「私に『イエス』と言わせてみて」の手法を使うなら、とくに疑わしく思える部分について突っ込んだ質問を重ねてみるのです。こうして畳み掛けて質問していくと、相手も自然と自分のアイデアのまずさに気づくことが多いのですが、逆に斬新な考え方であなたを驚かせてくれる場合もないわけではありません。いずれにせよ、部下が出したアイデアを好奇心をもって検討し、質問を繰り返していくことで、「ノー」と言うべき時には「ノー」と言いやすくなる上に、そのプロセス全体が部下の教育ともなり得ます。

「時間や予算を盾に取る」と「今すぐは無理」

直属のチームにも部長クラスの同僚にも効果的な手法のひとつが「時間や予算を盾に取る」です。現在の作業負荷をわかりやすく提示して、時間や予算の面で余裕がほとんどないことを納得してもらうのです。これと「今すぐは無理」の手法を併用するとさらに効果が見込める場合もあります。「今すぐは無理」は遠回しに「ノー」を言うための手法で、相手が出したアイデアに反対ではないが今それを実行するのは無理、将来考えてみてもよい、と匂わせるのです。この手法を応用できる場面は多いので、ついつい頼りがちになりますが、前にも述べたとおり約束は守るべきで、「今すぐは無理」は「後日、真剣に考える」を意味するため、後日きちんと「真剣に考えて」あげなければなりません。

手を組む

「ノー」と言うために部長クラスの同僚（とくにプロダクトチームやビジネスチームなど他部署の管理者）と手を組む必要が生じる場合もあります。「ノー」を言う相手は、どのようなレベルでも構いません。たとえばプロダクトチームにとって有益な形で「ノー」と言うために、あなたが技術部長としての権限を行使してあげる、といった具合です。逆にあなたが財務部長に頼み込んで「予算不足」を理由に「ノー」の後押しをしてもらうケースもあり得ます。この手法は、警察の尋問に使われる心理学的な戦術「良い警官・悪い警官」の応用です。「悪い警官」役と「良い警官」役が2人1組になり、「悪い警官」役が尋問の対象者を攻撃的、否定的に扱ったあとで、「良い警官」が対象者に同情的な態度を見せることにより、対象者の中に「悪い警官」への恐怖心と「良い警官」への信頼感を生み出し、その結果さまざまな情報を引き出すわけです。「引っ掛け」的な不誠実な要素がないとは言えませんので頻繁には使えませんが、この手法で他部署の同僚に「貸し」を作っておくと、将来自分が同様の立場に立たされた際に応援してもらえるかもしれません。

ずるずるべったりは禁物

「ノー」と言わなければならない場面では、ぐずぐず先延ばしにしたりせず、その場で言ってしまうことです。「ノー」と言う権限があなたにある事柄に関して「ノー」と言うべきだと判断したら、悪いことは言いません、くよくよ悩まずはっきり言ってしまいましょう。ただし誰しも判断を誤ることはあります。「ノー」と言ったものの、早合点だとわかったら素直に謝りましょう。どんなことも逐一丁寧に調べ、分析して判断する、などと呑気なことをしている余裕はありません。低リスクで影響の小さな意思決定であれば、すぐその場で「ノー」（あるいは「イエス」）を言うことに慣れるよう、練習してください。

CTOに訊け うちのテックリードはきちんと管理してくれません

Q　私は直属のチームのテックリードに、Objective-CのアプリをSwiftに書き直すプロジェクトでジュニアエンジニアのひとりを監督するよう指示してお

いたのですが、最近になってこのジュニアエンジニアがまだプロジェクトの計画を立てていない上に、私がデザインレビューで与えたフィードバックにも対応できていないことを知りました。私自身は口を挟まず、この事態をテックリードに解決させるにはどうしたらよいでしょうか。

A 任せたはずの仕事が放置されていた、というのはありがちなことです。どうやらあなたのチームのテックリードはあなたから任された仕事——問題のジュニアエンジニアを監督し、デザインに関するあなたからのフィードバックを参考にプロジェクトの計画を立てさせる仕事——を理解できていないようですね。そこでまずあなたがやるべきなのは、この監督の仕事がなぜできていないのかテックリードに問いただすことです。

　テックリードはおそらくいくつかの理由をあげてくるはずです。ひとつは「自分自身の仕事で忙しく、ジュニアエンジニアを監督する仕事を忘れていた」というものです。これもよくある理由ですが、このジュニアエンジニアのメンタリングと監督の仕事も、コード書きなど他の仕事とあわせてスケジュールに組み込むようテックリードに念を押しましょう。

　テックリードがあげると思われる理由の2つ目は「指示されたことをやろうとしないジュニアエンジニアを、どう説得したらよいのかわからなくて」というものです。これに関しては、指示を守らない理由をそのジュニアエンジニアからどのように聞き出そうとしたか、テックリードに尋ねて、ほかに良い手だてを提案してあげられないか考えてみましょう。新任のテックリードが気後れしてチームメイトにプロジェクト計画の策定を催促できない、ということは時にあるものです。「テックリードにはチームメイトに命令する権限はない」という意識があるので、相手が指示に従ってくれないと途方に暮れてしまうのです。

　この状況であなたにできる最良の対応は「テックリードが、チームメイトにプロジェクト計画の提出を依頼するコツを覚え、それを自信をもって実践できるよう指導する」というものです。あなた自身が割って入ってチームのメンバーに自ら命令するより手間はかかるでしょうが、チームの面々にはテックリードからの依頼を尊重することを教え、テックリードには独力でチームを率いるコツを教えてあげるべきです。

6.4　コードの作成以外のITスキル

　このレベルの管理者の職務はとかく誤解されがちです。技術部長を採用する際には「技術力」を判断材料のひとつにするくせに、技術部長の職務は技術的要素が薄いと思い込んでいる人が多いのです——「だって技術部長になるとコード書きだってシステムデザインだって、もうあんまりやらないじゃないか。そうだろ？」

　しかしこうした考えは誤りです。このレベルの管理者が技術チームを確実に率いていくためには純粋な管理スキル以外のものも必要で、そうした新たなスキルを習得しなければなりませんが、ソフトウェア工学の技術や実務を理解していればその習得がより容易になるのです。技術部長になったら、技術面での焦点を、チームの開発者たちの作業のシステムに当てて、その観察と改善に努めなければなりません。とくに、チーム全体の「健全性」を示す兆候を見逃さない目を養う必要があります。

　まず、全米ベストセラーとなった経営術の指南書『First, Break All the Rules[*]』で、著者のマーカス・バッキンガムとカート・コフマンが、チームの生産性や満足度を予測するのに役立つ（自問自答形式の）質問をいくつかあげていますので、その中から3つを紹介します。

- 会社から求められている自分の職務をきちんと把握しているか。
- 自分の職務を遂行する上で必要な機器やツールをもっているか。
- 毎日最高の仕事ができる機会を得られているか。

　エンジニアなら大半の人が、この3つの質問を「コードの公開（プッシュ）の速度と頻度」という形で捉えるだろうと思います。つまりエンジニアは自分の職責が明確であれば、どのようなコードを書くべきかを把握できますし、必要なツールやチケット、自動化、プロセスが用意され、使いやすいものであれば、コードを書く作業が可能になりますし、過剰なミーティングやサポート業務、インシデントの管理に忙殺されてコード書きに集中できないという状況にならなければ、毎日コードを書く機会を得られる、と考えるのです。言い換えれば「コードリリースの頻度」「コードへのチェックインの頻度」「インシデントの発生頻度」の3つが、そのチームが職務をしっかりわきまえ、そ

---

[*] Marcus Buckingham and Curt Coffman, First, Break All the Rules: What the World's Greatest Managers Do Differently (New York: Simon & Schuster, 1999)（邦訳『まず、ルールを破れ：すぐれたマネジャーはここが違う』日本経済新聞社、2000年）

の職務を遂行するのに必要なツールを備え、その職務を毎日遂行する時間を有するかを調べる際の重要な指標となります。

6.5　直属の開発チームの健全性を見きわめる

　自分の開発チームの「健康増進」を図る際には、従来あなた自身が現場で培ってきたITスキルを応用して、作業が順調にはかどるシステムやプロセスを編み出してください。そのための手法には「開発者が職務を遂行するのに必要なツールを作る」「次に何をするべきかを開発者が容易に探り当てられるよう焦点を絞らせる」「どのプロセスも逐一検討し、それぞれのプロセスがどのような価値を生み出すのかを見きわめる」「さらなる自動化は可能かと常に自問する」などがあります。以下で前述の「チームの健全度を調べるのに役立つ3つの指標」について解説しますので、これも参考にしてください。

コードリリースの頻度

　5章で述べたように、技術チームによくある「機能不全」の症状のひとつが「なかなかデリバリにこぎつけられない」というもので、その意味でのチーム状況を知るのに有効な尺度が「製品アップデートのリリース頻度」です。もしもあなたの会社が頻繁にリリースすることの意義をわかってくれないとすれば実に残念な話です——今の世の中、健全な技術チームであることを示す一番の兆候が「リリース頻度の高さ」だからです。チームの焦点を製品に絞らせている「できる上司」なら、仕事のはかどる環境作りのノウハウを心得ているはずです（ちなみに仕事の進捗の要件のひとつが「作業の細分化」です）。たとえ会社が意義を認めてくれなくても、対象の製品にもっとも適した頻度で製品アップデートをリリースできるよう管理者であるあなたが取り計らわなくてはいけません。「それはうちのチームには当てはまらない。（データベースなど）頻繁なリリースが不可能な製品を作っているから」と反論する人がいるといけないので言っておきますが、完成した成果物をベータテストや開発者テストの環境で調べれば、頻度と安定性に関して同じくらい有用な測定が可能になるはずです。

　あなたのチームのアップデートのリリース頻度が低い理由は何でしょうか。チームを振り返って考えてみてください。継続的に（毎日）リリースしていないのであれば、どのようなリリースプロセスを踏んでいるのでしょうか。リリースの所要時間は？

過去2、3ヵ月間にリリース関連の問題がどの程度の頻度で発生しましたか。発生したのはどういった問題でしょうか。問題の発生によるリリースの延期やロールバックの頻度は？　そうした延期やロールバックでどのような影響が出ましたか。プログラムを本番環境で動かせるか否かの判断はどのように下していますか。そのプロセスの所要時間は？　判断を下す責任は主として誰が負っていますか。

　リリース頻度の低いチームを公平な目で見つめてみれば、その要因がきっと見つかるはずです。たとえば「リリースのプロセスが手間取る」「自分たちが書いているコードなのに、その品質に対する責任意識がエンジニアたちになく、その方面の仕事は品質保証（QA）チームに任せ切りであるため、両チーム間のやり取りに手間がかかる」「アップデートのリリースがうまく行かなかった時のコードをロールバックするのに手間取る」「リリースのプロセスで問題が発生し、これが本番環境でのインシデント（あるいは開発用ビルドの失敗）の原因となる」といった要因です。頻繁にリリースできない状況の要因を探ると、チームにまつわるさまざまな不備が露呈するわけです。

　さて、ここでこんな声が聞こえてきそうですね——「ご忠告はありがたいが、うちのチームはプロダクトロードマップをこなすのに精一杯で、こういう改善作業を差し挟む余地はない」「うちのシステムは頻繁にアップデートするデザインにはなっていない」「そんな頻繁な改良は不要」。

　こうした管理者には、次のような点を確認してもらいたいと思います。あなたのチームは全力を出し切れているでしょうか。あなたはチームのエンジニアたちに、しかるべき課題を与えて継続的な成長を促していますか。あなたのプロダクトチームは技術チームの作業の進捗状況に満足していますか。あなたのチームの開発者たちは職務時間の大半をコードの作成とシステムの改善に費やせていますか。以上の質問のすべてに「イエス」と答えられる管理者でしたら私を無視してかまいません。見事に万事を掌握できています。しかしいずれかに「ノー」と言わざるを得なかった人は、問題を抱えているのにそれを無視しているわけで、自分で自分の首を絞める危険を冒していると言えます。

　技術チームを率いる管理者が常に忘れてはならないのが「もうコードをあまり書いていない管理者でも、技術面で作業の推進を図る責任は引き続き負っている」という点です。また、チームの雰囲気作りや生産性の維持も管理者の職責であり、多くの場合これに有効なのは「管理者がチームにハッパをかけること」でも「昇給」でも「もっと頻繁に褒めてあげること」でもなく、「メンバーの生産性の向上を図ること」や「開発速度も成果も上がるよう新しいことに貪欲にチャレンジさせること」「仕事をもっ

と面白くするための時間を捻出できるよう支援すること」です。つまり、あなた自身が先導役となってエンジニアの生産性向上につながる技術プロセスの改善を推進しなければならないのです（ただし、このすべてをあなたが独りでやらなければならない、というわけではありません）。

このように、リリース頻度を上げる努力の過程には、興味深い課題が山ほど掘り起こされるという「旨み」もあるわけです。ただし頻度を上げるのに最高な唯一無二の方法があるわけではありません。頻度にまつわる問題は、ある意味、各チームに固有のものだからです。ただし「自動化できる要素を見きわめること」はどのチームにも必須と言っても過言ではありません。もうひとつ、よく課題として浮かび上がるのが「対象のコードベースに即したフィーチャートグル（機能スイッチ）を可能にするツールの作成」です。そのほか「下位互換性を確保しつつアップグレードできるようなコードのアーキテクトを考えなければならない」「システムを完全には停止させずにアップグレードを行う『ローリングアップデート』が必要だ」「大規模ではなく小規模な改善をするべきだ」といった課題が判明するチームもあるかもしれません。こうした作業を自分でやるのではなく、指揮をとる責任を、技術部長であるあなたが負っています。プロダクトロードマップに割く時間とはまた別の時間を捻出して、技術的生産性の向上を図り、作業の進捗を促すための目標を立ててください。

コードへのチェックインの頻度

　アジャイル開発を導入したにもかかわらず、作業の細分化の価値を理解できていないチームを主導するのは容易なことではありません。学部を卒業したての新入社員に細分化のスキルを教える必要なら普通にあり得ますが、シニアレベルの開発者にこのスキルを習得するよう働きかけなければならない場面も時にあります。こんなことを言うのは、私が特定の開発手法を推奨したいからではなく、これまでの経験でわかったことを紹介したいからで、それは「テストコードを書く機会があまりないエンジニアは作業の細分化に手こずる傾向があり、テスト駆動開発の方法を（たとえ日常的に実践しなくても）習得してもらうと作業の細分化も上達するようだ」ということです。

　この話題を取り上げたのは、新米の管理者の場合、プログラミングの経験年数が自分と同じ（か、あるいは自分より長い）エンジニアに「仕事のやり方を新しいものに変える必要がある」とは言い出しづらいことがあるからです。事を荒立てたくないという心理はほとんど誰にでも働くものですし、相手のエンジニアが「自分ならではの

スタイル」と思っている事柄に関しては格別言い出しにくいものです。しかし会社が迅速なソフトウェア開発を望んでいる一方で、チームのエンジニアたちは長期休暇を取りたがり、そのくせチームでの共同のバージョン管理への移行には反対し、各自がそれぞれにコードを書くという流儀を守りたがっているといった状況では、作業の遅れや問題の発生も避けられないでしょう。研究チームとはわけが違います（研究チームの管理者は、この項を飛ばしてかまいません）。チームの管理者が「生産中の未完成品は定期的に更新するもの」と見なして問題はないのです。

インシデントの発生頻度

今あなたのチームが作っているソフトウェアの安定度は？　そのソフトウェアの質は？　向上中、低下中、それとも横ばいでしょうか。チームの管理者にとって、構築中の製品に適したソフトウェアの品質レベルを見きわめ、その後そのレベルを調整していくのは、技術的にかなり難しい仕事です。成長中の小企業で新製品を構築しているのであれば安定性よりも機能に焦点を当てる必要があるかもしれませんが、業務の遂行に不可欠な基幹システムを運営している場合は安定性の維持とインシデントの最少化を最優先すべきでしょう。その際に外せないのが「開発者が何日間もインシデントの最少化や予防のための作業にかかり切りでコードが書けないという事態を回避できるよう、リスクを慎重に天秤にかけること」です。

コードやシステムの作成者自身が支援業務も兼ねている場合、不都合な点がいくつかありますが、中でも重大なのが「夜間や週末に頻繁な緊急呼び出し（オンコール）に応じることをチームメンバーに求めると、燃え尽き症候群を引き起こしかねない」という点です（もっとも、「問題が発生した場合、最適な人材を投入して対応できる」という利点もありますが）。管理者であるあなた自身はオンコールのローテーションは避けたいところでしょう。わかります。しかし自分たちのチームでインシデント管理も兼務しているのであれば、「エスカレーション支援（インシデントの状況次第で、必要なら対応担当者をより上層へと徐々に広げていく方式）」の形であなたも参加するべきです。つまり、あなた自身が常時頻繁に対応するのではなく、システムの支援担当者から応援を要請された場合に備えて出動態勢を整えておくのです。

インシデント管理の良し悪しを分析する際、ぜひとも自分自身に投げかけてほしい質問があります。それは「今の管理方式で、チームは毎日ベストを尽くせているだろうか」というものです。インシデント管理といっても、インシデントの発生件数を減

らすのではなく、インシデントに対処しているだけなら、「チームが毎日ベストを尽くす能力」を減退させている恐れがあります。緊急呼び出し(オンコール)のローテーションに入ったエンジニアがインシデントの影響を解消する作業に追われて疲れ果て、山積する問題への対応以外には何もできず、交替時刻が来れば次の哀れな担当者にバトンタッチするだけ、といった状況です。「これはまさしくうちのチームのインシデント管理やオンコールの作業実態だ」と思った人、あなたのチームは毎日ベストを尽くせていませんし、メンバーはオンコールのローテーションを担当するたびに徐々にその作業に対する嫌悪感を募らせているかもしれません。このような場合、管理者であるあなたは、思い切ってもっと安定したシステムをデザインするための時間や、繰り返し発生するインシデントを根本的に解決すべくコードを修正するための時間の捻出を模索するべきかもしれません。

　かといってインシデントの予防を重視し過ぎると、これまた「チームが毎日ベストを尽くす能力」の減退につながってしまう恐れがあります。「欠陥のないシステムを構築しようとのこだわりの度が過ぎてしまう」とか「エラー予防に努めるあまり開発の速度を落とすことになってしまう」といった事態は、「作業を急ぎすぎて不安定なコードでもリリースに踏み切ってしまう事態」に負けず劣らず好ましくない場合が多いのです。リスクの低減を目指しているにもかかわらず、何週間にもわたる手作業での品質保証作業や、時間を食う過剰なコードレビュー、リリース頻度の低下、計画立案プロセスの遅延といった状況を招いてしまい、開発者たちは仕事がはかどらなくてイライラし、しかもインシデントの発生リスクが低減できていなかったりするのです。

6.6　すごい上司、ひどい上司——「イングループ」を作りたがる上司と、チームプレイを重んじる上司

　Aさんは中規模のスタートアップに、モバイル開発チームの管理者として雇われましたが、出社早々、チーム状況が最悪であることを知らされます。悲惨な混乱状態のまま長い間放置されてきたチームだったのです。やむなくAさんは前の勤め先(大手IT企業)の元部下を新たに何人も引き抜くことから始めました。しかしこの人選が企業文化の点で今度の会社にそぐわず、ほどなくチームは既存の社員たちを見下す「優越感たっぷりの開発者集団」と化してしまいます。このチームのおかげで開発対象の技術そのものは改善されてきたものの、プロダクトチームとの間で衝突が絶えず、おかげで結局はアプリの開発が思うようにはかどらなくなりました。1年後、つくづく

嫌気の差したAさんは会社を去り、Aさんに招かれた転職組も後を追い、チーム状況は元通り、悲惨なものとなってしまいました。

　既存のチームに加わった新任の管理者がチームのアイデンティティの確立に苦労する、ということはあるものです。こうした管理者がついつい頼りがちなのが「自分たちが得意とする職務や技術を中心に据えてチームのアイデンティティを確立する」という手法です。他チームに比べて自分たちがいかに特別な存在であるかを強調することでチームを束ねるわけです。しかし行き過ぎると「社内では我がチームだけが群を抜いて優秀」といった優越感が生まれて、チームの目が会社の目標よりもその優越意識にもっぱら注がれてしまうようになります。こうやってチームをまとめようとしても所詮たいした結束力はなく、以下にあげるような諸々の問題に悩まされるのが落ちです。

- **リーダーを失うと、もろさが露呈**――心理学で言う「内集団（イングループ）（愛着や忠誠心に裏打ちされた所属意識をもつ集団）」に分類される排他的なチームは、リーダーを失うと非常にもろくなる傾向があります。新任の管理者が作り上げたこの手の集団は、管理者本人が会社を辞めれば瓦解して皆も後に続く恐れがあるのです。そうなると、そもそもこの管理者がこの集団を作ることで巻き起こしていた数々の問題に対処することがさらに難しくなります。
- **外部の考えやアイデアには聞く耳もたず**――イングループは、グループ外で生まれた考えやアイデアをはねつける傾向があります。そして結果的に学びと成長の機会を逸します。メンバーが成長しないとどうなるかというと、チームでもっとも優秀なメンバーがそのグループだけでなく会社からも去っていくことが多いのです。そうした優秀なメンバーは「社内でベストなグループにいるのに仕事がちっとも面白くない」と思い込んでいるため、社内の他チームへ移籍して得られるような成長の機会などありがたいとも思いません。
- **帝国を構築する**――イングループを作りたがるリーダーには自分の「帝国」を築き上げようとする傾向があり、自分のチームや職権を強化する機会ばかりを狙って、「組織全体にとって何が最善か」には関心も示しません。そのため、他のリーダーたちとの間で人員やプロジェクトの采配を巡る競争を繰り広げることが多いのです。
- **柔軟性に欠ける**――イングループは外部から命じられたり求められたりした変化を「逆風」として受け止める傾向があります。組織の再編、プロジェクトの

中止、焦点の当て所の変更は、いずれもイングループのアイデンティティの中核を揺るがす要因となり得ます。具体的には「職能別グループ」から「職能の枠を超えたチーム」への異動、アプリの発売の延期、新製品の優先といった変更によって、チームの会社に対する、それでなくてももろい絆がぷつりと切れてしまう恐れがあるわけです。

　管理者はチームのメンバーに排他的な意識を植え付けることには非常に慎重でなければなりません。たとえあなたが「チーム状況を改善してほしい」と請われて採用されたのだとしても、会社がそれだけの措置に踏み切ったのはこのチームに何らかの根本的な強みがあるからで、その点を常に頭に入れておくべきです。自分の構想に沿ってチームのすべてを変えようとする前に、まずは時間を取って会社の長所や文化を理解し、そうした文化に逆らうのではなく上手に活かして成果を上げられるチームを作る方法を模索してください。その際の秘訣は「欠陥や弱点に焦点を当てるのではなく強みや長所を見きわめ、それを伸ばしてやること」です。

　では次に「すごい上司」の具体例を紹介しましょう。BさんもAさん同様、とあるスタートアップにチーム管理者として雇われ、このチームもまた混乱をきわめた悲惨な状態でした。そんなチーム状況を何とかしなければならないことはわかっていますが、Bさんは部下のクビを切ることにはきわめて慎重ですし、新たなメンバーを雇い入れる際には、手間がかかっても必ず先輩社員に相談するようにしました。また、プロダクトチームを率いる部長仲間とも時間を惜しまず密接に連携し、職能の枠を超えた協働を重視した前向きな針路を提案します。そして自分のチームに関しては、明確な目標を設定してそれを伝えることに重点を置きます。このようなBさんの作業は、始動当初こそ「地ならし」に時間を食われてすぐには目立った成果が上がりませんが、やがて組織全体に力がついてきたことが実感され、開発のための技術も製品自体も大幅に改善されてきました。

　永続性のあるチームは、全社レベルの目標を土台にして築き上げられ、会社の価値観に歩調を合わせることができます（価値観についての詳細は256ページ「9.3 コアバリューの活用」の項を参照してください）。会社の使命をきちんと理解しており、チームがその使命の遂行にどう関与、貢献するべきかを心得ているのです。また、会社の使命を遂行するためには種々のチームが不可欠であるものの、すべてのチームが同じ価値観を共有する必要があることも理解しています。こうして会社全体の目標を基盤に、チーム間で、チームのメンバーの間で、かつまた全社規模で、強く永続性の

ある協調関係を構築すると、次のようなチームが育ってきます。

- **リーダーやメンバーが辞めてもすぐに立ち直れるチーム**——内集団(イングループ)は、そこに所属する個人（とくにリーダー）を失うと、もろさが露呈しがちですが、全社レベルの目標を基盤に築き上げられたチームは、（リーダーも含めて）関係者を失ってもすぐに立ち直れる傾向があります。より広範な組織の理念に忠実なので、メンバーが辞めても針路を見失うことがないのです。
- **目標駆動型のチーム**——目標駆動型チームは、目標の達成に有用な新たなアイデアや価値修正ならこだわりなく受け入れる傾向があります。そうしたアイデアや変更提案の出所よりも目標達成効果のほうに目を向けます。こうしたチームのメンバーは、他部門の人々から学ぶことにも意欲的で、最良の結果を生み出せるよう、より広範な協働の機会を積極的に模索します。
- **部長クラスの同僚こそが「チーム」**——チームプレイを尊重する管理者は、自分の直属のチームではなく部長クラスの同僚たちこそが、もっとも重視するべきチームだと心得ています。このような視点をもつと、自分の直属のチームのニーズに目を向けるより先に、会社全体のニーズに配慮した意思決定を下すことができます。
- **目標達成に役立つ変化なら喜んで受け入れるチーム**——協働の意義をわきまえている管理者は「より大きな目標の達成には変化も必要だ」と了解しているものです。事業上のニーズがあれば、チーム編成の変更やスタッフの異動もやむを得ないのです。このタイプの管理者はこうした理解に基づいて、より広い視点から要求される頻繁な変化にも対応できる柔軟なチームを構築します。

直属のチームの目標や、全社レベルの目標を明確に把握するのには時間がかかるものです。とくにスタートアップでは、現在の目標が（時には根本的な使命さえもが）不明確である場合が少なくありません。もしもあなた自身が、目標があいまい、使命がはっきりしない、といった状況に置かれたら、会社の文化を理解することに全力を尽くし、その文化に沿った働きのできるチームを育て上げるにはどうしたらよいかを考えましょう。チーム間で、また、部門の垣根を越えて協力することで、あなたのチームにはより大きな構図が見えてくるはずです。そして自分たちもその大きな構図の一角を占めつつ任務を果たしていくのだという自覚が生まれてきます。

6.7　無精と短気の効用

「無精」「短気」「傲慢」はエンジニアの三大美徳——これはラリー・ウォールが著書『Programming Perl*』で紹介している考え方ですが、私はこれがいたく気に入っています。これはあなたが管理者になってからも長く威力を発揮し続けてくれる美徳ですから、これを有効に活用するコツをどのレベルの技術管理者にもぜひ身につけてほしいものです。

部下との1対1の関係で「短気」でありたいと望む管理者など、もちろんいないはずです。個人を相手に短気なところを見せたら無作法となる場合もあるでしょう。また、管理者は皆から「無精」とも思われたくないはずです。プロジェクトの納期が迫り、土壇場の作業を必死の思いで続けている部下にしてみれば、脇でのんびり油を売っている部長ほど最悪なものはありません。ところがプロジェクトのプロセスや意思決定に関わる場面で「短気（せっかち）」と「無精」を併用すると、すばらしい効果が得られるのです。「プロジェクトに関してはせっかちと無精を発揮」——これは管理者がぜひとも押さえておかなければならないツボです。

ちなみに、管理者としての地位が上がってくると、部下たちから模範行動を求められるようになります。部下に教えたいことといえば「焦点の絞り方」で、その模範行動として皆さんに今すぐ実践してほしいのが「今すぐ（せっかちに）重要なことを見きわめる」と「帰宅する（無精になる）」の2つです。

まずは「重要なことを見きわめる」のほうから。私は「問題を力ずくで解決しようと無駄な骨折りをしている人々」や「ろくに考えもせず時間ばかり費やす人々」には我慢がなりません。しかし残業を奨励している企業では、まさにそういうことをやっています。きちんと頭を使って自動化などの工夫をし、作業を効率化するべきなのに、それができていないのです。私たちエンジニアが自動化を進めるのは、「面白い仕事」に集中できる環境を生み出したいからです。この「面白い仕事」は脳を広範に使う仕事で、通常、何時間も、あるいは何日間も、ぶっ続けでやれる類（たぐい）の仕事ではありません。

ですから、「重要なこと」のそのまた核心を突き止めることには「せっかち」になっ

---

*　Tom Christiansen, brian d foy, Larry Wall, and Jon Orwant, Programming Perl, 4th edition (Sebastopol, CA: O'Reilly, 2012)（邦訳『プログラミングPerl 第3版』オライリー・ジャパン、2002年）

てください。管理者は、今チームが進めている仕事の効率が悪いと感じたら、すぐに自問してみるべきなのです──「効率が悪いと今私が感じたのはなぜか」「今我々がやっていることには、どんな価値があるのか」「その価値を、もっと迅速に提供(デリバリ)できないか」「このプロジェクトを削ってもっとシンプルにして、もっと迅速に完了できないか」。

ただしこの自問自答には問題点があります。管理者が「せっかち」を実践して何らかの仕事を「もっと迅速にやれないか」と自問する時、(管理者が求めている答えが明示的なものであれ暗示的なものであれ)ついつい「作業量と労働時間のどちらを増やせば、その仕事の所要日数を減らせるか」と考えてしまいがちだという点です。この問題があるからこそ、私は前述のように「管理者は無精になろう、また、無精であることの価値を身をもって部下に示そう」と説いているのです。なぜかというと、「もっと迅速に」が意味するべきなのは、「1日の労働時間を増やして所要日数を短縮すること」ではなく「合計所要時間を減らしても同レベルの価値を会社にもたらせること」だからです。チームが、通常なら1.5週間かかる作業を、合計60時間も働いて1週間で仕上げるとすれば、それは「もっと迅速に」作業を進めたわけではなく、チームメンバーが自由時間を会社に献上したにすぎません。

あなたに上で紹介した「帰宅するという(無精の)模範行動」を取ってほしいのは、まさしくこの場面にほかなりません。帰宅してください！ 帰宅してから夜間や週末に部下にメールを送るのも一切やめましょう。無理矢理にでも仕事から自分自身を切り離すことが、あなたの精神衛生上、不可欠なのです──それは私が請け合います。近年「燃え尽き症候群」は米国の労働者の間で深刻な問題となっており、私の知り合いでも超過勤務が日常茶飯事になっている人は程度の差こそあれほぼ例外なくその症候群の経験者だからです。これは本人にとっても家族にとってもチームにとっても悲惨な状況です。なお、この「帰宅する」という模範行動は、管理者のみならずチームのメンバーの燃え尽き症候群を予防するための措置でもあります。管理者であるあなたがチームの誰よりも遅くまで仕事をしたり、のべつ幕なしにメールを送ったりしたら、(たとえあなたが部下に残業や返信を期待していなくても)部下はあなたの行動を当然見聞きするわけですから、残業したり始終メールを送ったりすることが大切なのだと思い込んでしまうでしょう。そうやって部下も残業するようになれば疲れ果てて作業効率が低下します。そしてその状態はエンジニアに求められる緻密な知識労働にはとくに差し支えるのです。

管理者としての経験が浅く、仕事を効率的にこなすコツがまだ飲み込めていない時

期であれば、残業しないと仕事が片付かないかもしれません。当面はしかたがないでしょう。しかしその場合も、あなたの行動が部下の「お手本」になってしまわないよう、また、部下が「自分も部長に合わせて居残らなければ」とプレッシャーを感じたりしないよう、配慮と工夫が必要です。たとえば「夜間（週末）に書いたメールは送信せずにためておき、翌朝（週明け）に送る」「休みの時にはチャットのステータスを『取り込み中』にする」「休暇中は受信しても返信しない」といった配慮と工夫です。そしてチームに投げかけるのと同じ質問を必ず自分自身にも投げかけましょう——「私はこれをもっと迅速に仕上げられるか」「そもそもこれをやる必要があるのか」「この仕事で私が提供しようとしている価値は？」

　無精とせっかち。「帰宅できるよう、集中して仕事をする。そして帰宅を奨励する。そうすれば皆、絶えず集中せざるを得なくなる」——これが「できるチーム」が外さない、迅速化のツボです。

6.8　自己診断用の質問リスト

　この章で解説した「複数チームの管理」について、以下にあげる質問リストで自己診断をしてみましょう。

- 現在進めてはいるものの、未だにあなた自身（またはあなたのチーム）にあまり価値を提供できていない仕事のスケジュールを最後に再検討したのはいつですか。過去2、3週間のスケジュールと、今後2、3週間のスケジュールに、もう一度目を通してみましょう。これまでに何を成し遂げましたか。そしてこれから何を成し遂げたいですか。
- （あなたが今もコードを書いている場合）その作業を、管理者としての職務のスケジュールにどう組み込んでいますか。終業後でしょうか。終業後の時間を使ってまでコードを書き続ける理由は？
- あなたが最後にチームのメンバーに任せた仕事はどのようなものでしたか。それは「単純」でしたか、それとも「複雑」でしたか。現在そのメンバーはその仕事をどの程度こなせているでしょうか。
- あなたの直属のチームを率いる管理者たちの中で有望なのは誰ですか。そうした有望な部下のさらなる昇進を支援するために、あなたはどのようなコーチングを計画していますか。より重い職責を担ってもらう準備として、どのような

（見習いの）作業を与えていますか。
- あなたのチームでは、コードの作成、リリース、サポート作業がスムーズに行われていると思いますか。そのプロセスで最後に顕著なインシデントが発生したのはいつですか。その際、どのようなことが起き、チームはどう対応しましたか。このプロセスでそうした例外的な状態が発生する頻度は？
- プロジェクトの範囲を削るよう、あなたが最後にチームに命じたのはいつですか。プロジェクトの範囲を狭める際に狭くするのは機能ですか、技術的品質ですか、それともその両方ですか。こうした決断を、あなたはどのようにして下していますか。
- あなたが最後に午後8時以降（あるいは週末）にメールを送ったのはいつですか。相手は返信してきましたか。相手が返信する必要はあったのでしょうか。

7章
複数の管理者の管理

　「複数の管理者を率いる管理者」が会社から期待される職務内容は、「複数のチームを率いる管理者」の場合と大して変わりません。どちらも複数のチームに対する責任を負って、各チームの「健康度」に目を光らせ、各チームの目標設定を支援します。違いは「責任の重さ」です。「複数の管理者を率いる管理者」の場合、各チームの専門分野が拡がる上に、プロジェクトの件数も部下の人数も自分独りでは到底管理不可能なレベルにまで増えるのです。もはや密接に関連する2、3のチームを束ねるのではなく「より広範囲に及ぶ取り組みの数々」を指揮する場合もあれば、自分が所属する部の複数の課を——これまで管理した経験もなく、また、その分野の専門知識もさして持ち合わせているわけではない、そんな課を複数——率いる場合もあります。最後のケースの事例としては、たとえば「ソフトウェア工学が専門の管理者が、自分の所属する部の運用チームの管理も任された」といったものがあげられます。

　複数のチームを率いるだけでも疲労困憊が不可避な大役ですが、「複数の管理者を率いる管理者」となると、大抵は驚くほど複雑な職責の数々を新たに背負い込むハメになります。それが実際にどんな感じなのか、私自身がかつてリーダーシップのコーチに送ったメールを参考までに紹介しましょう。

> 何人もの管理者を束ねるなんて、それこそ「かかりっ切り」でなければできそうにありません。どんな連絡方法を確立すれば、直属の管理者たちときちんとコミュニケーションが取れ、しかも私自身の処理能力を上げられるのでしょうか。私の目の届かない所で作業を進めるチームの、したがってそうそう当てにはできない「証人」にしか頼れない状況で、問題解決を支援するなんて、どうやれというのでしょうか。これまでと比べたら2ランクも離れた

人的管理に「かかりっ切り」で、もうクタクタです。

こうした疑問に対する答えは、以前とは違って「すぐ手の届くところに」はありません。間に何ランクか挟まっての間接的な管理となるため、実態がわかりにくく、詳細をつかみづらいのです。というのも、定期的に各チームの開発者全員と個々に顔を合わせて行っていた管理を、この段階ではもはや「卒業」してしまったからです。

管理者としての「成長点」であるとはいえ、なかなか難しい局面です。これからはさまざまな方面への配慮を求められるので、どのチームにもそれぞれ最大限のテコ入れができるような時間配分が必須となります。それを首尾よく果たすためにはこのレベルの管理者ならではの勘を磨く必要があり、さらにそのためには「本当に重要かどうか確信はもてないが、何となく怪しいと感じる事」を最後までしっかり見届けなければなりません。

具体例をあげて説明しましょう。たとえばあなたのスキルセットの範囲外の仕事を担当しているチームを管理することになったというケース。「普段は万事チーム任せにして、問題が起きた時だけ介入」としたいところでしょうが、「複数の管理者を率いる管理者」として新米のあなたは、問題がかなり進行してしまってからでなければ察知できないかもしれません。まだ経験が浅く、いつどこで介入するべきかを直感的に判断するための経験則や勘を十分身につけられていないので、順調だと思える時でも、最初のうちはより頻繁に顔を出す必要があるでしょう。

このレベルの管理者を務めていると、これまでは気づかなかった自分の新たな長所短所が見えてくるものです。単独のチームの管理で見事な手腕を発揮していた人、いや、相互に関連するチームを2つ3つ束ねるのが巧みだった人でも、複数の管理者を率いたり、自分のスキルセットの範囲外のチームを複数管理したりする段になると、お手上げ状態に陥ってしまうことがあります。このレベルの管理者に特有の「隔靴掻痒状態での舵取り」に失敗して、自分なりの安易な道に逆戻りしてしまったりするのです。たとえば、部下をもたないエンジニアの作業に逃げ込み、そこに過分な時間をつぎ込んでしまうとか、自分が率いる管理者たちにプロジェクト管理の訓練をさせず、自分で全部やってしまったり、といった行動に走るわけです。

運に恵まれ、いくばくかのスキルも持ち合わせていたおかげで、さほど苦労をせずにこのレベルに到達した、という人も中にはいるでしょう。しかしこの時点で「ゲームのルール」はガラリと変わり、単独のチームを直接管理していた頃とはまるで違うレベルの研鑽が求められるのです。すでに前章までの随所で「慣れない仕事に居心地

の悪い思いをする場面」をあれこれ取り上げてきましたが、ここではあえて居心地の悪い場面を探し出し、しばし真正面から見据えて真摯に掘り下げる必要があります。些細な点まで漏れなく洗い出し、掘り下げ不要な事項が見分けられるようになるまで徹底的に掘り下げます。こんな具合です——「人材募集は必要に応じて首尾よく行われているか」「各チームの管理者は、メンバーのコーチングをきちんと行っているか」「この四半期の目標を全員が作成、提出したか、そして自分はそのレビューを終えたか」「そろそろ完了していなければならないあのプロジェクトは今どんな状態か？」「先日プロダクションの段階で起きたあのインシデントの『事後検証』はきちんと行われたか。そしてその報告書に自分はもう目を通したか」。

このレベルの管理者になりたての人は、とかくその職務を「これまでの職務の延長」と捉えがちですが、これは間違いです。このレベルは、はるかにスケールの大きなゲームの第1段階、つまり最終的には最高幹部や上級経営者に至る道の入り口に当たるため、新たなスキルを山ほど身につけなければなりません。

この章では、以下のものも含めて、部署全体を監督する上で外せないコツを紹介、解説します。

- 2ランク以上離れた部下から情報を得るコツ
- 直属の管理者たちに責任を課するコツ
- 新任の管理者、ベテランの管理者を管理するコツ
- 管理者を新たに雇い入れるコツ
- 組織の「機能不全状態」の根を突き止めるコツ
- チームの技術戦略を調整するコツ

CTOに訊け 「オープンドア」は的外れ

Q 私は直属のチームに「これからは門戸開放のポリシーで行くから」と告げました。何か問題が生じて話し合いたい時にはいつでも来てくれて構わない、と。部下の側であらかじめスケジュールを組めるよう、相談に応じられる時間帯さえ設けて知らせました。それなのに誰も来ず、相変わらず「誰からも報告を受けていなかった問題点を私自身が見つける」という状況が続いています。なぜこの点でチームのメンバーの協力が得られないのでしょうか。

A　管理者が常に忘れてはならないのが「問題を丹念かつ先を見越した形(プロアクティブに)で掘り起こすのが管理者の務め」という点です。たしかにオープンドアを良しとする人もいます――「管理者がオープンドアを宣言し、部下からの相談に応じる時間帯も設けて、いつ来てもかまわないと告げれば、自然と部下が問題点を持ち込んで来るようになるから、管理者は自分で問題探しをする必要がなくなる。というのも、チームの面々は管理者を信頼しており、腑に落ちないことが生じれば必ず知らせに来るからだ」という考え方です。

ただしそうそううまくは行かないのが現実です。オープンドアは理屈の上ではすばらしいポリシーですが、リスクを承知で上司（やそのまた上司など）に問題を知らせに出かけて行くなんて、よほど勇気のある部下でなければできません。それに「上司に説明できるほど問題を熟知している」という前提条件も満たさなければなりません。仮に、あなた自身が育て上げたチームで、メンバーがあなたに並々ならぬ信頼と敬意を寄せている、という状況でも、あなたのレベルにまでは報告されて来ない問題があるのです。そうした問題の中には「メンバーの誰かが辞めなければならなくなる」「プロジェクトが遅れる」「失策や不具合が突然、大規模な悪影響を及ぼしてしまう」といった事態を招きかねないものもあります。今の今まで順調だと思えたチームが、上司であるあなたが背を向けた途端、瓦解してしまうこともあるのです。

オープンドアのポリシーに頼ることのリスクは、あなたとチーム管理者とのランクが離れれば離れるほど大きくなります。昔からよくいるのが、部下との1対1のミーティングやチームミーティングの代わりにオープンドアポリシーを取っているせいで現場に疎(うと)く、「うちの管理職は敏腕揃いのはずだが、才能ある部下がなぜこう次々と辞めていくのか、なぜ仕事がはかどらないのか」と首を傾げている経営幹部です。中間以下の管理職の中には、うまく立ち回って上司や雇用主の信頼を勝ち取り、自分の部署やチームの問題をひた隠しにするのが巧みな人もいるので、上級管理者であるあなた自身が時間を割いて調べようとしない限り「蚊帳の外」に置かれかねません。

あなたが、直属の部下である下位の管理者の勤務を評価する際の判断材料は、煎(せん)じ詰めれば「各人の率いるチームの業績」です。チームの業績が芳(かんば)しくないと、どういうことになるでしょうか。「問題の予測」はあなたの務めなのですから、寝耳に水でチームが崩壊したりすれば大打撃ですし、大規模プロジェクトで出

荷の納期が守れなければ上層の管理者であるあなたの成績にも影響します。しかも、この種の問題は発見が遅れれば遅れるほど修復費用がかさむにもかかわらず、部下はあなたのレベルにまで進言しようとしません。

そこでどうするべきかですが、前章までですでに何度も述べてきたように、部下との1対1のミーティング（以下、「1-1」）で、型通りの報告や「話し合うべきことリスト」をこなすだけでなく、本音で話し合える時間や雰囲気を作る努力が必要です。さらに、あなたの直属の部下の、そのまた部下との間でスキップレベルミーティング（2ランク以上離れた部下との面談。下記参照）を行う時間もぜひ捻出してください。

7.1　スキップレベルミーティング

2ランク以上離れた部下を管理する上で外せない「ツボ」のひとつがスキップレベルミーティングです。それなのに、これを軽視あるいは無視する管理者が少なくありません。私も経験者ですから気持ちはわかります。さらなるミーティングの予定を追加したがる人などいるわけがありません。明確な議題が決まっていないことの多い、この種のミーティングとなれば、なおさらです。それでも、強力な管理態勢を整えたければ、直属の部下のそのまた下の人々とじかに話し合って理解を深め、良好な関係を維持する努力が不可欠なのです。

では具体的にスキップレベルミーティングとは何かですが、ひと口に言えば「直属の部下の直属の部下との面談」です。やり方は2、3ありますが、いずれの場合も目的は「各チームの健全度や焦点の絞り方を把握すること」です。やり方に関係なく、この目的は常に頭に入れておきましょう。

さて面談のやり方です。「部署全体の統率者が、その構成員ひとりひとりと短時間の1-1を、たとえば四半期に1回の割で開く」というものがあります。この方法の第1の効能は、自分の部署の構成員ひとりひとりとの間に、少なくとも表面的な人間関係だけでも築けることです。これによって、部下を人的資源ではなく生身の人間として見られるようになります（部署の構成員を「人的資源」と見なしてしまうのは、大規模な組織を管理する者がはまりがちな落とし穴です）。第2の効能は、部下がわざわざスケジューリングを依頼してまで尋ねるほどの価値はないと思うような事柄についても、あなたに質問できる機会が生まれることです。あなたがこうしたミーティングで

最大の効果を上げるコツは、関連性の高そうなトピックを適宜選んで水を向け、部下から話を引き出すことと、「この面談は主として部下である君のためにあるのだ」と示唆してあげることです。部下の側でもあなたに話したい事柄を事前に選び、考えをまとめて臨む必要があります。

スキップレベルミーティングであなたが部下の話を引き出すのに効果的なセリフをいくつか紹介しておきましょう。

- 今担当しているプロジェクトで最高（最悪）だと思う点は？
- 自分のチームで最近とくにすばらしい働きをしているのは誰ですか。
- 何か君の直属の上司に関するフィードバックがありますか。うまく行っている事でも行っていない事でも構いません。
- 今担当している製品にどんな改良ができると思いますか。
- 我々が見落としているのではないかと思えるチャンスがあったら教えてください。
- うちの部の業務活動は全体的に見てどうだと思いますか。改善、増強、削減できるところがあれば教えてください。
- 我が社の経営戦略で、ピンと来ないところはありませんか。
- 今あなたが持ち味を出し切れていない理由は何でしょうか。
- この会社で働くことに満足していますか。
- この会社で働くことに対する満足度を上げるため我々にできることは何でしょうか。

ただしこうした1-1にも人数の点で限界があります。仮に1四半期の就業日が60日、あなたが統率する部下が60人、1四半期にその全員と1回ずつ1-1を開くとすると、毎日1人と1-1を開くか、「週に5人と1-1を開く」というスケジュールを3ヵ月間こなす、という計算になります。これだけでも大変な負担ですが、部下の数が多くなればなるほど負担は増していきますし、いつかは「到底無理」な点に達します。あなたの1週間の就業時間が40時間、部下が1,000人だとすると、部下との1-1を毎日こなすだけで手一杯になってしまうのです（もっと規模の小さな部署なら、こうした1-1を毎四半期行うことによって、ある程度の効果が得られますが）。

大勢の部下を抱える管理者や、「形式や手順の決まっていない1-1をスケジュールに追加するなんて耐えがたい」と思う管理者には、また別の対処法があります。それは私自身が取っていた方法で、各チームのメンバーを相手に「スキップレベルランチ」

を開くというものです。食べ物は私が注文し、みんなで昼食をとりながらチームの近況について話し合いました。こうしたミーティングを、どのチームについても1四半期に2、3回ずつやるようにしていました。これだけでも、チームの面々とある程度親しくなれるなど、1-1に近い効能が得られます。ひとりひとりにコーチングをする場合ほど焦点を絞った指導はできませんが、各チームの人間関係を把握し、メンバーから直接フィードバックを得られるといった効果があるのです。

もちろんこれは個人ではなくグループを相手にしたミーティングですから、出席者の振る舞いは1-1の時とは異なるでしょうし、チームの仲間の前で直属の上司に対する不満などを（たとえその上司がその場にいなくても）上層部の管理者に明かすことには抵抗感があるかもしれません。私自身が開いていたスキップレベルランチも、多くは技術的な事柄を思いつくままにあげ、それについて気楽に話し合う程度のものでしかありませんでしたが、私がチームメンバーの焦点の当て所を把握する上では役に立ちましたし、会社の戦略の焦点や、他部門の業務、今後の面白そうなプロジェクトに関する細かな質問が出れば、それに答えることもできました。

この種の、グループでのスキップレベルミーティングであなたが部下の話を引き出すのに効果的なセリフも紹介しておきます。

- あなたがたの上司の上司である私が、あなたがたやチームにしてあげられることは何でしょうか。何か私に支援できることはありませんか。
- あなたがたの感触で構いませんが、自分たちのチームとうまく協力できていないチームがありますか。
- 他チームとの間の事柄に関連して、何か私の答えられるような質問はないでしょうか。

私自身の経験で言えば、スキップレベルランチで個々のメンバーと親しくなれ、そのおかげで皆が私のところへ来てくれやすくなりましたし、メンバーのほうから1-1をやってほしいと願い出たり、時には私自身が開こうと提案したりして、仲間の前では話しづらいような微妙な事柄について突っ込んだ話し合いをするようになりました。

こうしたスキップレベルミーティングの「信頼関係や結束力を強めること」以外の目的に、「上層部に対する立ち回りがうまい管理者のせいでチームに悪影響が及んでいる場合でも、その管理者の上司であるあなたがそれを察知できるようになること」というものがあります。このような状況はなかなか察知しづらく、したがって対処も

しにくいのです。この手の管理者はまず自分の上司であるあなたを取り込もうとしますから、何らかの問題が生じた場合、それに関してあなたが最初に耳にするのはこの管理者の見解でしょう。いきおい、あなたもその見解がもっともだと信じ込み、その管理者の決断を支持する傾向があります。このような時にスキップレベルミーティングを開けば、現場の人たちの意見を聞いて真偽を確かめることができるわけです。

　以上、ひと口にスキップレベルミーティングといってもやり方はいくつかあり、効果は大きいが手間暇のかかる1-1をあえて開くか、時間や労力の負担は軽くなるが得られる情報はより大ざっぱなものにならざるを得ない簡略なミーティングで満足するか、常に天秤にかけることになります。しかもこの種のミーティングを開いたからといって大きな成果を上げられる保証はありません。「プロジェクトが壁に突き当たった」「管理者が部下たちに大変な思いをさせている」「チームメイトに迷惑をかけているメンバーがいる」といった情報を耳にしたが遅すぎた、ということもあります。とはいえ、2ランク以上離れた部下たちとの間接的な関係を上手に維持していくコツを身につけるための時間を「投資」だと思ってぜひ捻出してください。

　この仕事を軽視してはなりません。たとえスキップレベルミーティングの相手が、よく知っている人々であっても、です。以前あなたが直接管理していたチームだからといって、当時の緊密な関係を今後もずっと維持していけるとは限りません。長年共に仕事をしてきて、互いによく知った仲であるため、意識的な努力など不要だろうと油断して失敗する管理者は少なくありません。私自身もそうした誤りを犯したひとりです。短期間なら問題ない場合もありますが、チーム状況が変化するにつれて、あなたと元直属の部下たちとの間柄も変わっていくのです。百歩譲ってチームメンバーがまったく変わらなかったとしても、新たな直属の上司との間で生じた問題を必ずあなたの所へ持ち込むとは限りません（その理由は、この章の167ページ「CTOに訊け『オープンドア』は的外れ」ですでに紹介しました）。

7.2　部下である管理者たちに責任を課する

　あなたの直属の部下になった管理者たちがベテランか新米かに関わらず、この上下関係で外せない目標がひとつあります。それは「管理者たちが各自きちんと自分の職務を果たすことであなたの手間を省き、あなた自身の務めを果たしやすくすること」です。あなたがいずれかのチームの細かな問題にわずらわされることなく大局的な見地から仕事を進められるよう、管理者ひとりひとりがしっかり自分の仕事をしなけれ

ばなりません。そもそもそのためにあなたの部下たちはいるのです。1-1の一部をあなたに代わってこなすだけ、といった存在ではなく、各自が自分のチームを成功へと導く責任を負っているのであって、その責任をたびたび果たし損なうようならチーム管理者としては職務怠慢です。

ただし、多少注意が必要な点があります。問題をひた隠しにし、上司の喜ぶことしか口にしない管理者がいるのです（そうすることで、たしかにあなたの手間を省いてはくれますが）。下手をすると何ヵ月も経ってから「大惨事」となって、あなたは「一体いつ、どこで道を間違ったのやら」と首を傾げるハメにもなりかねません。ですから万事部下たちに任せておけば魔法のようにうまくやってくれると期待したりせず、部下ひとりひとりに明確に責任を課することが必須です。些細ではあるものの専門的なスキルである「部下ひとりひとりに明確に責任を課するコツ」を覚える機会にもっとも恵まれるのが、このレベルの管理者になった時なのです。

管理者たちに責任を課するのは生易しいことではありません。チームの管理体制が複雑だと、責任関係がはっきりしないことが多いからです。たとえばあなたの部下である管理者が監督しているチームにはテックリードがいて、そのテックリードが技術的な方向性や質に対する責任を負っており、さらにこのテックリードは機能に関わるロードマップを管理する製品部門や事業部門の管理者とも協働している、といった状況。おまけに、当然のことながら完全に独立したチームなどめったになく、他チームからの影響も受けているはずです。これだけの責任をさまざまな役割の人がいわば共同で担っているわけですから、「管理者ひとりひとりに明確に責任を負わせる」ことのできる場面など到底ないようにも思えてきます。

以下に、扱いの難しい、しかしよくある状況を紹介しましょう。私自身も経験したものです。

- **コロコロ変わるプロダクトロードマップ**——メンバーは「チームの生産性がはかばかしくない」と感じており、システムは不安定、おまけにメンバーの一部が辞めて労働力の低下も幾分か見られる。こんなチーム状態を尻目にプロダクト部門がチームの目標をしょっちゅう変えてくるので、急を要する仕事が常に山積しています。こうした状況を改善するのは管理者の責任でしょうか。
- **道に迷ったテックリード**——テックリードが基幹システムのひとつを再設計しようとして本筋から逸れ、深みにはまってしまいました。デザインドキュメントの作成はほぼ手付かずですし、やるべき事もどんどん溜まってきているのに、

テックリードは「時間のかかる重大な問題を解消しようとしているのだ」と言って譲りません。こうした状況を改善するのは管理者の責任でしょうか。

- **「火消しモード」が常態化**——ある管理者が引き継いだチームは、ひっきりなしに障害が発生するレガシーシステムを多数抱えて「火消し」に追われるだけの毎日、という状況が判明しました。しかもこのチームはそのシステムを運用している他チームのサポートも担当しているので、他チームから絶え間なく寄せられる支援要請や改善要求にしょっちゅう集中を妨げられています。こんな厄介なレガシーシステムを改善するためのロードマップもあるにはありますが、その方面の作業進捗の報告はこれまでまったく受けていません。障害をなんとか処理してひとまず事態を鎮静させ、支援要請に応じるだけでもチームは必死の思い、ということは管理者にもわかっているのですが。事態を改善するのは管理者の責任でしょうか。

いずれの場合も答えは「イエス」。状況が変わって事態が良いほうに向かう可能性もゼロではありませんが、最終的にチームを難局から救い出し、前進させる責任は管理者にあります。管理者はチームの健全性と生産性に関する責任を負っているのです。

最初の事例のようにプロダクト部門が目標をコロコロ変えてくるようなら、管理者はそれがチームに悪影響を及ぼしていることを確認した上で、プロダクト部門と会合をもち、事情を説明し、共同で重要な事項に焦点を絞り直す必要があります。それにも失敗するようなら、管理者は上司であるあなたの支援を仰ぐべきです。

2番目の事例のようにテックリードが本筋から逸れて戻れなくなってしまったら、管理者はそのテックリードを呼び出して、より透明性の高いデザインプロセスを共に模索しなければなりません。必要なら他チームのベテランエンジニアをメンターや協力者として招き、問題の分析と作業の推進に関してテックリードを支援してもらうべきです。

その他の問題が原因でロードマップの日程をこなせない場合、管理者には上司であるあなたに相談する責任があります。上の3番目の事例のように「火消し」に追われてほかに何の仕事もできないようなチームの管理者は、「火事」の原因に対処するための計画を立てなければなりませんし、必要なら他部署から人材を回してもらう要請か、新規採用の要求をするべきです。他部署から大量の支援要請が殺到する状況に関しては、管理者は「作業負荷を勘案し、作業の優先度を決定する」「支援要請によっては、そもそも受け入れるか否かを検討する」「作業負荷を見据えて要員確保の必要性を

検討する」といった責任を負っています。

　以上のような場面で、管理者の支援者としてのあなたの出番は多いと思います。プロダクト部門と渡り合う力のない管理者にはあなたの後押しが必要でしょうし、テックリードの指南役として適格なベテランエンジニアを見つける手助けも要るかもしれません。また、「火消し」のための人員補強の要請を承認するとか、支援業務を他チームへ移管できるよう計らうといった力添えも必要かもしれません。それぞれの管理者が苦労の末、チームの足を引っ張っている問題点を突き止めたら、あなたはその後、管理者の後ろ盾として解決策の模索や実施を助けるべきなのです。こういった取り組みにも「あなたの手間を省き、あなた自身の務めを果たしやすくなる」効果があります。ゆくゆくは、管理者たちが情報の隠し立てをせず、明らかな問題は「大火事」にならないうちにあなたに報告するようになるからです。

　あなたの部下である管理者たちにも、部下をもたないエンジニアの場合と同様にコーチングやアドバイスが必要です。忘れずに時間を割いて管理者たちと顔を合わせ、生身の人間として理解し、長所にも要改善点にも目を配ってあげましょう。各管理者との1-1では、スケジュールや計画立案など取り上げるべき議題が山ほどあるでしょうが、フィードバックやコーチングのための時間も確保してください。なにしろあなたが統率する部署全体の成功や失敗を大きく左右する人たちなのですし、管理者たちの成績はあなた自身の成績にも響きます。ですから部下たちの管理業務には積極的に関わっていきましょう。

7.3　すごい上司、ひどい上司——「ノー」と言える管理者とイエスマン

　チーム管理者のAさんは「皆の良き友」。忠実な部下たちからは「世界一の上司」と慕われています。Aさんの職場での毎日は、ベテランから新人までチームメンバーとの1-1に明け暮れすると言っても過言ではありません。誰もが口を揃えて言うように、部下から相談を持ちかけられればいくらでも時間を割いて話を聞いてくれますし、問題を持ち込めば善処すると確約してくれます。Aさんが管理者になってからというもの、ようやく「聞く耳」をもった上司に恵まれたというのがチームの面々の実感です。ただ、どうも「問題に善処する」という約束をAさんが守った試しがないようなのです。あなたは同僚のC君やプロダクトチームに関する苦情をAさんに申し立てましたが、AさんはC君の昇進を認めてしまいましたし、プロダクトチームからの

矢のような催促や滅茶苦茶な目標も一向に改まる気配がありません。とはいえ皆から問題を山ほど持ち込まれ、大忙しの日々を送るAさんを責める気にはなれません。

一方、BさんはAさんほど部下から慕われてはいません。部下が頼めば時間を割いて相談に乗ってくれますが、それも直属の部下限定で、他チームのメンバーに対しては距離を置く傾向があります。時にはぶっきらぼうな物言いもしますし、オフィスでの噂話や時間の浪費には苛立ちを隠しません。とはいえ、Bさんが管理者になってからというもの、チーム状況が改善してきました。ロードマップの目標は数が絞られ、理にかなった目標ばかりになりました。あなたが苦情を申し立てた同僚のD君にはBさんのほうから助言をしてくれたらしく、おかげでD君もあなたの言葉にきちんと耳を傾けてくれるようになりました。ミーティングも以前より効率的に進められるようになりましたし、久しぶりにチーム全体が集中して仕事に取り組めるようになりました。まだまだ問題は残っていますが、作業がしっかり進められ、しかるべき成果が出せるようになったので、もう前ほど気にはなりません。何より驚きなのは、上司のBさんが毎日ほどほどの時間で仕事を切り上げて退社してくれることです。

Aさんはお人好しのイエスマンで、大切な部下たちの機嫌を損ねることには耐えられません。仮にあなたがAさんの大事な部下だとして、あなたがAさんに頼み事をすると、Aさんは必ず「イエス」と応じます。大勢の部下からいろいろな頼み事をされ、全部実現してあげることなど到底無理な時でさえ「イエス」と答えるのです。こうしたお人好しのイエスマンの多くは、皆のご機嫌取りに明け暮れて心身をすり減らすことになります。

部下の中に、この手のイエスマンがいるか否かを見分ける上で役立つ兆候を、いくつか紹介しておきましょう。

- 部下たちから個人的にはとても慕われているが、問題が発生してもチームに知らせようとせず、ただもうチームを外界から守る盾になろうとするため、管理者としてのチーム内での評価は下がってきている。
- 真の意味でチームのメンバーのスキルアップを促すことよりも、大過なく日々の仕事をこなすことのほうを重視している。
- 機嫌を損ねると顔に出るので、チームの信頼を失いつつある。
- 仕事を依頼されると断れない。おかげですばらしい仕事をいくつも取って来るが、どの仕事も一向にはかどらず、言い訳ばかりしている。
- 安請け合いをするくせに、約束をなかなか実行できない。しかも、実行できな

かった経験を教訓にしてその後の約束を減らす、ということもできないようだ。
- 誰にでも「イエス」と言うため、チーム内と外部の協力相手とに相反するメッセージを発する形になってしまい、至る所で混乱を招いている。
- 社内で起きている問題は漏れなく把握している様子だが、そうした問題に自ら対処することは一切ない。

私はこれまで長年にわたってさまざまなイエスマンを目撃してきました。その中には、上のAさんのような、自分のチームに「ノー」と言えないイエスマンもいました。チームのためならいくらでも時間を割こうとするので、メンバーからは慕われる傾向にあります。皆に寄り添い、皆のためを思い、不満や悩み事があれば何でも手助けをしようと喜んで相談に乗ります。えこひいきをすることはありませんが、当然ながら胸の内を進んで明かそうとする部下にもっとも多く時間をつぎ込む形になります。とくに「セラピスト系のイエスマン」は部下の幸福を心底気にかけ悩み事や不満に熱心に耳を傾けるため、チームに対する部下の忠誠心を大いに掻き立てる傾向があります。あいにく、イエスマンのこうした振る舞いが職場の人間関係のもつれなどをかえって悪化させたり、空約束で部下を失望させたりするケースもなくはありません。

対照的なのが「外面(そとづら)のいいイエスマン」です。自分の上司や、チーム外の協力相手を喜ばせようと躍起になり、たとえ自分のチームが問題を抱えていてもそれを上司や外部に明かすことができません。また、上司や外部との関係を損なわないよう、チームの能力を大幅に超えた量や納期の仕事でも引き受けてしまいがちです。反面、自分のチームの部下たちに対しては有益な忠告や褒め言葉を与えようとしません。意外に思えるかもしれませんが、この手のイエスマンはチームの部下との「気まずい対話」が苦手で、膝を突き合わせての話し合いを避ける傾向があることから、結果的に問題点ばかりか部下の成果からも目をそむける形になってしまいます。チーム内の問題を上司に進んで打ち明けることは決してなく、プロジェクトを持ちかけられれば安易に受け入れてしまいます。

以上、2通りのイエスマンを紹介しましたが、いずれのタイプも「ノー」と言うのが下手であるために、図らずもチームと外部関係者とに相反するメッセージを発してしまいます。たとえばこんな具合です——「製品のバグに起因するデータ関連の問題を解決するなど、単調で退屈な作業でも、外部から持ちかけられた問題には漏れなく飛びつき、すべて我がチームで担当、解決するべきだと主張する。そのくせチームにその仕事に焦点を当てさせて完遂させることができないため、作業は一向に進捗しな

い。おまけにこの管理者は顧客が直面している問題をチームに明確に伝えようとしないため、チームは問題修正の優先順位付けに失敗する」。つまりチームにいやな仕事をさせてはなるまいと外界を遮断する盾の役割を演じているつもりで、かえって作業の遅滞を招き、チームの問題解決能力を恒久的に削いでしまうわけです。

「外面(そとづら)のいいイエスマン」は、その上司にとっては重大な盲点となりかねません。上にはプラスのことしか報告せず、上からチームに持ちかけられる仕事には例外なく「イエス」と応じるため、その管理者のチームやプロジェクトが抱える問題を、その上司が知った時にはすでに手遅れとなっているケースが多いのです。この種のイエスマンは、不安材料から上司の目を逸らすのが巧みで、言い訳も山ほど思いつき、次回はもっとうまくやりますからと確約して見せます。上司からの批判的なフィードバックに対しては心底反省しますが、他者を明らかに不快、不幸にさせる類(たぐい)の事は、この種のイエスマンにとっては大変辛く、なかなかフィードバックの教訓を活かせません。おまけに、上司であるあなた自身が多分こうしたイエスマンを個人的にはどうしても憎めないのです。実に「いいヤツ」なのです。

「人のいいイエスマンが率いるチームなら、チームの面々は自分の弱点も失敗も気にせず安心して仕事ができるのでは？」と思う向もあるかもしれませんが、現実は正反対です。この手の管理者自身が失敗や拒絶を恐れるため、チームは失敗を糧(かて)にして成長する「健全な失敗」を重ねられないのです。まず、外面のいい管理者は、チームに対してさまざまな口実を使い、必要なら「誰からもとても好かれる人」という自己イメージを利用した感情操作までして腹蔵のない対話を回避します。一方、チームに「ノー」と言えない管理者のほうは、実行不可能なことを約束することでチームを最終的には失敗に陥れる形になってしまうため、チームは自分たちに過剰な期待をかけた管理者や会社に苦々しい思いをもつことが少なくありません。

では、自分の直属の部下である管理者たちの中に、このようなイエスマンがいた場合の対処法は？　その人が必要に応じて「ノー」と言えるよう心の持ち方等の指導をすると共に、失敗の責任をひとりで背負い込まないよう意思決定をより客観化する手助けもしてあげましょう。たとえば、作業のロードマップを作ってくれる有力なパートナーをこの管理者に付ける、というのは望ましい選択肢のひとつです。また、イエスマンの管理者の中にはアジャイル開発の枠組みで真価を発揮する人もいます。アジャイルソフトウェア開発ではチーム全体が作業の計画立案を担うからです。このように意思決定の責任をすべて管理者ひとりが背負わなくてすむようなスケジュールの立案プロセスを編み出してあげてください。また、昇進など種々の機会を管理者が

チームメンバーに提示する場面に関しては、安請け合いをしないよう（すでに前章までで紹介してきたように）メンバーが満たすべき要件や踏むべき手続きを規定するとよいかもしれません。たとえば、部下の昇進を決定する権限をチーム管理者が他者と共有するのであれば、管理者は部下に安請け合いをすることなく、そのプロセスを提示して「自分ひとりでは判断できないことだから」と説明するだけで事足ります。

　もうひとつ、自分の直属の部下である管理者たちの中にイエスマンがいる場合に効果的な対処法があります。それはその管理者の振る舞いを指摘し、その不都合な点を明確に説明する、というものです。「イエス」ばかり言うクセがチームにとっては問題であることを自覚してもらうだけで十分な場合も多いのです。ただし、「ノーと言えないこと」と「無私で仲間思い」という個人的な取り柄とが表裏一体になっている人が多いですから、たとえ行動を改めるよう指導する場面でも、その点はしっかり認め、褒めてあげましょう。なにしろこの種のイエスマンは人に喜んでもらいたい一心で行動しているのですから。

7.4　新任管理者の管理

　よく言われることですが、管理の仕事を引き受けるというのはエンジニアにとってはキャリア上の大きな変化です。当然、新任の技術管理者にはさまざまなコーチングが必要です。あなた自身も初めてチームをひとつだけ率いることになった時に体験したと思いますが、最初のうちは「自分が何を知らないか」もわからないものです。平のエンジニアの頃、「できる上司」に恵まれた人なら、その上司が自分に対してやってくれたことをお手本にしたかもしれません。いくらか研修を受けたり、この本のような指南書を読んだりもしたでしょう。それでもおそらく暗中模索を強いられたのではないでしょうか。ただし、当時のあなたの上司が「できる上司」で、あなたが要領を覚えるまで手ほどきをしてくれた場合はもちろん別です。

　新任の管理者たちを統率する管理者にとって、自分の職務時間の一部を部下たちのために有意義に使うというのは非常に大切なことで、そのための手間暇は「その後長期にわたって自分の組織に利益をもたらす上では欠かせない初期投資」と見なすべきです。たしかに「今度の新任の管理者は対人スキルに長けているから、コーチングはあまり必要ないだろう」と思われるケースもあるでしょう。部下自身も同様に考えているかもしれません。しかし「できる上司」となるのに必要なスキルは対人スキル以外にもあれこれありますから、対人スキルに長けている部下にとっても、ある程度の

研修は必要なのです。

　さて、チームの既存のメンバーを昇進させたにせよ、新任の管理者を新たに雇い入れたにせよ、その新任管理者の上司であるあなたとしては、チームに対する責任をその管理者に一任できると期待するのが普通でしょう。「やれやれ、ようやくこのチームを任せられる人が来てくれた！」というわけです。しかしあいにくあなたはその新任の管理者がどういう人物でどういう考え方をするのか、基本的なことさえまるきり知らない、というケースもあり得ます。ですから、たとえばその新人との1-1を開くのにも（とくに初回は）勇気がいるかもしれません。何について話そうか。フィードバックはどのように与えればよいだろうか。1-1の結果得られた要注意点は、どんな形で記録、追跡すればよいだろうか。指南書を繙いたり研修を受けたりするよりも、こうした1-1の開き方に関しては実際に1-1を行って相手の意見を聞き、今後どのような質問や課題を駆使して指導していくべきもあなた自身が時間を割いて模索するのが一番です（相手によっては、最初に「1-1を開こう」と念を押しておくだけで、万事がスムーズに運んでしまうこともありますが）。

　新任の管理者の中には、過去に経験したことのない大変そうな職責を前にして「知らんぷり」を決め込む人がいます。あなたが率いる新任管理者の中にそういう人がいて、チームの管理を怠り、管理者が把握していて当然の詳細をつかみ損ねていると、チームに悪影響が出始めます。それはつまり、その管理者の上司であるあなたにも悪影響が出るということです。たとえば、チーム管理者がしかるべきキャリアパスを提示してくれない、昇進を見据えた支援や激励をしてくれない、といった理由で辞めるメンバーが出始めたりすれば、最終的にはあなた自身の責任問題となります。まずはスキップレベルミーティングを行って、管理者が指導を要する領域を突き止めるとよいでしょう。管理者本人にも「君を十分に指導できるよう、スキップレベルミーティングを頻繁に開くことにした」と告げてください。

　新任管理者が苦戦していることを示す兆候の中でもありがちなのが「働き過ぎ」です。毎日長時間ぶっ続けで働いている新任管理者は、おそらく前の職位の責任をチームの他のメンバーに託せておらず、新任の職責と兼務する形になってしまっているのでしょう。新任としての仕事を覚えようとしている時期ですから、多少前より忙しくなるのは当然ですが、毎日早朝に出社して夜遅くまで残業し、週末もメールばかり書いているとなると話は別です。にもかかわらず、前の仕事をチームメイトに委譲するコツがつかめず、勤務時間が増える一方、という新任管理者は驚くほど大勢います。ですからあなたは新任管理者に「前の仕事は一部分でもチームメイトに委譲するもの

7.4 新任管理者の管理

と期待している」と告げ、管理者自身が委譲の機会を見きわめられるよう手助けをしてあげなければなりません。

　新任管理者の「働き過ぎ」という兆候が示唆する好ましくない状況はもうひとつあります。「権力」を手に入れたと思い込んでいる節がある場合です。こういう管理者は、あらゆる意思決定の責任を一手に引き受け、チームの面々に細かく仕事を割り振り、厳しく管理したがります。前述の「知らんぷり」を決め込む職務怠慢管理者も困りものですが、新たに手にした権力を行使するにはこれしかないとばかりに猛烈管理者になられるのは、場合によってはもっと困りものです。この手の管理者はチームを独裁者のごとく支配するため、その管理者の上司がスキップレベルミーティングを開いてその管理者の部下であるベテランメンバーの意見を求めると「自分たちには何の決定権もない」という不満が寄せられたりします。これはチームのメンバー全員に常時詳細な報告を要求する細かすぎる上司とは少し違いますが無関係でもありません。こちらの管理者の場合は言ってみれば「仕切りたがり屋」であり、そういう意味で常軌を逸した微細管理でチームの面々をひどく苛立たせるのです。チームの意思決定力を奪い、誰にどの仕事を割り振るかを決めるのは自分の仕事だと信じ切っています。大抵、製品管理部門や他の技術チームの管理者たちとの関係は芳しくありません。協力せずに単独で決断を下そうとして衝突することがしばしばだからです。さらに悪いことに「仕切りたがり屋」は手にした権力を奪われまいとして、上司にチームや作業の状況を報告したがらない傾向があります。直属の新任管理者があなたとの1–1をさぼったり、チームや作業の状況に関するあなたの質問をのらりくらりとかわしたりするようなら、「仕切りたがり屋」かもしれません。

　あなたが指導する新任管理者は、前述のとおり、やがては1–1の多くをあなたに代わってこなすだけでなく、ほかにもさまざまな職責を果たすことによって最終的にはあなた自身が職責を果たしやすい環境を生み出すようにならなければなりません。チームの運営や提供作業の先頭に立って、皆に焦点を絞らせ、結果を出させるようにならなければならないのです。ところが時に、こうした責任を担ったという自覚をもてず、達成の難しい、しかしやりがいのある目標やプロダクトロードマップを前にして「自分にはとても無理」と竦んでしまう新任管理者がいます。こうした管理者を、必要が生じるたびに叱咤激励し、職務を再確認させ、手取り足取りチームの計画立案の基礎を繰り返し復習させてあげるなどということは、もちろんあなたの務めではありませんが、管理者になりたての時期にはコーチングも必要でしょう。この最初の段階では、その新人管理者がチームに対してどのような責任を負うことになったのかを

明示し、その責任を果たすためのスキルを身につける後押しをしてあげてください。

　新任管理者の扱いには注意が必要です。しっかりした管理者になるためのスキルを覚えたいという意欲と、その適性に欠けていると大問題になりかねないからです。とかく人選の誤りというミスはあるものですが、そのミスに気づいてもなお、その人材を管理者の職にとどめるなら、それは重大なミスです。そこで私が強く推奨しているのは「管理の道へ舵を切りたいという意欲を示しているエンジニアに対しては、まず、ごくごく小規模なチームのメンタリングや管理といったごくごく小さな責任を担わせてみる」という手法ですが、こうしたことが不可能な現場もあるでしょうし、チームや責任が大きくなるにつれて生じてくる問題を漏れなくつぶせるとは限りません。たとえば「仕切りたがり屋」の側面は小規模なチームを管理している段階では顔を覗かせることが少なく、むしろ「肩書き」に付随する本物の権限を手にするまでは「仕切りたい」衝動をぐっと押さえつけていることが多かったりするのです。ですからあなたは新任の管理者たちにはしっかり目を光らせていなければなりません。最初の半年間に、コーチングだけでなく、批判的なフィードバックを厳しく与える必要が生じる場合もあるのです。

　新任の管理者のためにはコーチングだけでなくチーム外での研修の機会も考えてあげるとよいでしょう。人事部が用意している新任管理者のための研修プログラムがあるなら、それを受ける時間をもらえるよう取り計らい、本人たちにも受けるよう勧めてください。さらに社外でも研鑽を積む機会がないか検討してあげてもよいでしょう。たとえば技術部門の管理職を対象にしたカンファレンスや、現職または前職の技術管理者がとくに技術部門のリーダーに関するトピックをテーマとして実施しているプログラムなどです。通常、新任管理者は管理のコツを覚えたいという意欲にあふれているもので、専門家によるこうしたプログラムは有益でしょう。

7.5　ベテラン管理者の管理

　次はベテラン管理者の管理についてです。前項の「新任管理者の管理」とはまた大きく異なる、それでいてこれまた難題ぞろいの職務です。とはいえベテラン管理者の中には見事な手腕を発揮する人もいます。何をすべきかを心得ていて、あなたの手を借りなくてもきちんと遂行します。管理の基本を熟知しており、自分ならではの「奥の手」さえもっています。まさに良いことずくめ、でしょう？

　いやいや、もちろん不都合もあり得ます。そもそもマネジメントは、どちらかと言

えば、それぞれの会社や組織の文化(カルチャー)に根差した仕事です。ですから私が丸1日かけてあなたにベストプラクティスの数々を紹介することは可能でも、仮にあなたの部下が社風に合わない管理者であったり、あなたが採用した人材が社風に合わない人物であったりすれば、あなた自身が問題を抱え込むことになるのです。米国のまだ歴史の浅い企業が、草創期から勤続し会社のDNAを十分理解している社員を経営チームに参画させたがるのには、それなりの理由があります。社風や理念を知り尽くした社員は何が大切なのかを理解していますし、職務を遂行し結果を出すための人脈を社内ですでに確立しているのです。

　というわけで、ベテラン管理者の上司であるあなたがまず最初に取り組まなければならない難題は「直属の部下となったベテラン管理者が、あなたの統括するチーム全体の文化に合う人物であるかどうかを確認すること」です。「企業文化との適不適」はどの地位の人材募集でもよく判断材料にされますが、管理者はいわばサブカルチャーを生み出す存在なので、とくにあなたが直属のチーム間の協力体制を重視する場合は、チーム全体の文化(カルチャー)にそぐわないサブカルチャーを生み出す管理者は問題の種となる恐れがあります。具体例をあげて考えていきましょう。あなたはある人材をチーム管理者として採用しようとしています。その理由は「この人物が、あるタイプの製品を構築するための専門知識をもっており、そういう人材は我が社にはまだいないから」というものです。まだあなたの会社が持ち合わせていない知識と視点をもたらしてくれるのですから、すばらしい人材でしょう。しかしプロダクト関連の専門知識を珍重するあまり、会社やチームの文化やプロセスという点での相性を看過してしまうことが少なくありません。たとえばあなたの会社がロジスティクス分野での業務拡張を目指しており、そのための開発・運営技術を必要としている場合、全社規模の倉庫管理ソフトウェアを構築するための専門知識に精通している人材は履歴書を見る限り適材と思えるかもしれません。ただ、もしもその人物がなじんできたのが「半年に1度のアップデート頻度」と「製品のアイディエーションプロセスを経験したことのないリモート開発チームを指揮しての作業」であれば、現場チームを率いてのアジャイル開発には不向きかもしれません。

　あなたが育て上げようとしているのが、製品を中心に据えた活動的、流動的な技術チームであるなら、必要な管理者は「複数のチームが協働してソフトウェアを頻繁にアップデートする手法を理解し、最新式の開発プロセスのベストプラクティスを熟知し、製品に焦点を絞れる創造性豊かなエンジニアたちを鼓舞しつつ率いていける人物」です。こうしたスキルのほうが、業界固有の専門知識よりもよほど大事なのです。

業界特有の情報を入手することなら、企業文化に即した働き方のできない人材をとどめておくことよりよほど容易です。「文化的な相性」の点で妥協をしてはなりません——管理者を新たに雇い入れようとする場合にはとくにそうなのです。

なお、経験豊かな管理者は、管理という仕事に対する捉え方があなたとは多少なりとも異なるもので、あなたはその差を埋める努力をしなければなりません。「差を埋める」ということは、「何であれその管理者が最良と見なすことをすべてやらせる」ことではありません。その人の管理の経験年数があなたのそれを上回っている場合でも（あるいは、おそらくその場合はとくに）、有益なことはその人物から積極的に学ぶとしても、あなたなりのフィードバックを提供することを恐れたり遠慮したりしてはなりません。流儀の異なる部分については、あくまでもあなた自身が主導権を握り、ベテランの教えも請う、という形で調整していくべきです。

繰り返しますが、マネジメントは文化(カルチャー)に根差した仕事です。あなたは自分が率いる組織の文化を育む責任を負っています。とくにあなたの勤続年数が部下たちのそれよりも長い場合、あなたがチーム全体にとって最良と見なす文化を、直属の部下である管理者の誰もが尊重し育むよう、あなたが計らうべきです。たとえばあなたがチーム運営で透明性を重視するなら、部下である管理者と確実に情報を共有できるよう計らってください。アイデアの模索を奨励するチームを育て上げたければ、スケジューリングでアイデア模索の時間と場を用意するようチーム管理者に命じましょう。あなたは自分が良しとする文化の価値観を熟考し、そうした価値観を部下である管理者たちが具現化するよう支援する必要があります。その際、どのチームもそれぞれに多少の違いがあることと、どのチームの管理者にもそれぞれに長所短所があること、そうした長所短所に関する責任もあなたが担っていることを忘れてはなりません。

ところで、ベテラン管理者を鼓舞するにはどうしたらよいでしょうか。ベテラン管理者と新任管理者の違いは「ベテラン管理者は独力で管理の仕事をしっかりこなせる」という点です。これはつまり、あなたがベテラン管理者に対して行うコーチングは「マネジメントの基本」よりもむしろ「担当分野における戦略策定と方向付けに、より大きく関与していくコツ」に関するものが多くなる、ということです。あなた自身の職務のうち、どれをベテラン管理者に委譲できるか、忘れずに検討してください。あなたの組織の方向付けでは重要な相談役となってくれるはずの人材です。また、新任の管理者の場合ほど多くの研修や訓練は要らないでしょうが、社内でも社外でも人脈を拡げるための支援を必要としているベテラン管理者は多いので、その意味で有益なプログラムを探してあげてもよいでしょう。

7.6　チーム管理者の中途採用

　想像してみてください。あなたの率いる組織は成績不振にあえいでいます。そこであなたは経験3年未満のエンジニアを10人雇い入れました。それを率いる管理者になる気があるかどうか、資格のある既存のエンジニアひとりひとりに打診してみましたが、誰ひとり「うん」と言ってくれません。どのみち皆、管理の経験は無いに等しいので、管理者に抜擢するなら事前の研修や訓練をかなり要します。困り果てたあなたは、新たな管理者を中途採用し、チームの責任の一端でもいいから担ってもらおう、と決心します。さて、どうすれば？

　外部から新たに管理者を雇い入れることに乗り気でない人は多く、それにはもっともな理由があります。応募してきたエンジニアが、チームの一員として他のメンバーを苛立たせることなく質の良いコードを書けるかどうかを見きわめるだけでも至難の業です（コードを書く能力は実際にやって見せてもらって良し悪しを判断できる数少ないスキルなのではありますが）。それがマネジメントとなると……うーむ、そもそもマネジメントとは何ぞや、という次元の話になってしまうのです。「マネジメントの能力って言ったって、面接でどう試してどう判断すればいいの？」「採用過程での留意点は？」と頭を抱えてしまうわけです。

　管理者の採用面接で確認を要する事柄は2点——エンジニアを採用する場合とあまり変わりません。まずは「あなたが求めているスキルの持ち主であるかどうか」、そして「あなたの率いる組織の文化に合った人材であるか」を確認してください。

　管理者の採用面接とエンジニアの採用面接で一番大きく異なるのは（理屈から言えば、ではありますが）「エンジニア候補よりも管理者候補のほうがあなたを煙に巻きやすい」という点です。すでに細かく説明してきたように「管理のスキルの基盤はコミュニケーションだ」と言っても過言ではありませんが、採用面接で巧みなコミュニケーション術を駆使し、口先だけでうまいことを言って採用され、いざ仕事を始めたら何の結果も出せなかった、という管理者が確かにいるのです。同様に、採用面接で見事なプログラミングの腕前を披露して採用されたエンジニアでも、いざチームの一員となってみたら目ぼしい成果を上げられなかった、というケースも時にあります。ですから管理者の採用面接では、「この人を雇ったらどうなるか」という不安はひとまず脇へ置き、面接で評価するべき点に集中しましょう。応募者を評価し、有益な情報を得ることは可能です。ではその方法は？　今あなたが必要としている管理者のスキルに照準を定め、それを持ち合わせているかどうかを応募者に尋ねればよいのです。

具体的に、まずは1-1について。すでに述べましたが、1-1は管理者にとっては、自分のチームの「健康度」を見定め、重要な情報を収集、伝達する上で不可欠なツールです。ですから管理者の採用面接では応募者に「模擬1-1」を2つ3つやってもらってください。その際、こんな手法が効果的です——「この管理者の直属の部下となる予定のチームメンバーに模擬1-1の相手役を務めさせ、今チームが抱えている問題や解決したばかりの問題を提示し解決の支援を仰がせる」というものです。「シニアエンジニアに対して、上司が自分自身で解決したばかりの問題を提示し、どういったアプローチでデバッグすればよいかを尋ねてみる」という手法の場合と同様に、採用面接の応募者が優れた管理手腕の持ち主であれば（たとえその問題に実際に関与している人々やプロジェクトをよく知らなくても）どのような質問を繰り出して部下に考えさせるべきか勘を働かせ、事態を改善するための次なる手を示唆することができるはずです。その後さらにもう一歩踏み込んで、「勤務成績が平均未満の部下に対処する」「勤務評価の批判的な面接を行わなければならない」といった「やりにくい場面」をどうさばくかを評価するための「模擬1-1」を行うという手もあるでしょう。

　もうひとつ重要な要件があります。それは「管理者はチームそのものに内在する『バグ』を解消できなければならない」という点です。これについては「過去にあなたのチームのプロジェクトで遅れが出た時、どう対処しましたか」と尋ねてみたり、辞めようかと思っている部下を想定した模擬1-1をやってもらったり、勤務成績が良くない部下にどのようなコーチングをしたかや、成績優秀な部下をどう後押しして昇進させたかなどを話してもらったりするとよいでしょう。

　さらに、自身の経営哲学についても語ってもらいましょう。「経営哲学なんてありません」と答えるようなら、危険信号と見なしてよいかもしれません。経験の浅い管理者ならいざ知らず、ベテラン管理者が明確な経営哲学を持ち合わせていないというのは懸念材料となり得ます。その人は、管理の仕事をどう捉えているのでしょうか。どのようにして現場の最新の状況を把握しているのでしょうか。仕事の委任はどのようにやっているのでしょうか。

　ちなみに、応募者の勤続年数や予定の職位にもよりますが、採用面接で（何人かの聴衆を前にしての）プレゼンテーションをしてもらうという手法もあります。その狙いはプレゼンテーションの内容の良し悪しを判断することではなく、応募者が聴衆にどう向き合い、その注意をどう引き付け、受けた質問にどう答え、考えをどう組み立てるかを観察することにあります。これは上級管理職に必要なスキルで、応募者がこれを欠いている場合は、採用の判断材料のひとつとして記録する必要があるでしょ

う。ただしこの点を重視し過ぎるのは禁物です。講演者としてかなりの実績を積んできた私自身が思うのですが、タイプによって、話術が有利に働く管理者とそうでもない管理者がいるので、聴衆を前にしてのプレゼンテーションの出来不出来がすべてで̇はないのです。他の点で非常に優秀な管理者でも、見知らぬ顔ばかりの聴衆を前にして話すのは苦手という人は大勢います。

　技術的スキルについてはどうでしょうか。まず、これから管理するチームのメンバーから信頼されるレベルの技術的スキルを応募者がもっていることをある程度まで確認する必要があります。コード書きもその管理者の職務に含まれる場合は、あなたが普段やっている標準的な技術的面接の短縮版をやってみるとよいでしょう。コード書きが職務に含まれない場合は、その応募者の経験を勘案した上で、これなら答えられるだろうと思われるレベルの技術的質問を投げかけてみましょう。たとえばその応募者がこれまでに構築または管理してきた類(たぐい)のシステムのデザインやアーキテクチャに関する質問をしてみる、といった具合です。また、過去に遭遇したトレードオフの状況を説明してもらい、その時どう対処し、なぜそのように対処したのかも必ず話してもらいましょう。さらに、模擬ミーティングを開き、ある問題の解決法について意見が異なるエンジニア同士の仲介役を演じてもらい、技術的な議論を進めてもらうという手法も選択肢のひとつです。腕の良い技術管理者なら、どんな質問を繰り出せば中核となる問題点をあぶり出し、賛成反対の両派を確固たる意見の合意へと導けるかを心得ているはずです。

　以上、管理者の採用面接で確認を要する事柄のひとつ目、すなわち「あなたが求めているスキルの持ち主であるかどうか」について説明しました。続いて2つ目の確認事項、「あなたの率いる組織の文化に合った人材であるかどうか」に移ります。すでに述べたように、会社や組織の文化はチーム全体にとって大きな意味をもちますが、管理者の中途採用においてもきわめて重要で、ここでしくじるとはるかに大きな問題の種となりかねません。あなたは会社全体や部署の文化を理解できない管理者と共に働いた経験がありますか。たとえば、大企業に勤めていた人がスタートアップの管理者として中途採用されたけれども、新しい職場の迅速で形式張らない作業スタイルになじめないとか、スタートアップで働いていた人が大企業の管理者として中途採用されたものの、コンセンサスを得るコツを知らない、といったケースです。ただし私は「大企業に勤めていた人はスタートアップでは有能な管理者になれない」とか「スタートアップで働いていた人は規模の大きな職場では成功できない」とか言っているわけではありません（現に私自身が大企業からスタートアップへ移って成功しました）。そ

うではなく、あなたが自分の会社や部署の文化をしっかり理解した上で、応募者がその文化になじめるかどうかを評価する必要があると言いたいのです。

　ではこうした文化的な相性を判断するふるい分け(スクリーニング)はどのようにしたらよいのでしょうか。詳しくは9章で説明していますが、ひと口に言えば「まずはあなた自身が会社の価値観をきちんと理解しなければならない」です。あなたの会社では、職階をさほど重視しないゆるやかな上下関係が敷かれているでしょうか。それとも職階を尊重し、上下関係を厳しく守っているでしょうか。過去にどちらのタイプの職場にいた人でも、他方の、違う流儀の職場へ移れば、問題を抱えたり起こしたりする可能性はゼロではありません。私自身が過去に目撃した中にも「大企業からスタートアップへ管理者として移って来た人が、同僚には愛想よく接するくせに、部下も含めて下位の社員に対しては人間以下の扱いをするので、社内が殺伐とした雰囲気になってしまった」とか「各自が最重要と見なした事柄に基づいて行動する社風のスタートアップから、他の複数の関係部署の承認を得なければ事を進められない職場環境の大企業へ移籍して悪戦苦闘した」といったケースがあります。いずれも明白な「カルチャーギャップ」の事例です。仮にあなたが「サーバントリーダーシップ（何よりもまず自分に従う人々に尽くしたい、そしてその上で皆を導きたいと願う統率手法）」を良しとするタイプの上司なのに、チームに細部まで命令を下して厳しく管理したがる管理者を部下として雇い入れたりすれば、文化的不適合になるでしょう。同様に、あなたがチームワークを重視しているにもかかわらず、一番声高な主張が勝利を勝ち取るという考えの管理者を雇い入れれば、これまた問題を抱え込むハメになりかねません。

　管理者に関しては文化的相性が重要な役割を演じます。というのも、管理者は信奉する文化に即したチームを育て上げるものですし、新たな人材を採用する際にも自分が信奉する文化を判断基準のひとつにするからです。あなたがチームの文化にそぐわない管理者を雇ってしまうと、次の2つのうちどちらかの事態が生じる恐れがあります——ひとつは「管理者がチームを掌握できず、あなたはその管理者を辞めさせざるを得なくなる」という事態、もうひとつは「チームメンバーの大半が辞めてしまって、やはりあなたはその管理者を辞めさせざるを得なくなる」という事態です。時には、ある領域の文化の修正が不可避な状況となり、新たな管理者を雇い入れることでそれが加速するというケースもあります。このような管理者の交替を自分たちに有利な形で活用することは可能で、現に成長拡大中のスタートアップではそれをよく見かけます。経験豊富な管理者や幹部を採用することで、チームや会社に欠けている経験を補うわけです。これが多大な効果を生む場合もありますが、悲惨な結果に終わってしま

う場合もあります。結果はどうあれ、チームや会社とは異なる新たな文化の担い手が入って来ると、辞めていく人が出るのが普通ですから、あえてこの手の人材を採用する際には事を慎重に進める必要があります。

シリコンバレーのトップ経営者、アンドリュー・S・グローブが著書『High Output Management*』で、文化の価値は「意思決定者がきわめて複雑で不明確(もしくは曖昧)な状況下で、自分ではなく自分の属するグループのためを思って決断を下す要因のひとつとなり得るところにある」と説いていますが、これは達見だと思います。グローブによると、新来の社員の大半が当初は自分中心の視点で行動しますが、やがて同僚と親しくなるにつれて、所属グループ中心の視点へと変わってくるのだそうです。ですから、もしもあなたが新たに雇い入れた管理者の職務がのっけから非常に複雑(あるいは不明確)なものである場合、その新来の管理者が職場の文化にすんなりなじみ、早い段階でその文化に即した意思決定を下せるようにならないと、挫折する傾向が強くなります。採用過程で会社の既存の文化的価値観に親和性のある候補者をふるい分けできれば、そういう人こそ個人的信条の異なる候補者よりも早くに溶け込めるはずなのです。

最後に、管理者を中途採用する際の要件をもうひとつ。これを忘れたら手抜かりと言えるほど重要な要件で、それは「身元照会」です。(たとえ以前あなたと共に働いていた人であっても)採用候補者の前の職場での働きぶりは徹底的に確認しなければなりません。推薦者や信用照会先に、成功も失敗も含めて候補者の勤務状態を問い合わせて、いろいろ訊いてみてください。この人物と共に(あるいはこの人物のもとで)もう一度働きたいか、この人物のどこに好感がもてて、どこにイライラさせられるか、等々。こうした確認を怠ったりすれば、チームに対して「ひどい仕打ち」をすることになります。候補者が慎重に選んだ推薦者や信用照会先であっても、今後の参考となる事実をかなり明かしてくれることが多いのです。不可欠の作業ですので、これを省いてはなりません。

---

* 訳注:Andrew S. Grove, High Output Management (New York: Vintage Books, 1983)(邦訳『High Output Management ── 人を育て、成果を最大にするマネジメント』2017年、日経BP社)

> **CTOに訊け**　自分が疎(うと)い分野のチームの管理

Q　部長としてこれまで複数のソフトウェア開発チームを統括してきた者です。この度、さらに運用チームとQA（品質保証）チームも管理するよう命じられました。この種のチームの管理は未経験ですので、うまくこなすコツがあれば教えてください。

A　油断は禁物です。このような場合に「ソフトウェア開発チームの管理の延長にすぎない」と高をくくる人は大勢いますが、私の経験で言うと、こうした未経験の分野は焦点の当て所が把握しにくいのです。そのため、手遅れになるまで問題に気づかないことも残念ながら多々あります。

　ここでしくじると、どういった事態を招いてしまうのでしょうか。私自身も経験しましたが、大問題に発展してしまうこともあります。たとえば、あなたがよく理解できていない分野のチームに新しい管理者を雇い入れた場合、その管理者が判断を誤ったとしても長い間あなたが気づかずにいるという状況が生じやすいのです。とくに長期にわたるプロジェクトでは進捗の遅れを隠すことも容易なので事が深刻化しがちです。

　興味深いことに、この問題の対処法として有効なのが、メンタリングに関する解説で紹介したのと同じ心構え、つまり「常に好奇心を絶やさない」です。あなたは部長だからといって、何でもかんでも知っていると皆から期待されているわけではありません。この点を忘れず、逆手に取ればよいのです。新たに雇い入れた管理者に、仕事の内容を教えてもらいましょう。その管理者をあなた自身のメンター役に見立てて、仕事のコツをじっくり教えてもらうのです。QAチームだろうがデザインチームだろうが製品管理チームだろうが技術的運用チームだろうがかまいません、とにかくどんどん質問してください。ただしあくまでも公平かつ率直な態度で。そしてその狙いが「新任の管理者の仕事を理解して、その真価をより良く認められるようになること」である点も明確にしましょう。

　最後にもうひとつアドバイスを。人間誰しも「勝手知ったる分野」により多くの時間を割きたくなるものですが、とくに未知の分野のチームの管理を命じられたばかりの時期には、むしろそうした未知で手薄な分野にこそかなりの時間を投入する覚悟を決めてください。部下を信頼してどんどん仕事を任せたい

> と考えるタイプの管理者は、ついつい「うまくやってくれるだろう」と期待して任せてしまいがちですが、自分が疎い分野でこれをやってしまうと手遅れになるまで問題に気づけない場合があります。もっと困るのは、自分の疎い分野は「興味がない」とか「時間を費やす価値がない」などと決め付けて、部下たちがチームの問題点を指摘していても、なかなか対処しようとしない管理者です。自分の疎い分野には好感がもてず、日頃から無視していることへの罪悪感も手伝って、長い間、ついつい問題から目を逸らし続けてしまうのです——得意分野で生じた問題なら、こんなに長い間手付かずではいられないはずですが。ですからとにかく歯を食いしばってでも疎い分野を知るための時間を捻出してください。各分野のチームの管理者とメンバーを理解し、各分野の詳細について尋ねる時間を設けるのです。そうすればやがては、そのチームが進めている仕事を大まかにでも把握できるようになってきます。

7.7　機能不全に陥った組織の「デバッグ」の基本

　卓越した技術管理者がデバッグの名手でもあるケースは結構多いように思います。なぜでしょう？　管理の仕事とデバッグの仕事に共通する有効なスキルとは？

　デバッグの名手はバグ発生の理由を執拗なまでに探求します。アプリケーションのロジックの誤りを探す程度なら単純な作業ですみますが、周知のとおりバグは奥深くに潜んでいることがあります（とくに遅延の発生するネットワークでいくつものコンポーネントを運用するといった複雑なシステムではその可能性が高くなります）。ちなみにデバッグの下手な人がしでかすのが「エラーを見つけようと同時に動くプログラムに対してログステートメントを加えてみて、エラーが再現されなければ問題は解消できたと即断してしまう」という間違いです。いい加減な手抜き作業ですが、これをやる人が少なくありません。時には究明不可能と思えるような問題点もありますし、（自分たちが作成したものであれ、他の人の手によるものであれ）何層にも及ぶコードやログファイル、システム設定など、一度だけしか起こらなかったある事象の真相を探るのに必要な対象を深く掘り下げる忍耐力を欠いている人が多いのです。だからと言って私はこういう人たちを非難する気にはなれません。1回限りの問題を執拗に解決しようとするのが必ずしも有効な時間の使い方とは言えないのも事実です。それでも、粘り強く解決しようとする姿勢からは「未解明のままにしてなるものか」

という意気込みが汲み取れます。未解決にしておくと夜中の2時に呼び出されかねないようなケースなら、なおのことです。

　それにしても、以上のことが管理の仕事とどう関わるのでしょうか。複数のチームを管理するというのは、複数の複雑なブラックボックスと他の複数の複雑なブラックボックスの間の一連のやり取りを管理する仕事にほかなりません。こうしたブラックボックスには入力と出力があり、そういった動きは監視することができます。あなたはそうやって監視していて、出力が意に沿わないものであれば、その理由を突き止めなければなりませんが、そのためにはブラックボックスの蓋を開けて中の状況を確かめる必要があります。その際、時としてソースコードがなかったり、あったとしてもあなたには理解できない言語で書かれていたり、ログファイルが判読不能であったりするわけですが、ブラックボックス（チーム）が内部の作業状況を明かしたがらない場合もあります。

　具体例を見てみましょう。まずはあなたの直属のチームの中に作業がはかばかしく進捗していないチームがあると仮定します。そのチームがスケジュールをこなせていないという苦情がすでに協力相手やプロダクトマネージャーから寄せられており、あなたも同感しています。このチームからは他のチームのような覇気が感じられないのです。さて、真相をつかむには、どうすればよいのでしょうか。

仮説を立てる

　システムのバグを解消しようとする際には、システムがその状態に到った経緯を説明する筋の通った仮説が要ります（障害を再現できる仮説が立てられれば、なおのこと有益です）。チームの「バグ」を解消しようとする時にも、そのチームがなぜ問題を抱え込むことになったのか、その理由を巡る仮説を立てる必要があります。しかもあなたはそれを、できる限り差し出がましくないやり方で進めなければなりません。あなたの干渉によって問題があいまいになってしまうのを防ぐためです。そしてさらなる難問が「チームの問題は概して1回限りの障害というよりは、むしろチームの運用の問題に近い」という点です。システムのデバッグが必要になるのが「システムが動いてはいるが、時折速度が落ちてしまうようだ」「マシンに問題はないはずなのだが、なぜかたまにクラッシュしてしまう」といった状況であるのと同様に、チームのデバッグが求められるのは「チームのメンバーは皆でうまくやっているように見えるのだが、辞めていく人があまりにも多い」という類いの状況なのです。

データをチェックする

　チームのデバッグにも、重大なシステム障害を解決する際のような厳しい覚悟で臨むべきです。私がシステムのデバッグでまず目を通すのはログファイルなど、対象のインシデントが発生した時点以降のシステム状況の記録です。作業が遅れているチームのデバッグをする時も記録を見てください。たとえばチームのチャットやメール、タスク管理のチケット、リポジトリにあるコードレビューやコードへのチェックインの記録などです。どのようなことが読み取れるでしょうか。たとえば「プロダクションの過程でインシデントが発生し、対応に大幅に時間を取られている」「体調を崩しているチームメンバーが多い」「コードレビューのコメントで、コーディングのスタイルに文句を付け合ってはいがみ合っている」「タスク管理のチケットの書き方があいまい（あるいはチケットの範囲が広すぎる／狭すぎる）」「メンバー間のやり取りが明るく楽しげで、チャットでは仕事上の連絡に混じってシャレやジョークが散見される（あるいは、ごくごくビジネスライクなやり取りしかしていない）」といったことがつかめるはずです。また、メンバーの作業スケジュールも見てみましょう。「週に何時間もミーティングに費やしている」「管理者が1-1をやっていない」といった状況が判明するかもしれません。こうした発見が必ずしも「問題の動かぬ証拠」となるわけではないものの、要対処の領域を指し示している可能性があります。

チームを観察する

　以上のような点をチェックしても何の問題も見つからず、それでいてチームは依然、あなたが期待しているような成果を上げられていないとしたら？　このチームに必要な人材は揃っていますし、皆が明るい雰囲気で活発に作業を進めていますし、製品のサポート業務などで過度の作業負荷を負わされているわけでもありません。では一体何が起きているのでしょうか。この時点こそ、チームに悪影響を及ぼす恐れがゼロではない調査をあなたがあえて開始すべきタイミングとなります。ミーティングに出席してください。あなた自身の目で見て、そのミーティングは退屈だと感じますか。メンバーはうんざりしていますか。一方的に発言してばかりいるような人がいますか。それは誰でしょうか。チームの全員が出席し、ほとんどずっと皆で管理者かプロダクトリードの話を聴いているだけ、という定例会議はありませんか。

　「退屈なミーティング」は何らかの兆候です。たとえば会議のまとめ役の計画立案が

不十分であったことの兆候、話し合うべき情報の内容や量の割に会議の頻度が高すぎることの兆候、メンバーが「チームの方向付けに関しては自分たちに発言権がない」「プロジェクトや作業を選ぶ権限が与えられていない」と感じていることの兆候。また、チームで健全な議論ができていないことの兆候である場合も少なくありません。真っ当な会議なら、大いに議論が戦わされてチームの面々から意見やアイデアが引き出されるはずです。そうした真の意味での対話が行われることのないよう、あらかじめ筋書きが必要以上に決められてしまっているような会議では、今言ったような創造性に富んだ議論など不可能です。会議のまとめ役が意見の対立に対処しなければならないことを嫌って、意見の不一致や問題の提起を抑えたり、反対意見の表明を許さず論争を封じ込めたりすれば、それは不健全なチーム文化の兆候にほかなりません。

　ただし注意が必要です。チームは前述のとおりブラックスボックスでもありますが、もうひとつの有名な箱——オーストリア出身の理論物理学者エルヴィン・シュレーディンガーが提唱した思考実験「シュレーディンガーの猫」で猫が入れられる箱——の特徴も備えているからです。この思考実験でシュレーディンガーが示唆しようとしたのは、かいつまんで言うと「観測者が観測する行為が結果を変えてしまう、いや、むしろある結果の誘因となる」という点で、技術チームの場合も、あなたがチームに顔を出し、スタンドアップミーティングも含めて会議の様子を観察したりすれば、チームの面々の振る舞いが変わらないはずがない、ということなのです。ひとつのログステートメントによって並行性に関わる問題が（少なくともしばらくの間）まるで魔法のように解消してしまうことがあるのと同様に、あなたという「存在」そのものがメンバーの言動を変え、あなたが掘り起こそうとしている問題を隠してしまう恐れがあるわけです。

質問をする

　目標は何か、チームの面々に尋ねてみてください。答えられるでしょうか。答えられるとすれば、なぜ今その目標を掲げているのか、その理由をきちんと理解しているでしょうか。チームのメンバーが自分たちの仕事の目標を理解していない場合、そのリーダー（管理者、テックリード、プロダクトマネージャー）は「チームに作業の趣旨を徹底する」という職務を怠っていることになります。数あるモチベーションモデルの中で「人は自分が従事する作業の目的を理解し納得していなければならない」という要件をあげていないものはほとんどありません。チームはシステムを誰のために構

築しているのでしょうか。どんな影響が顧客や会社、チームに及ぶ可能性がありますか。チームが目標と、それを達成するためのプロジェクトとを決定した際、メンバーもそれに関与したでしょうか。関与しなかったのであれば、なぜでしょうか。チームが、技術部門から資金提供を受けたプロジェクトばかりに作業時間を投入し、製品部門や事業部門のプロジェクトをおろそかにしている場合、後者のプロジェクトの価値をチームが認識または理解できておらず、従ってモチベーションをもてずにいるのかもしれません。

チームの人間関係をチェックする

最後に、チームの人間関係にも目を向けるとよいでしょう。メンバー間の仲は良好ですか。打ち解けた雰囲気で仕事をしていますか。協力し合ってプロジェクトを進めていますか、それとも全員がそれぞれ単独で進めているだけでしょうか。チャットやメールでは楽しい雰囲気でやり取りをしていますか。近隣の部署やそのプロダクトマネージャーとも良好な関係を維持して仕事を進められていますか。どれも些細な事ではありますが、プロ意識の非常に高いグループでさえ、メンバー間にある程度の絆があるのが普通です。「相当数のスタッフが互いにひと言も交わさずに常時独自のプロジェクトを進めている」といった状況は、厳密には「チームでの作業」とは呼べません。その集団が順調に成果を出せているのであれば問題はありませんが、そうでなければその状況が今あなたの抱えている問題の一因かもしれません。

支援に乗り出す

管理者たちを率いる管理者の中には、上であげたような問題はあくまでチーム管理者本人が自力で解決すべきだと考える人もいます。結局のところ管理者たちを束ねる管理者が部下の手腕を見きわめる基準はチームの成績なのですから、何か問題が生じたら、それを解決するのはチーム管理者本人の責任、というわけです。たしかにそのとおりではありますが、私は（今ではもうほとんどコードを書いてはいませんが）厄介なシステム障害が起きた時などには支援に乗り出してデバッグを手伝ったりすることがあります。同様にあなたも状況を見計らって必要と思えば支援に乗り出しチームのデバッグを助けて構わないのです（当のチーム管理者が苦戦している場合はとくにその必要があるでしょう）。管理者にとっても学びと成長の好機になるかもしれませ

んし、もっと組織の基盤に関わる問題を掘り起こせるかもしれません——たとえば卓越した管理者でさえ単独では特定や解決の難しい「経営幹部のリーダーシップの欠如」といった問題です。

常に好奇心を失わない

　組織の問題に関しては、常に好奇心を絶やさず「なぜ？」と究明していくと、一定のパターンや、統率の拠り所にできる教訓が見つかるものです。我々がチームのデバッグを支援する腕前は頻繁に支援を実践することによって上がり、まずどの場所が突き崩しやすいか、問題の理解に一番役立つのはどの指針かを見分ける力がついてきます。我々は自分自身と、直属の部下たちである下級管理者とを励まして組織の問題の真相を突き止めることによって、かつまた、将来、同様の問題をより迅速に解決できるよう「なぜ？」と究明することによって、より優れたリーダーに育っていきます。「なぜ？」と究明していく意欲や実行力に欠けていると、キャリアラダーを登っていく過程でも、人材の採用や社員のクビ切りに関する決断においても、「神頼み」「運頼み」しかなく、失敗から真の教訓を得ようとしても大きな盲点に阻まれてしまう恐れがあるのです。

7.8　期日の見積もりと調整

　技術系の管理者がしょっちゅう受ける質問の中でもとくに癪（しゃく）にさわるのが「なんでこんなに手間取ってるのか？」です。管理者の管理者になってからだけではありません。現場のエンジニアだった時にも、テックリードだった時にも、複数の小さなチームを率いていた時にも訊かれていたでしょう。ただ、チーム管理者を束ねる上司となった今、この質問であなたが受けるプレッシャーは従来よりもはるかに大きくなるはずです。チームの人間関係や作業状況を以前のように直接詳細につかめる立場にないあなたにとって、こうした質問に答えることが相当難しくなっているのです。

　まずはあなたにとって一番大切なことを。この質問をされてもしかたがないと言えるのは「作業が予定より大幅に遅れている時」です。そういうタイミングで「なんでこんなに手間取ってるんですか」と尋ねるのはもっともなことですし、あなたとしても全力を尽くしてチームの作業状況を把握し、回答するべきです。

　しかしあいにく見積もりの期日を過ぎてもいないのにこういう質問ぶつけられるこ

とがよくあります。何らかの理由で、見積もりの期日そのものに不満を抱いていたり、そもそも見積もりを命じなかったりした上層部が、まだ何の問題も生じていないにもかかわらず勝手にあせって「なんでこんなに手間取ってるのか」と訊いてくるわけです。

そのため、スケジュールの見積もりやその調整の結果を相手に知らせる時には（たとえ「なんでこんなに手間取ってるのか」と訊かれなくても）常に強気の姿勢が必要です。とくに対象のプロジェクトがきわめて重要、あるいは所要期間が2週間を超えると思われる時にはこの姿勢を崩してはいけません。つまり「技術部長はスケジュールの見積もりに関しては強気で押し通すべし」が鉄則なのです。しかも周知のとおりソフトウェア関係の見積もりは非常に難しい作業ですから、チームがプロジェクトの内容や時間的尺度に沿った見積もりを行えるよう、そのプロセスに関する交渉をするのも技術部長であるあなたの務めと言えるでしょう。

さてその見積もりですが、見積もり自体を嫌がるエンジニアや、アジャイル開発手法のスプリント（通常2週間）を超える見積もりを嫌がるエンジニアはよくいます。「見積もりはごく正確でなければならない」「作業の要件が不明または頻繁に変わる」「作業の大半は、1～2スプリント程度で完成できる機能に焦点を当てる形で進めるべき」と考えている人にとってはまことに筋の通った反応でしょう。しかしこのように考えることが必ずしも常に正しいとは限らないのです。完璧に正確とは言えない見積もりでも役に立つことは少なくありません。見積もりをすることで、現状では解決のつかない複雑な問題をチームの上位レベルの処理事項にできたりするからです。また、どのプロジェクトの要件も頻繁に変わるかというと、そうでもありませんし、見積もりを難しくする未知の要素を事前の見積もり作業で大幅に削減することも不可能ではありません。こう言うと、こんな反論が返ってきそうです——「事前の見積もりなんかをやるより、スプリント単位でプロジェクトを進めていくほうが時間を取られずにすむ」。たしかにそうかもしれません。しかしここでの議論は技術チームだけに焦点を絞ったものではありません。計画を立て作業コストを概算しなければならない事業部門が絡む話でもありますし、ある意味では、構築中のソフトウェアとシステムの複雑さをより深く理解するための目標設定や学習、といった話でもあるのです。将来のことを完璧に予測することなど不可能ではありますが、「チームの面々に複雑さや機会に気づくための勘の磨き方を教える」というのは達成しがいのある目標でしょう。

というわけで「ある程度の見積もりは必要なのだ」と現実を受け入れ、さまざまな

見積もりの手法を試し、自分たちの役に立つものを選んでください。ただし見積もり作業そのものはチーム全体で習慣化することを忘れずに。

ところで、スプリントのほかにもうひとつ、アジャイル開発のキモと言えるのが「失敗から学ぶ」手法です。見積もりを誤ったことが判明した場合、見逃していた複雑な要素から何が学べるでしょうか。見積もる価値のある事柄に関しては、いつ、どのようなことが学べるでしょうか。また、見積もりの結果を伝えた方法や、見積もりどおりに作業が進捗しなかったことで失望させてしまった人々に関しては、どんなことが学べるでしょうか。

こうした文脈で、技術部長であるあなたが果たすべき務めは、対象となるプロジェクトならではの時間的尺度をできる限り予測して提示することによって極力具体的な見積もりを提示し、スケジュール面で変化が生じそうなら(とくに進捗が大幅に遅れそうな場合は)先を見越した形(プロアクティブに)で見積もりを修正する、というものです。

このようにしてあなたが最善を尽くし、極力具体的な見積もりを出し、まださほどの遅れも出ておらず(あるいはあなたの職権の範囲外の出来事が発生し、そのせいで作業が遅れたものの、それについては明確に伝えたにもかかわらず)「なんでこんなに手間取ってるのか?」と訊かれてしまうことは時にあるものです。最悪です。しかしこう訊くということはつまり、誰かストレスを募らせている人がいるか、もしくはあなたがデリバリ可能として提示したスケジュールよりも仕上がりを早めろと催促されているか、がおそらく「相場」だろうと思います。容易には答えの見つからない状況です。場合によっては「チームは全力を尽くして作業を進めており、万事スケジュールどおりに運んでおりますので」とこんこんと説くしかないかもしれません。正当な理由もないのに何か感情的な理由で「なんでこんなに手間取ってるのか?」と詰問してしまった、あるいはストレスがたまってついプレッシャーをかけてしまったというケースもあり得ます。そういう相手には共感を示しつつ、別の角度から力添えをする意志があるところを見せてあげると、「感情的な非難」から「理性的な対応」へと視点を変えてくれるかもしれません。

最後にもうひと言。大事な期日を厳守するためには、チーム管理者やテックリード、事業部門と手を組み、プロジェクトの目標に沿った範囲の削減も恐れずに断行してください。削減できる機能と、プロジェクトの成功に不可欠な機能とをふるいにかける段階で意見が割れたら、技術部長であるあなたが最終決断を下さなければならないかもしれません。あなたはチームが機能をふるい分けするのを支援し、大きなプロジェクトを完遂する上で不可避と判断される場合には誰かが温めてきた貴重なアイデアで

あっても削減を決め、その責任は潔く負うべきです。不可欠で残すべき機能は、頭を絞って賢明に選り抜いてください。技術的な質に関わるものだけを重視すると、プロジェクト再開後の作業速度がかえって落ちてしまう恐れがあります。ですから技術的に「あるといいもの」だけでなく、製品としての機能にも必ず目を向けてください。

7.9　やりにくい仕事——ロードマップにまつわる不確実性への対処

　あらゆるランクの管理者が直面せざるを得ない、よくある難題。それは「プロダクトロードマップやビジネスロードマップの変更」です。とくに規模が小さめの企業では「今後1年間の作業予定」といった形の明確なスケジュールを組んでチームに焦点を絞らせるなど、容易にできることではありません。大企業でさえ市場の変化に対応すべく唐突とも思える戦略の転換に踏み切ることがあり、これがプロジェクトの断念や予定されていた作業の中止につながったりします。

　技術管理者にとってはきわめて対処の難しい局面ですし、中間管理職としても戦略の転換は大きな頭痛の種です。上からその旨お達しがあれば受け入れるほかなく、特定のプロジェクトに着手するというチームへの約束を撤回せざるを得ない場合があります。チームの面々からは当然不満の声が上がり、それをぶつけられる相手はあなた、ということになります。しかし当のあなたにはどうすることもできず、無力感にとらわれ、チームのメンバーはメンバーで「会社は人間扱いしてくれない。俺たちは歯車にすぎない」という思いに駆られたりします。

　この段階であなたの前に立ちはだかる第2の壁が「技術的負債を解消するためのプロジェクトなど、技術的な問題に焦点を絞ったプロジェクトの優先順位付けのプロセスが確立されていない中で、チームにそうしたプロジェクトを進めさせる時間をどう捻出すればよいのか」という難題です。こうした時間を作る努力を怠っていると、製品機能を作るチームの力が落ちてきてしまうのです。それでいてプロダクトチームがこの種の時間をプロダクトロードマップに載せてくれることは絶対になく、したがって「計画立案」でこの種の作業への時間の割り当ては期待できないのが普通です。

ロードマップにまつわる不確実性に対処する戦術

　そこでロードマップの作成に関して私がこれまでに習得してきた戦術をいくつか紹

介しておきましょう。

- **自分の会社の規模や成長段階を考え合わせて、方針転換の可能性を現実的に受け止める**──たとえば、あなたが毎事業年度の中間に上半期の業績に基づいて事業計画を変更するスタートアップに勤めている場合には、「事業年度の中間に事業計画が変更される」を了解事項とし、半期だけでは完了しないような作業をチームに確約するのを避けるべきでしょう。
- **たとえ遠大なビジョンを実現できなくても、ある程度の結果を出せるよう、大きなプロジェクトを一連のより小規模な成果物に細分化する方法を検討する**──技術的な作業を細分化するためには、製品部門や事業部門の管理者たちと緊密に連携して詳細をどう優先度付けするか検討しなければなりません。その際、全員が頭に入れておくべきなのが「状況が一変する可能性が常にあるため、その時々に最大の価値を有する事柄に照準を絞って万事を繰り返し再検討することが不可避」という点です。
- **技術プロジェクトを「そのうちきっとやる」と言うなど、チームへの安請け合いは禁物**──チームの面々が色めき立つような面白い技術プロジェクトを「そのうちきっとやるから」などと約束したりしてはなりません。「そのうちやる」製品のロードマップは、まだ作成されてさえいないのです。にもかかわらずそんな安請け合いをしたら、チームに期待を抱かせ、そして失望させるのが落ちです。重要なプロジェクトなら「今」、あるいは極力「今」に近い時点のスケジュールに載せるべきです。「急務ではないが重要」なプロジェクトならバックログに加えることもできますが、やがて「そのうち」が「今」となった時には社内の他部門が企画提案した多数のライバルプロジェクトと優先順位を巡る争いになるという現実を忘れてはなりません。あらかじめ時間を割いてそのプロジェクトの価値を明示しておかないと、すでに価値が明示されている他のプロジェクトが優先されてしまう恐れがあります。
- **チームのスケジュールの2割は「システムのメンテナンス作業」に割り振る**──「システムのメンテナンス作業」とは具体的には、リファクタリング、バグの修正、作業プロセスの改善、小規模なクリーンアップ、運用部門のサポートなどのことで、こういった作業のために時間を確保する必要があります。どの計画立案の際にも必ず割り振ってください。ただし2割では、メンテナンスのための大きなプロジェクトまではカバーできません。大規模な書き直しや技

術的改良には追加の計画立案が必要になるでしょう。いずれにせよメンテナンスの作業のためにスケジュールの2割を確保しておかないと、デリバリの目標が守れなくなったり、計画外の厄介なクリーンアップを迫られたり、といった好ましくない結果を招いてしまう恐れがあります。

- **技術プロジェクトの場合も、本当にはどの程度重要なのかを厳密に検討するべき**——製品関連や事業関連のプロジェクトを企画提案する際には、普通、ある種の価値提案も行ってそのプロジェクトの存在の正当化をするものです。これに対して、技術プロジェクトの扱いのほうがやや緩く、必ずしも価値提案を求められるとは限りません。しかしもしも部下であるエンジニアがあなたのところへやって来て技術プロジェクトの企画を提案したら、以下のような質問を自分で自分に投げかけ、それに答えてみることによって、そのプロジェクトの枠組みを明確にしましょう。
  - このプロジェクトの規模は？
  - このプロジェクトの重要性は？
  - 誰かにこのプロジェクトの価値を訊かれたら、明確に答えられるか。
  - このプロジェクトを成功裏に完遂できた場合、チームにとってそれが意味するものは？

こうした質問に答えていけば、大規模な技術プロジェクトも、製品部門のプロジェクトを企画提案する場合と同じように扱うことができます。他部門の大規模プロジェクトと同様に、技術部門の大規模プロジェクトにも賛同者や目標が、スケジュールが、また、管理があるわけですが、あなたとしては対象のプロジェクトが重要であることはわかっているものの、それをどう明確化すれば会社に価値を納得してもらえるかがわからず心許ないはずです。とくに技術プロジェクトは本来複雑なものですし、エンジニアの作業効率などを計測するのも容易ではないので、あなたが目指そうとしているものやその理由を必ずしも完全に理解できないかもしれない非技術系の協力者に、技術的詳細を説明しようとして言葉に詰まってしまうことも時にはあるでしょう。そんな場合に備えて説明に役立つデータを事前に収集し、プロジェクトの完了によって実現される事柄をまとめておきましょう。部下から提案された技術プロジェクトを見て、「まれにしか修正されていないシステムに関する大幅な作業が必要になる上に、会社の技術や事業の中核部分の改善にはつながらない」と判断されるようなら、おそらくそのプロジェクトを実施する価値はないでしょう。チームが望む調査作

業、レガシーコードのクリーンアップ、技術的な質の改善を漏れなく実行するのに十分な時間を確保するのは残念ながら無理です。いきおい、難しい選択を迫られるわけですが、上のような質問にはそうした選択を助ける効果があるのです。

さて、ロードマップにまつわる不確実性に話を戻しましょう。プロジェクトには変更が付き物です。チーム自体が、あなたとしては理解に苦しむようなやり方で解散させられたり異動を命じられたりすることもあります。チームの管理者たちを束ねる上司であるあなたにとっての最善の策は「解散や異動を目前に控えて、現在進行中のプロジェクトの安定化を図り、部下たちがやりかけの仕事になんとか片を付け、次の新たな仕事に管理の行き届いたやり方で徐々に移行できるよう取り計らうこと」です。これはあなたの権限の範囲内の務めであり、あなたの果たすべき責任でもあります。チームがこれまで取り組んできた仕事を仕上げるための時間を十分に確保してあげてください。また、チームの面々が次の新たなプロジェクトにも意欲的に取り組めるよう、計画立案の初期の段階で技術部門が十分関与できるよう働きかけをする必要もあります。あなた自身がこうしたプロジェクトの変更の理由を理解する時間をしっかり取ってください。たとえ変更の理由に諸手をあげては賛成できなくても、チームに理由を明確に伝え、次の新たな目標も理解させてあげるべきです。このような変化の時にあなた自身が平常心を保っていられればいられるほど、新たな方向への熱意をよりよく示す（あるいはその振りをする）ことができますし、チーム全体の移行もよりスムーズに行えるのです。

大波が押し寄せてきたら、呑み込まれて沈んでしまうか、うまいこと乗って進んでいくか、「ふたつにひとつ」です。ぜひとも巧みなワザを自分のものにして乗り切ってください。

7.10　技術力の点で時代遅れにならないためには

　管理者からよく寄せられる質問のひとつが「技術力の点で時流に乗り遅れないようにするには、どうしたらよいのでしょうか」です。常に時間と労力を投資してITスキルを磨いていないと、専門分野の最新の技術や情報に疎くなり時代の流れに取り残されるリスクがあることは誰もが承知しています。とはいえ、管理者を束ねる上司であるあなたにとっては、「時代の波に乗ること」にどのような効用があるのでしょうか。この疑問に

答えるため、まずはあなたが担っている技術的責任を明確にしてみましょう。

技術的投資の監督

　前進を続けるためには、開発言語やフレームワーク、インフラ、ツールを更新するなど、システムに関する技術的な作業が絶えず必要です。開発にかける手間暇のうち、こうしたシステムの改善に「投資」できる分には限りがあり、チームがツボを外さずにその「投資」を行うよう目を光らせるのがあなたの責任です。そのためには、提案された技術プロジェクトや技術的な要改良点の中から、製品や顧客の今後のニーズに合ったものを選びましょう。手持ちのプロジェクトを包括的な目で見渡してみると、最高のニーズや機会をはらんだ領域が見えてきますから、それに即してチームに注力を促すわけです。

情報収集のための質問

　ただし、何もあなたが独りであらゆる技術プロジェクトを逐一チェックしなければならないわけではありません。チームの技術的投資を監督する責任を負っているからといって、あなた自身が投資の可能性を探る調査をする必要はないのです。そうではなく、この種の投資に関する的を射た質問を投げかけてチームを牽引してください。たとえばこんな質問です――「現在どのようなプロジェクトが進行中で、すでにどのような予想外の出来事やボトルネックに遭遇したか」「チームの面々はシステムの今後についてどう考えているか」「エンジニアの増員を要請しているのはどのチームか。増員要請の理由は？」「作業の進捗がはかばかしくないのにスループット改善のための増員は不要、としているのはどのチームか」「なぜ今、とくにこのプロジェクトを推奨するのか」。見当違いの方向へ導かれてしまったプロジェクトを嗅ぎ出したり、提案されたプロジェクトを評価したりするのに十分な情報を、こうやって仕入れるわけです。

技術と事業のトレードオフの分析と説明

　チームがどのような事に意欲を燃やし、どのような点を重んじているかをあなたが把握しておけば、製品関連のプロジェクトでチームの総力を結集することも可能になりますし、機能に関するアイデアが技術的には難しかったり、技術的なアイデアが事

業に予想外の影響を及ぼしそうだと判明したら懸念を表明することができます。あなたはエンジニアたちが事業の全体像と将来的なプロダクトロードマップとを十分理解した上で意思決定を行えるよう計らわなければなりません。また、技術的作業を進めるにあたって手探りの調査や開発が必要になったとしても、あなたがしかるべき情報を入手していれば、その理由を非技術系の協力相手に説明できるでしょう。さらに、事業目標と顧客関連の目標を把握しておけば、どの技術プロジェクトなら妥当な時間枠でそうした目標を達成できるか、助言もできます。

明確で詳細な要求を

　部長ランクの管理者は、チームのシニアエンジニアを質問攻めにしなくても明確で詳細な要求ができるよう、（管理者とはいえ、依然）自分の組織の技術を十分把握しておくべきです。チームの作業の進捗状況やプロジェクトの内容、ボトルネックの有無などをしっかり把握しておけば、技術的に実行不可能なアイデアをふるいにかけて除き、進行中のプロジェクトに新たな構想を組み込む要求もできるはずです。こうした明確で詳細な要求は、チームの生産効率を高く維持し、技術的なリスクと事業目標のバランスを取るために行うべきなのです。その具体例を以下に紹介します。

> あなたはバイスプレジデント（VP）から命じられます――「来四半期までにアクティブユーザー数を増やしたいから、検索機能を改善してほしい。作業速度を上げるためにエンジニアを増員してもいい」。あなたが把握している限りでは、チームは今リライト作業の真っ最中なので、たとえエンジニアを増員してもらっても、それを有効に活用して検索機能を改善することはできそうにありません。代わりに増員分のエンジニアを、新しいAPIをより早期に公開する作業に振り向ければ、製品チームが以前から要求していたテストを一部分でも実施することができます。そこであなたはVPに今実行可能なことを説明し、VPが望む、より高次のレベルの目標の達成を可能にするべく、まずはチームが確実に今の作業を仕上げるよう計らいます。

　技術的スキルの点で時流に取り残された管理者は、上層部とチームの間を行ったり来たりする連絡役しか果たせなくなってしまうことがあります。上からの要請をふるい分けできず、チームに丸ごと伝え、それに対するチームの回答を上に返すだけなの

です。これでは何の付加価値ももたらせない管理者になり下がってしまいます。

経験で培った独自の勘を拠り所に

　技術部長の職務は、ソフトウェア工学やテクノロジーにまつわる難題やトレードオフを理解していなければできない非常に専門的な仕事です。チームの時間の投資のしかたがまずければ、スケジュール立案の段階でより良い決断を下せるよう支援しなかった指導者であるあなたの責任が問われます。チームが時間と労力をつぎ込む対象を決定するのを支援する際には、あなたがこれまでに培ってきた勘を頼りにしてください。組織や人の管理でてんてこ舞いだからといって、そうした技術的な勘を働かせることを怠ってはなりません。

　時流に乗り遅れずにこうした「技術的な勘」を磨くための時間的投資のコツを、技術部長としての職責を前提に紹介しておきます。

- **コードを読む**——時々でよいですから時間を割いて、自分たちのシステムのコードを一部分でも読むようにすると、コードの概要や感触を再確認できます。時にはそうしたコード読みの最中に、質が悪くて再検討の必要なコードが見つかることもあります。また、コードレビューやプルリクエストにざっと目を通していくと、変更の内容や経緯を把握できます。
- **自分が疎い領域を選び、その領域に詳しいエンジニアに解説を仰ぐ**——あなたが理解できていない事柄に関する作業を担当しているエンジニアに2、3時間割いてもらって、その領域のことを説明してもらいましょう。ホワイトボードを使っても、ペアプログラミングをやってもらうのでも構いません、一緒に小規模な修正作業をやってもらう、といった具合に、教えを請うのです。
- **ポストモーテムに同席する**——システム障害が発生してしまったら、事後検証の報告の場には優先的に同席しましょう。こうしたミーティングでは、あなたのような立場の人（もう毎日のレベルではコードの作成に関与していない人）は行わないような、ソフトウェアの作成とデプロイのプロセスに関する詳細が多く扱われるものです。あなたなら「当然の基本」と思うような手順や作業がなおざりにされたり無視されたりしてきたかもしれませんし、チーム間の意思疎通が不十分であったり、自動化のためのツールが役立つどころか悪さをしたりした可能性も考えられます。障害が発生した時というのは、問題が蓄積して

しまった箇所の掘り起こしの好機です。機を逃さずに要改善点を突き止めてください。
- **ソフトウェア開発のプロセスに関する業界のトレンドを常に把握する**——管理者のおもな弱点のひとつが「現場でコードの開発、テスト、デプロイ、監視に使われているツールやプロセスに疎くなってしまうこと」です。いずれも、最新式のものを取り入れればチームの作業効率を大幅にアップできる工程です。最新流行のものを漏れなく調べ尽くす必要はありませんが、自分のチームに常時「進化」を促せるよう、他チームが作業をどのように進めているかなど、時間を割いて把握しておきましょう。
- **社外でも技術系の人脈作りを**——最良の話は、信頼のおける人々からこそ得られるものです。常に技術者や技術管理者の人脈作りを怠らないようにしていれば、最新のトレンドに関する意見を聞かせてくれる人も容易に見つかるはずです。こうした人脈を活かして、最新の技術に関するブログの投稿、講演、セールストークとはまたひと味違った、現場での実際の使用体験を聞かせてもらいましょう。
- **「学び」は決してやめてはならない**——技術に関する記事や論文、ブログの投稿を読み、講演の動画を視聴しましょう。自分のチームや会社に直接関連しないものでも構いません、心底興味がもてて、もう少し掘り下げてみたいと思えるものを選んでください。また、チームのメンバーから学べる機会を見つけて、遠慮なく質問しましょう。「学び」のスキルを磨いていれば、いつも冴えた頭でいられます。

7.11　自己診断用の質問リスト

　この章で解説した「複数の管理者の管理」について、以下にあげる質問リストで自己診断をしてみましょう。

- あなたの直属の部下の、そのまた部下とは、どの程度の頻度で話をしていますか。1-1ですか、それともグループでのミーティングでしょうか。また、先を見越した形でチームを支援するためには、どのような方法を取っていますか。自分に届く情報を受動的に処理するのではなく、自ら積極的に情報を仕入

れるための作業には、どの程度時間を割いていますか。あなたがチームのミーティングに最後に同席したのはいつのことですか。
- あなたが率いている技術管理者たちの職務として、あなたが思い描いているものを、まずは既存の職務記述書<small>ジョブスクリプション</small>を見ないで書き出してみてください。
  - その技術管理者たちはどのような責任を負っていますか。
  - その技術管理者たちの勤務状態をあなたはどのように評価していますか。
  - あなたの考える「そうした管理者たちの成功に必須の領域」とはどのようなものでしょうか。
- では次に、そうした技術管理者のために会社が用意している職務記述書を見てください。その内容と、あなたが上で書き出したものとでは違いがあるでしょうか。それとも、かなり一致していましたか。さて、（会社の職務記述書を基準として）部下の勤務状態を評価する際に自分が見落としている可能性のある点は何でしょうか。
- 最後に、あなたが率いている技術管理者たちの勤務状態を頭の中でざっと振り返ってみてください。コーチングや本人の自己研鑽が必要な領域はどこですか。次回の1-1では、その領域について話し合う時間を設けてください。
- あなたの担当領域のひとつが、自分の疎い領域である場合、その領域の作業が順調に進んでいるかどうかを、どの程度の頻度で確認していますか。あなたはこれまでにあえて時間を割いて、その領域の担当管理者に「この領域の管理者として成功する上で外せない事柄」を多少でも教えてもらったことがありますか。そのチームをよりよく理解するために過去3ヵ月間に新たに学んだことは何ですか。
- 他のチームよりも明らかにスムーズに運営できているチームがありますか。あるとすれば、そのチームのプロセスは他とどう違っていると思いますか。メンバー間のやり取りがうまいのでしょうか。そのチームの管理者の管理手法が他のチームの管理者のそれと違うのでしょうか。スムーズに運営できているチームのメンバーと管理者は、互いにどのような連絡方法を取っていますか。
- チーム管理者の採用面接で、あなたはどのような手順を取っていますか。候補者個人の価値観や管理哲学を披露してもらう時間を設けていますか。チームのメンバーにも候補者と面談させていますか、それともこの段階ではチームメンバーは関与させずに済ませていますか。候補者の身元照会を行う時間もきちんと設けていますか。

- あなたが率いる組織のこの四半期の目標は何ですか。今年度の目標は？　製品に関する目標がある場合、それを技術的な目標とどう擦り合わせていますか。あなたが束ねる各チームは所属部署の目標をよく理解できていますか。

8章
経営幹部

　経営幹部の日々の職務内容は会社によって大きく異なります。ですからたとえば私が「経営幹部の職務内容は、社員70人のIT系スタートアップの時も、フォーチュン500に名を連ね何千人もの社員を擁する大企業の時も変わらなかった」などと言い出したら、何をバカな寝言をと一笑に付されることでしょう。さまざまな規模の企業の幹部について一般的な視点から論じた本なら、すでに山ほど出回っています。そうした「汎用の」指南書の中でもとくにお薦めしたい良書を、章末にリストアップしましたので参考にしてください。幹部必携の名著ばかりです。

　ただ、我々は「汎用の」企業幹部ではなく、**技術系の幹部**です。しかもこの本は、エンジニアとして何年かコードを書く経験を積んだのちに経営の道へと舵を切り、以後、順調にキャリアアップを果たし、晴れて幹部になった人たちについて書いたものです。エンジニアである我々はテクノロジーの専門家ならではの責任を──絶えず変化を続けるテクノロジーの世界でキャリアを積んできた者ならではの責任を──担っているのです。

　そのような技術部門の経営幹部である我々は、組織に特殊なスキルをもたらす存在です。中でも、変化を必要なものとして受け入れ、それを実現しようとする意欲、推進力をもたらします。また、現行の運営・運用方法に疑問を提起し、非効率または無効と判断すれば他の方法を試みる能力も備えています。テクノロジーが急速に進化することを理解しており、自分の会社もそれに遅れずに進化を遂げることを望んでいるのです。このように我々は独特の役割を担っているわけですが、その上に一般的な経営幹部としての役割も首尾よく果たさなければなりません。変化の必要性を認識し組織に紹介、導入する媒介役を果たすだけでなく、望ましい変化を実現できる組織を生み出してもいかなければならないのです。

さて、具体的な話に移りましょう。経営幹部の第一の仕事はリーダーを務めることです。何をするべきか、どの方向へ進むべきか、どう考え、どう行動するべきか、何に重きを置くべきかについて、会社から助言を求められます。また、社内外のコミュニケーションの基調(トーン)の決定でも一役買います。そして新入社員はというと、そんな幹部と、幹部がすでに採用した先輩社員、そして他の経営幹部と共に打ち立てた理念とを信奉する人々にほかなりません。

このような経営幹部には、どういった素養が求められるのでしょうか。思いつくものを列挙してみます。

情報が十分得られていない状況でも難しい決断を下し、そうした決断のいかなる結果に対しても責任を負う覚悟。

自社の事業の現況を把握する能力と、将来のさまざまな可能性を想定する能力。組織がそうしたさまざまな可能性に的確に対処して好機を確実に捉えられるよう、何ヵ月も、何年も前から計画を立てるコツ。

組織の構造と、それがチームの作業に与える影響、さらには会社の組織を弱体化させるのではなく強化する管理体制を敷くことの価値に対する理解。

組織だけでなく事業をも前進させるために建設的な駆け引きをする能力、非技術系の同僚たちとも協力して仕事を進める能力と、そうした同僚の視点を借りて広い視野に立ち、多岐にわたる問題に対処する能力。

皆の決断に異を唱える能力。たとえ同意できない決断であっても決定された事項は尊重し、それに沿って結果を出す能力。

個々の部下に対しても、担当の部課に対しても、責任を課し、責任を問うコツ。

シリコンバレーのトップ経営者、アンドリュー・S・グローブは、著書『High Output Management*』で経営幹部の職務を次のように4つのカテゴリーに大別しています。

- **情報の収集・共有**——会議に出席し、メールを読み、書き、部下と1対1のミーティング（以下「1-1」）を行い、さまざまな意見に耳を傾ける仕事。「できる幹部」は、大量の情報をすばやく集め、そこから不可欠な情報を選り分け、それを第三者にも理解可能な方法で共有することができる。
- **注意喚起**——命令ではなく質問をすることによって相手に責任事項を想起させ

---

* Andrew S. Grove, High Output Management (New York: Vintage Books, 1983) (邦訳『High(ハイ) Output Management(アウトプット マネジメント)：人を育て、成果を最大にするマネジメント』2017年、日経BP社)

る仕事。大規模なチームのリーダーが、チームを力づくで引っ張っていくことには無理がある。そこで質問を投げかけてチームメンバーの注意を喚起し、組織全体の脱線を防ぎ前進させる。
- **意思決定**──下手な決断を下せば、自分自身にも、おそらくチーム全体にも影響が及ぶことを承知の上で、相容れない見解や不完全な情報も踏まえて針路を決める仕事。意思決定が容易にできるのであれば、管理職や統率者は今のように必要とはされていないはずである。とはいえ、管理の仕事に長く携わってきた者なら誰もが身にしみて知っているように、意思決定は管理者の仕事の中でもひときわ労力の要る気苦労の絶えない務めである。
- **ロールモデル**──会社の価値観を内外に知らせ、率先して職務を遂行し、気の進まない場面でもチームに最良の模範を示す仕事。

CTO（最高技術責任者）、技術担当バイスプレジデント（以下「技術担当VP」）、技術本部長、技術部門の統括者など、呼称こそさまざまですが、とにかく技術部門の頂点に立ったあなたは、日々この4種類の職務を果たしていくわけです。

現場の声　俺の仕事は？

ジェイムズ・ターンブル

私は大学での専攻はコンピュータサイエンスではありませんでしたが、卒業後はIT業界の技術部門で職を得ました。業界人が好んで使う表現を借りれば、私は「普通とは違う学歴」の持ち主なのです。そのため、もっと「普通の学歴」の人々を相手にする時には激しいインポスター症候群（自分の成功を内面的に肯定できず、成功が自分の実力によるものではないと思い込む、自己評価が異常に低い心理状態）に悩まされたものです。技術力の点で私など到底及ばないと思われる人たちを統率する立場になった時にはとくに大変でした。

こうした学歴がらみの屈折した心理と、「『正しい』判断を下せる切れ者」と見られたいという強烈な欲求とが相まって、時に私は技術的方針に関する到底前向きとは言えない議論を展開している自分に気づくことがありました。ふと気づくと、技術的な利点だけに目を向けて開発言語や技術を論じていたりする

のです。エンジニアのグループを相手に論争をしていて、いつしか自分も「エンジニア」と化してしまったような時に、そんな具合になるようでした。

　やがて、私は悟ります——「俺の仕事はこの部屋で一番の切れ者になることでも、『正しい』判断を下すことでもない。チームが極力最善の決断を下し、それを持続可能かつ効率的なやり方で実現できるよう後押しすることだ」と。しかしそう思えるようになるまでには長い年月を要しました。

　私はテクノロジーに対しては強い思い入れがあります——チームでの意思決定には常に付いて回る要因です。とはいえ、テクノロジーだけでは活発で連携プレイのうまいやり手チームは育ちません。「できるリーダー」ならテクノロジーに関する議論を巧みに導いて、戦略的な目的を打ち立てさせたり、技術的決断が非技術系部門にもたらす影響にも配慮させたりできるはずです。リーダーにとって大切なのは、傑出したエンジニアになることでも、最新の開発言語やフレームワークを追いかけることでも、脚光を浴びている最新技術を導入することでもなく、顧客のために最高の製品を創造、製造できるツールと特性を兼ね備えたチームを育て上げることなのです。

8.1　技術系の経営幹部の肩書と役割

　私はCTO（最高技術責任者）の職務に関しては一家言をもっています。とくに、製品重視のスタートアップのCTOに関しては私なりの考えがあります。そういうCTOが必要だとは思いますが、それがどんな企業のCTOにも当てはまる汎用のモデルとはならないと考えているのです。また、経営幹部の職位については定義のはっきりしない部分がかなりある、ということも承知しています。たとえば「VPはどのような位置づけなのか」「CIO（最高情報責任者）はどのような役割で、技術部門に必要なのか」「CTOやVPと、プロダクトチームとの関係は？」といった点です。

　そのため、以下では経営幹部のさまざまな役職を網羅しようとするのではなく、経営幹部のもっとも一般的な役割について、その実情をあげ、それを解説するところから始めようと思います。解説の中には、企業によって当てはまるものとそうでないものがあるはずです。また、複数の役割を兼務できる人もいれば、ひとつか2つで精一杯という人もいるでしょうし、「どの役割も必要ない」と考える企業もあるかもしれません。規模が一定以上の企業になると、どの役割も細分化されるため、部署ごとに見

8.1 技術系の経営幹部の肩書と役割 | **213**

ていかなければならない場合が多くなります。しかし以下の分類、解説は、幹部が成功を手にする上で必要なスキルを考える際には有用だろうと思います。では、ごく一般的な幹部の役割をあげていきます。

- **研究開発（R＆D）**——最先端の技術の開発に注力する企業の中には、アイデアや手法の有効性を調べる実験、研究、新技術の創出を担当する技術部門およびそれを率いる幹部を、実際の開発を行う部門とは別に設けている所があり、この幹部が技術戦略に関わる職権や責任を担っている場合もあれば、新たなアイデアを掘り起こす役割だけを果たしている場合もあります。
- **技術戦略・ビジョナリー**——技術戦略と製品開発を結びつける役割です。大抵は製品部門の統括者も兼ねます。技術をどう応用すれば事業拡大を図れるかを模索し、自社の属する業界の視点から技術の進化を予測します。R＆D担当の幹部と異なるのは「通常、研究面での可能性には焦点を当てず、業界や技術の動向に基づいて意思決定を導く、先見の明のある指導者である」という点です。
- **組織化**——組織とその構成員を統括する幹部です。組織構造はもちろん、チームの要員に関しても計画立案の責任を負い、その計画に基づいてプロジェクトの担当者を配置します。次の「執行」と兼務するケースが少なくありません。
- **執行**——通常、上の「組織化」と兼務します。各部署での職務執行に関する責任を負います。各部署のロードマップの連携、作業の計画立案、広範な事業の調整を支援します。また、プロジェクトの優先度付けを徹底させるほか、ロードマップ上の障害の除去や、意見の相違や対立の解消、チームを前進させるための意思決定も担当します。
- **技術部門の対外的な「顔」**——ソフトウェア製品を他社に販売しようとする際、技術系幹部のひとりが売り込みへの参画を求められるのが普通です。たとえばクライアントとの会合に出席したり、カンファレンスで講演を行ってその製品の利用を勧めたりします。また、雇用で優位に立つべく技術ブランドの確立に投資している企業では、カンファレンスや人材採用イベントでそうした目的に沿った講演を行うよう技術系幹部が要請される場合もあります。
- **社内の技術インフラとその運用**——社内の技術インフラとその運用の全責任を担う役割です。その役割を果たす際、会社の規模や成長段階によって、経費に焦点を当てる場合もあれば、セキュリティあるいは規模拡大に焦点を当てる場合もあります。

- **事業化**──何よりも事業そのものに焦点を絞ります。自社の属する業界に精通し、自社の技術以外の主要部門も高い視点から把握します。社内での開発のニーズと、事業拡大のニーズのバランスを取り、高い視点からプロジェクトの優先度付けをする責任を負っています。

以上のような役割を、たとえば次のような形で組み合わせ、兼務します（私自身が実際に経験したケースもあれば、私が出会った他社幹部のケースもあります）。

- **事業化、技術戦略、組織化、執行**──CTOもしくは技術担当（シニア）VP
- **R&D、技術戦略、技術部門の対外的な「顔」**──CTO、主任研究員、主任アーキテクト、ソフトウェアベースの製品を販売する会社では時にCPO（最高製品責任者）
- **組織化、執行、事業化**──技術担当VP、本部長
- **社内の技術インフラ、組織化、執行**──CTOもしくはCIO、場合によっては技術運用担当VP
- **技術戦略、事業化、執行**──製品部門の統率者もしくは最高製品責任者、時にCTO
- **R&D、事業化**──CTOまたは主任研究員、共同創設者
- **組織化、執行**──技術担当VP、時に局長（Chief of Staff）

このように、それぞれの企業が事業のニーズに即したさまざまなやり方で、こうした役割を規定したり組み合わせたりしています。とくにCTOの焦点の当て所は企業によって大きく異なります。ただし焦点の当て所が事業であっても、技術戦略であっても、あるいはその両方であっても、大きな権限を与えられているCTOなら大半が戦略部門を指揮下に置いているものです。

8.2　技術担当バイスプレジデントとは?

CTOが技術部門全体を掌握する幹部として戦略面を主導し監督している組織において、技術担当VP（Vice President of Technology）はどのような仕事をしているのでしょうか。「できる技術担当VP」とは、どんな人のことを言うのでしょうか。

技術担当VPの役割もCTOの場合と同様に、企業のニーズによってさまざまに異なりますが、技術担当VPとCTOにはひとつ明白な相違点があります。それは「通常、

技術担当VPは技術系管理者のランクの最上位に当たる」という点です。つまり技術担当VPは一般に、人員、プロジェクト、チーム、部課の事情に精通したベテラン中のベテラン管理者、と期待されているのです。

　さて、企業が成長し規模が拡大するにつれて、技術担当VPの役割も「組織志向」から「事業戦略志向」へと変わっていくのが普通です。各部署のいわば「ミニCTO」として、戦略と組織管理の仕事を天秤にかけつつ遂行していくことが多いのです。最終的には、技術担当VPの役割を複数の人が分かち合う形で、技術チームに対する責任を共同で担うようになる場合もあります。企業の成長に伴って技術担当VPの役割は戦略志向の度合いを強め、組織管理の仕事を部課長レベルの部下に任せる傾向にあるわけです。しかし以下では、そうした複雑な体制を敷いている大企業のケースはひとまず脇へ置き、技術担当VPが1名のみという企業における、このポストの一般的な仕事を見ていきます。

　「できる技術担当VP」は、チームの日々の運営に関する責任者として、作業工程（プロセス）も各工程の詳細もしっかり把握しています。進行中の複数の取り組みを同時並行で追跡、把握でき、順調に進捗するよう計らうことができます。有能な技術担当VPは現場の詳細に通じ、下位レベルの作業完遂を促す影響力をもっています。こうした職責をCTOが担っている企業もありますが、CTOと技術担当VPの2つのポストを設けている会社では、CTOが「より広範な戦略」と「社内での技術部門の位置付け」に、そして技術担当VPが「アイデアの実現」に、それぞれ焦点を絞っているのが普通です。

　また、技術担当VPは管理責任もかなり負っています。開発のロードマップと雇用計画を擦り合わせるほか、チームが会社の期待に照らし合わせて納得の行くレベルに成長するためにはどのような展開が必要か、計画を練ります。雇用の担当部署と緊密に連携して人材の募集や採用を行い、履歴書によるスクリーニングや面接が順調に運ぶよう監督することもあります。さらに既存の優秀な人材の発掘とさらなる教育、人事部との連携による技術管理者の研修・人材開発資源の提供など、技術管理チームの指南役も果たさなければなりません。

　このように技術担当VPの職責は、広く大きな視野が求められるものと、細部への配慮を要するものとが混在しています。それもあって、このポストの適任者を外部から新たに雇い入れるのは容易なことではありません（そうせざるを得ない企業がほとんどなのですが）。このポストに適任なのは、組織の人間関係や運営体制、作業状況をすばやく把握でき、管理者としても統率者としても高い見識をもち、周囲の人々の信頼を勝ち取ることのできる人です。しかし実情はというと、残念ながら「現場のエン

ジニアの側では技術的な信頼度の高い人物でないとなかなか信用したがらず、応募する側では、組織管理が中心の役職の募集面談なのに、難しい技術系の面接に臨まなければならないなんて、と及び腰になりがち」というものなのです。

　加えて、技術担当VPは組織戦略にもある程度関与しなければなりません。いや、むしろ技術担当VPが組織戦略に対する全責任を負う場合が少なくありません。技術担当VPはチームが事業上の成果物を生み出すための目標設定作業に大きく関わりますが、これはつまり「技術担当VPはプロダクトチームとも緊密に連携しなければならない」ということです。ロードマップが現実的であるか、そして事業目標が「技術部門にとって達成可能な目標」の中にきちんと反映されているか、確認しなければならないのです。ですから技術担当VPには事業に関しても製品に関しても鋭い勘が求められますし、(成果物に関する交渉の能力も含めて)過去に複数チームの先頭に立ち大規模プロジェクトを完遂させた実績も求められます。

　このようなポストで現に卓越した手腕を発揮している私の友人知人は、いずれもチームを心底気遣い、自らスポットライトを浴びることよりも有能な組織を育て上げることを優先する優れたエンジニアです。個々の力を効率よく結集してしかるべき結果を出すという複雑な仕事に情熱を燃やす人々です。チームメンバーの幸福を願い、幸福には達成感の裏付けが重要であることも心得ています。担当部署の「健康度」をチーム代表として他の経営幹部に報告し、健全で協調性に富んだ企業文化を育んでいます。プロセスに不備があれば率直に認め、非常に複雑で詳細な仕事も圧倒されることなく成し遂げます。

8.3　CTOとは?

　小企業やスタートアップで「最高幹部」と言えばCTOを意味するケースが少なくありません。にもかかわらず、CTOの定義はかなりあいまいです。そんなCTOに任命されたあなたは、一体どんな仕事を期待されているのでしょうか。将来CTOになりたいあなたは、どのような準備をすればよいのでしょうか。

　まずは「CTOではないもの」をあげてみましょう。CTOは技術系の役職ではありません。技術部門のランクの最上位でもなく、したがってエンジニアがそのまま昇進を続けて行き着く先の最終目標でもありません。また、コード書きやアーキテクチャ、奥深い技術系のデザインをこよなく愛する人々が一般に楽しめるような職種でもありません。つまり、CTOだからといって必ずしも社内でもっとも優秀なエンジニアとは

限らないわけです。

さて、コード書きの名人でもエンジニアのランクの頂点でもないCTOとは、一体どんな存在なのでしょうか。

CTOという役職の定義が難しいことの背景には「実際に業界でCTOを務めている人たちを見渡してみると、就任の経緯も職責も千差万別」という実情があります。ある会社では共同創設者のひとりであるエンジニアがCTOを務めていますし、草創期から勤め上げてきた卓越したエンジニアがCTOの座に就いたケースもあります。また、CTOに就任するべく他社から移ってきた人もいれば、私のように長年勤めてきた会社でCTOに任命された人もおり、さらには技術担当VPを務めたのちにCTOになった人もいます。焦点の当て所もいろいろで、技術部門の人材の募集と採用など主として人事面を担当している人もいれば、技術的なアーキテクチャやプロダクトロードマップに関する責任を負っている人、会社を代弁する「技術部門の顔」として対外的な役割を果たしている人もいます。部下に関しても、直属の部下をもたない人から、技術部門全体を統括する人まで、さまざまです。

このように千差万別の事例を踏まえた上で最良のCTOの定義を下すとすれば「その会社の現在の成長段階での技術系指導者」となるのでしょうが、私個人としてはこれでは満足が行きません。CTOの一番大変な職務が抜け落ちているからです。そこでそれも含めるとすると、こんな定義になります——「**CTOとは、その会社が現在の成長段階で必要としている戦略的技術系幹部**」。

あえて「戦略的」という表現を加えることによって表したかったCTOの重要な職務とは「長期的視点に立って考えを巡らし、事業の未来と、それを可能にする要素とを計画する作業を支援する仕事」です。

一方、「幹部」という表現を加えることによって表したかった職務は「（上記の）『戦略的な思考』の成果を実現、運用可能にする作業を支援する（そのために問題を細分化し、その対策を部下に実行させる）仕事」です。

では具体的にCTOの職務とは、どういったものなのでしょうか。

まず何よりも、CTOは会社のためを思い、事業を理解し、技術というレンズを通して事業戦略を立てられるようでなければなりません。CTOは第一に経営幹部たるべきで、エンジニアであることは二の次です。取締役会のテーブルに席がなく、会社の直面する事業上の難問を把握していないCTOに、技術部門を主導してそうした難問を解決することなどできるはずがありません。ただ、同じCTOでも、技術力を応用して全社レベルの戦略に沿った新たな（もしくはより大規模な）製品や事業を創出で

きそうな領域を見きわめる責任を負っている人もいるでしょうし、事業やプロダクトロードマップの未来を予測し、実現可能にできるよう、技術部門を常に進化させる責任だけを負っている人もいるはずです。

いずれにしてもCTOは会社にとって最大の技術的な好機とリスクの在り処を把握し、それをプラスに利用することに焦点を絞らなくてはいけません。もしもCTOが人材の募集、採用、維持、手続きといった人的管理に焦点を当てているのであれば、現時点でその会社の技術チームにとってはそれが最重要事項だからです。ここでそうした見解を紹介するのは、「CTOは『コンピュータおたくのボス』として純粋に技術的な問題に焦点を当てるべきだ」という見方と対比してほしいからです。

さらに、「できるCTO」は管理面でも多大な責任と影響力とをもちます。これは必ずしもCTO自身が日々の管理の作業に深く関わるという意味ではなく、「事業戦略の決定において自分の影響力を保持するためには、会社や事業に大きな影響を及ぼす（とあなたが見なす）問題の解決に人員を割り当てるようにしなければならない」という意味です。他の経営幹部は技術部門に関してそれぞれに独自の考えやニーズをもっています。技術チームが自分たちならではのニーズやアイデアを活かせない単なる実行部隊にされてしまわないようCTOが守ってあげなければなりません。

ただ、技術チームの規模が非常に大きくなってくると事が厄介になり、大勢の部下の管理に手を焼いたCTOが複数の技術担当VPを採用するということを始めます。管理責任を複数のVPに残らず譲ってしまうCTOも多く、挙げ句の果てに「直属のVPをひとりももたない独立したCTO」などという地位を作ってしまうことさえあります。最新の情報を提供し意見を聞かせてくれる直属の部下をひとりももたないのでは、経営幹部としての実力と影響力を維持、発揮することは途方もなく難しくなるのですが。

その好例が私の以前の勤め先のCTOです。大規模な事業分野のベテラン技術スタッフの大半がCTOの肩書きをもっていました。周囲の尊敬を集め、技術力の点でも有能で、会社が直面している技術的な難題についてもよく理解しており、エンジニアチームに助言や刺激を与えたり人材の募集と採用を支援したりする仕事を要請されることもしばしばでした。しかし大抵は管理者としてチームを直接監督する権限をもたない上に、技術部門が実行部隊と見なされがちであったため、戦略面での影響力が乏しく、さしたる成果を上げられずに終わってしまっていたのです。

もしもあなたが事業戦略に関する発言権をまったくもたず、重要な作業に要員を回す権限ももたないCTOだとすると、「他の経営幹部や上級管理者からの圧力に弱い」

程度ならまだましなほうで、最悪の場合「幹部とは名ばかり」となりかねません。管理の責任と権限は表裏一体。責任を果たさずに権限を手にすることはできないのです。

　管理の権限をもたないCTOが何かを成し遂げたければ、自身で動いて組織に影響力を及ぼすしか手がありません。重要だとCTO自身が見なす領域に、管理者たちが人員と時間を割り振ってくれなければ、そのCTOは無力も同然です。管理の責任を放棄したりすれば、事業戦略に関してそのCTOがこれまでに発揮し得たもっとも重要な影響力まで投げ出すことになり、残されたものは組織側の善意と自身の2つの手だけ、と言っても過言ではありません。

　最後に、晴れてCTOとなり、意欲に燃えている人たちにあえてアドバイスをするとすれば、それは「何よりも事業戦略に関わる仕事を最優先すべし」です。そしてそれに付いて回るのが管理の仕事であるという点も忘れてはなりません。もしもあなたが、会社が推し進めている事業を第一に考えることができなければ——つまり、大部隊の人員を効率よく動員してその事業に当たらせるというCTOの究極の責任を進んで引き受けられないのであれば——CTOに向いているとは言えません。

CTOに訊け　CTOと技術担当VPの区別がつかないのですが。

Q　技術系の経営幹部である「CTO」と「技術担当VP」の区別がつきません。区別もつかないのに、将来どちらになりたいかなど決められません。

A　わかります。その「区別」を説明しようと、無数と言ってもよいくらい沢山の記事やブログが書かれていますが、それぞれの役割の職務を具体的にあげることは難しく、「場合によりけり」と言うしかないのが実情です。企業によってCTOと技術担当VPに課している職務がかなり異なるのです。

　将来どちらのポストを目指すべきかを決めたければ、次の質問に答えてみるとよいかもしれません。いつの日か、仲間と共に起業してみたいですか。技術的なアーキテクチャの監督作業や、それを展開するためのプロセスや指針の策定作業を支援したいですか。その技術的なアーキテクチャを会社の成長の基盤にするべく、事業サイドについても深く理解したいという意欲を持ち合わせていますか。対外的なイベント、講演、顧客への売り込み、経営幹部やシニアエンジニアの人材募集を担当する意欲がありますか。直属の部下をもたないシニ

アエンジニアの管理やメンタリングに関わる意欲がありますか。以上で「はい」が多かった人は CTO に向いているかもしれません。

　管理についてはどうでしょうか。人を管理する仕事は好きですか。技術的なプロセスの効率アップを図る仕事は好きですか。チームが進めている仕事を大局的な視点から見つめたい、チームの作業の優先度付けに関わりたいと思いますか。組織の構造に強い関心がありますか。プロダクトマネージャーとの協働は得意ですか。焦点の当て所を「技術的な詳細」から「チーム全体の能率」に移すことに抵抗感はないですね？　アーキテクチャのレビューのミーティングより、ロードマップの計画立案のミーティングに出席したいですか。以上で「はい」が多かった人は技術担当 VP 向きかもしれません。

　答えがバラついて、どちらとも決められない、という人もいるはずです。私自身は技術担当 VP も CTO も経験し、どちらにも昇進という形で就きました。常に技術的なアーキテクチャのことを考えていましたが、仕事で必要とあらば組織に焦点を絞ることも抵抗なくできました。ただ、私の場合、組織に焦点を当てるだけではなかなかモチベーションが維持できません。組織の構造を考える仕事は好きですが、プロセスの詳細やロードマップの立案だけでは退屈しがちで、技術戦略や事業戦略を監督する仕事も必要なのです。

　CTO への最短の近道は「技術系の共同創設者になる」ですが、そのスタートアップもあなた自身も共に成長を続けられないと、その後の CTO の地位は保証されません。一方、技術担当 VP への最短の近道は「規模が大きめの企業で管理経験を積み、その後、成長中のスタートアップへ技術担当 VP として移る」です。

　最後に、かつて私自身が当時の上司であった技術担当 VP から受けたアドバイスを紹介しておきましょう——「CTO（や技術担当 VP）になりたいという状況は、とにかく結婚したくてしようがないという状況と似ている。肩書きだけじゃなく、会社や社員だって重要だ」。そう、肩書きがすべてではないのです。

8.4　優先順位の変更

　ある朝CEOが爽やかな朝日を浴びて目覚めると、すばらしいアイデアがひらめきます。会社を次なる成長段階へと押し上げてくれそうな新たな製品ラインの開発の好機が見えたのです。さっそくそのビジョンの大まかな肉付けをして幹部仲間に見せたところ、賛同が得られ、アイデアを実現するべく行動を起こそうということになりました。だからといって事がトントン拍子に運んでくれるわけでもありません。すでに進行中のプロジェクトがいくつもあります。中には完成間近で、いくらなんでも中止は残念、というプロジェクトもあります。つまり新事業に全チームの総力を結集するにはまだまだ手間取りそうなのです。ところが突然、幹部仲間からこんな問いが——「では、この新事業を最優先にしてしまえば？」

　こうして経営陣からいきなり優先順位の変更が申し渡されることは時にあるものです。現場チームの日々のスケジュールから遠く隔たった所にいる首脳陣は、チームが何週間、あるいは何ヵ月も前に苦労して作成した長い優先度リスト——完遂にも何週間、あるいは何ヵ月も要すると思われる仕事の優先度リスト——に従ってコツコツと作業を進めている現実を忘れてしまうことがあります。そんな首脳陣が好機を見出したり、組織全体としての優先順位を変更する必要性を感じたりした場合、「現在の状況」という現実にはお構いなしに、変更命令は当然すぐさま実行されるものと期待してしまうことが多いのです。

　「この新事業を最優先にしてしまえば？」という問いを受け止めなければならない側としては、あらゆるレベルの管理者が考えられますが、質問を発する側は大抵、経営幹部です。幹部のひとりであるあなた自身でさえ、さらに上の「大ボス」からこの問いをぶつけられる可能性があると心の準備をしておくべきでしょう。逆にあなた自身がこの問いをあなたのチームに投げかけなければならなくなって、チームの抵抗に遭ったら、こう自問してみましょう——「この最優先事項をチームのみんなが理解していないのはなぜか。実際にこれを最優先する場合、チームはどんな作業を削らなければならないか」

　そもそもあなた自身が最優先事項をきちんと把握しているでしょうか。チームはどうでしょうか。チームの開発者たちは？　時に、最優先事項をチームが理解していないのは単にあなたがチームに詳しく伝えていなかったから、というケースもあります。あなた自身が最優先事項を把握していなかった、あるいはあなたは把握していたけれど、それを直属の管理者チームに明確かつ至急扱いで伝えていなかったため、管

理者たちはもちろん、開発チームに明確かつ至急扱いで伝えることができなかった、というわけです。この場合、あなたは現在進行中の仕事のリストにきちんと目を通して、新たな最優先事項を割り込ませるために現在進行中の仕事の一部を中止や延期にするという作業も当然できていないはずです。この作業は、新たに最優先すべき事項が本当に火急のものであるなら欠かせません。「きちんと伝えること」は最優先事項ではありますが、それと「新たな最優先事項に人員を回すため、スケジュール上のトレードオフを勘案して優先順位を変更する作業」とはまた別の話です。

　我々技術系の幹部はとかく忘れがちです——自分のチームが現在進めている仕事の内容や理由を、上層部や他部門の人々が自分と同じように詳細に理解しているわけではない、という点を。ただし、だからといって私は各チームの作業の詳細を、幹部仲間や、大規模な技術部門を構成する全チームの管理者に、いつもいつも逐一知らせるべきだなどと言っているのではありません。もしも「優先順位を間違っている」といった指摘を受けたら、それはあなたもCEOも現実をきちんと把握できていない兆候なので、現場との間で共通理解ができるよう努力が必要だと言っているのです。たとえばチームは頻繁に稼働停止を起こすシステムを何とか安定させようと必死になっているのかもしれません。あるいは長いこと懸命に作業を重ねてきた大規模プロジェクトの「最後のひと押し」の段階にあるのかもしれません。あなたはチームが次なる「最優先事項」に取りかかる前に現在進行中の作業を完遂する必要があると見きわめたら、そのことを上層部へ明確に伝えなければならないのです。

　焦点の当て所を変えてはならない場合にしても、変えるべき場合にしても、あなたは上、あるいは下に、それを明確に伝え、あくまでも説得する覚悟が必要です。チームは新たな仕事に入る前に、まず大きなプロジェクトを完遂するべきだと思ったら、その大きなプロジェクトがもたらす価値や、その現況、今後完遂までに予想されるスケジュールについて、可能な限りの詳細を入手してください。そして現実を直視しましょう。もしも上層部が優先順位の変更を確定し、新プロジェクトを最優先で緊急に始動させなければならない、そのことで直々に話し合いたいと言ってきたら、チームが現在進めている作業については妥協もやむなく、一部を削減するなりメンバーの一部を外すなりもいたしかたない、と覚悟しなければなりません。こうした変更に、チームはもちろん喜ばないでしょう。経営幹部の新たな「思いつき」に応じるために、これまで進めてきた仕事から外されることを喜ぶ人など普通いません。これまでの仕事が重要だと思っている場合はとくにそうです。

　管理者、指導者としてのあなたの地位が高ければ高いほど、技術部門の舵取りの責

任も重くなり、必要とあらば針路変更も断行しなくてはなりません。その場合には、新たな針路をチームに明示して十分に理解させ、進路変更に必要な措置を取らせなければなりません。上層部に提示するため、進路変更の影響を受けるプロジェクトのリストもチームに作成させましょう。こうすることで、あなたの直属の管理者たちは新事業について考え、それに関する計画を立てざるを得なくなります。あなたの側では新事業の発案者から目標を聞き出して、それをチームがすでに進めている作業にどう割り込ませていかれるか検討してください。

最後にもう1点。重要事項を伝える際には、それが相手の意識にしっかり刻まれるよう、伝達の方法や回数を多めにすることが大切です。大きな組織でのコミュニケーションは容易ではありません。私の経験では、伝えたい情報を相手の意識に定着させるためには、大抵、最低3回は言って聞かせる必要があるようです。言って聞かせる相手としては、あなた自身の上司や幹部仲間が考えられますし、さらには技術部門の部下を一堂に集めて開く会議もあり得ます。変更の詳細を説明するメールを送る必要も生じるかもしれません。こうした状況では、ちょっとした下準備が功を奏します。相手から出そうな質問を予想して、その答えを用意しておくとか、変更の対象になるプロジェクトや要員について極力明確な情報を集めるといった、あらかじめ混乱を回避するための下準備です。また、情報を伝える際に、この進路変更が好ましいものである点を売り込むことも忘れずに。

上層部に情報を上げる際にも「繰り返し」は必須です。大事なことで上司に動いてもらいたければ、最低3回は説明を繰り返す必要があります。それだけやれば、ようやく真剣に耳を傾けてもらえるはずです。2回目までの段階では、問題自体が自然に解消してしまうこともあります。3回も説明する必要があるのなら、それは「もっと大きなレベルでの対処が要ること」を示す兆候とも受け取れます。一方であなた自身の行動を振り返ってみると、管理者として自分のチームに同様の対応をしていることに思い当たってビックリすることもあるでしょう。下からあなたのレベルにまで沢山の問題が報告されてきますが、多くは自然に解消してしまうため、自分が踏み込む以前にチームが解決努力を常時続行するべきだと判断しているのです。だからといって私はこれを「3回ルール」として実践しろなどと勧めているわけではありません。あなたが意図するしないに関わらず、こうした傾向があるのが実情だ、と紹介しているだけです。

組織の規模が大きくなればなるほど優先順位をすみやかに変更することが難しくなります。とはいえ、あなたが技術系の幹部として成長途上のスタートアップの創業者

兼CEOによって採用された場合でも、優先順位の変更に手間取れば創業者兼CEOを苛立たせてしまうでしょう。こうした状況であなたに取れる最良の対策は、チームの現況とそれまでの経緯や理由を創業者兼CEOに常時先を見越した形(プロアクティブに)で知らせる、というものです。「あなたから命じられた最優先事項を私は十分理解しており、チームにも徹底してあります」と告げ、その最優先事項に取り掛かるべく現場で進めている具体的な対応策も知らせるよう、最善を尽くしてください。

8.5　戦略の策定

　2014年夏、パーティードレスのレンタルサイト「Rent the Runway(レント ザ ランウェイ)」の技術担当シニアバイスプレジデントを務めていた私は、CEOから大きな課題を突き付けられました——「次の取締役会であなたをCTOに推薦したいの。で、昇進の条件のひとつが、その取締役会で技術戦略を披露すること」。それを受けて私が作成した技術戦略の草案は、CEOから何度も何度も突き返されました。そうやって推敲を重ねた末に、ようやくCEOのお眼鏡にかなったものに練り上げることができたのです。結果は周知のとおり。私は晴れてレント・ザ・ランウェイのCTOに就任しました。

　ただ、今振り返ってみると、あの時CEOにあのような訓練をさせられなくても、私はCTOに昇進できていたのではないかと思うのです。というのも取締役会は、チームを首尾よく育て上げ、システムを一定のレベルで安定させ、大量処理機能を実現させた私のそれまでの実績に十分満足してくれていたからです。それでもあの時CEOがあえてあの試練を課してくれたことに、私は計り知れない恩義を感じています。あの苦しい作業の過程で、「戦略を策定する作業がどういうものか、漠然とイメージしているだけの段階」から「技術的なアーキテクチャにも技術チームの組織構造にも配慮できる方法まで含めた、具体的かつ先見的な戦略を実際に手にしている段階」へと脱皮できましたから（しかもその後、結局はこの戦略が、全社レベルの組織構造を見つめる会社自体の視点まで変えてしまうことになったのですから）。

　私は経営幹部の統率力について語る際には、「戦略が欠くべからざる要素であること」を努めて強調するようにしています。経営幹部になって戦略の策定を迫られたものの、どこから手を付けたらよいのかもわからない人がほとんどなのです。私自身もそうでした。しかし私の場合は、あのCEOからも、CTO専門のコーチからも、助言や指導を受けることができました。また、幹部仲間にも意見や情報を求めたほか、技術チームのベテランメンバーに理論的な質問をして細かな問題を浮き彫りにする手法

も実践しました。このように多くの人の支援と協力があったからこそ戦略を無事策定できたのです。そうしたことを踏まえた上で、技術戦略の策定が具体的にどういう作業なのか、以下で見ていきましょう。

広範な調査と熟慮

　私はまず、技術チームと、チームがこれまでに構築してきた技術、そして会社について考えるところから始めました。技術チームには「ペインポイントはどこか」という問いを、また、種々の領域の経営幹部には「将来、我が社のどの領域が伸びると期待できるか」という問いを投げかけてみました。また、自分自身にも問いかけをしました——現在、規模の拡大に関わる問題を抱えているのはどこか、将来、そうした問題が生じそうなのはどこか。さらに技術チームについて調べてみると、生産性に影響するボトルネックが複数見つかりました。加えて、IT業界全般を見渡し、近い将来の変化を——とくに個人化（パーソナライゼーション）とモバイル開発に関わる変化を——自分なりに予想してもみました。

調査の結果と自分なりのアイデアのひも付け

　このようにして既存のシステム、チーム、ボトルネックに関する調査と熟慮を重ねて私なりの結論を出し、チームやシステムの効率化や機能の拡張、事業の改善が実現できそうな領域も推測した上で、調査で手に入れたデータをもとに、可能性のある将来像を頭の中で大まかに描いてみました。ひとり部屋にこもりホワイトボードや紙を前にして腰をおろし、会社の現在の体制をスケッチし、共通する要素を基準にしてシステムやチームを分類、分解していきました。たとえば顧客対応のシステム（カスタマーサービスツール）と社内業務対応のシステム（倉庫関連ツールなど）、バックエンドとフロントエンド、といった具合です。このように業務で扱うデータをモデル化しているうちに、気がつくとデータのフローや変遷に対する独自の洞察と、成長の軸となりそうな要素とを見つけ出すことができていたのです。

技術戦略の草案作り

　データのマッピングができてしまえば、経営効率を向上させ、機能を拡張し、事業

を発展させるためのアイデアを練ることができます。まず、システム間の情報共有を制限したり、逆に拡大したりするべき箇所を探ってみました。個人化システム（パーソナライゼーション）は、常にリアルタイムの状況を反映するよう動作させるべきか、それともビューをリアルタイムの状況のサブセットに限定する形で動作させるほうがよいのか。各種の製品やさまざまな操作の特性を、データフローの各パートにおいてどのように活用すれば、顧客の体験をより好ましいものにできるのか。こういった事柄を検討する際には、会社の組織構造、（社内業務に関するものも対外業務に関するものも含めて）顧客のニーズ、起こりうる将来的な展開も当然考え合わさなければなりません。最終的にはこうした要素にも対応した技術戦略を練り上げることができました。

経営陣特有の流儀

　前述のとおり、私の技術戦略の草案はCEOから幾度も突き返されましたが、中でもこっぴどく撥ねつけられたものが2つあります。ひとつは生煮えの戦略プランです。ほぼシステムとアーキテクチャの詳細に終始し、直近の半年から1年間に関するものを除けば将来を見越したアイデアなどほとんど皆無のプランだったのです。もちろんチームの成功に不可欠な「事業発展の推進力」にも触れようともしていませんでした。さて、CEOに撥ねつけられたもうひとつのものは、私が用意したプレゼン用のスライド集です。私はそれまで講演も手がけてきたため、「講演者の話に集中している聴衆のためにスライドに載せる情報量は制限するべし」というコツが身についていました。しかしこれから私が取締役会を前にして行わなければならないプレゼンでは、情報を満載したスライドが必要だと言われました。取締役会の面々は、会議中はプレゼンテーションそのものよりも詳細に焦点を絞れるよう、事前にスライド集にしっかり目を通すことが珍しくないというのです。当時の私はそのことを知らず、事前に目を通してもらう印刷版の資料としてはあまり役に立たないものを作り、労力を無駄遣いしてしまったわけです。良い教訓にはなりましたが。

　以上の体験談からもわかるように、的を射た技術戦略は、押さえるべきツボをきちんと押さえているものです。押さえるべきツボとは、たとえば「技術的なアーキテクチャ」「組織の構造」「事業の基盤と今後の針路」など。私は常々、製品を重視している会社の技術戦略を「その会社について思い描ける数々の将来像を可能にするもの」と好んで形容しています。現在直面している問題に対処しようとする受け身の戦略に終わらず、将来の成長を予想し可能にする戦略でもなければなりません――あなたが

製品に焦点を絞っている会社の経営幹部なら、この点こそがあなたの技術戦略の核心部分となります。肝心なのは製品の今後の方向を決めること自体ではなく、成功裏に展開する、より大規模なロードマップを実現させることなのです。

　技術戦略の策定に初めて取り組んだあの時、いろいろな意味で一番大変だったのは「そもそも策定作業そのものに取りかかること」でしたが、その次に大変だったのが「完全とはとても言えない情報に基づいて将来を予測する作業に慣れなければならないこと」でした。その訓練をあの過程でやれたおかげで、私は「既知の環境を見つめ、それに必要なものを提供するための計画を立てるという後手後手の統率」ではなく「将来を見越しての統率」ができるようになりました。アーキテクチャに関しても、技術チームに関しても、会社全体に関しても、今後進んでいくべき方向を（大まかにでも）つかめたのです。

　この新たな視点を自分のものにしてからは、首脳陣のひとりとしての職務がさまざまな点ではるかに楽になりました。技術チームに、プロダクトロードマップの概要だけでなく、技術的なプラットフォームとして目指すべきビジョンも提示できるようになりました。また、技術部門に職務を遂行させるだけでなく、直接会社全体を前進させる効果のある事業のアイデアも提案できるようになりました。私が得たこの新たな視点がこうして技術部門の組織戦略を主導し、その技術部門の組織戦略が、やがては全社の組織戦略を部分的に主導するに至りました。このような影響を及ぼせたことを、私は誇らしく思っています。

8.6　やりにくい仕事——悪いニュースを伝える

　チームに悪いニュースを伝えなければならない場面というのは誰にでもあるものです。「一時解雇(レイオフ)になるらしい」「このチームは解散され、他のプロジェクトの支援に回されるかもしれない。そうなったらみんなバラバラになってしまう」「方針転換らしい。それも皆が納得しがたい方向への」。先に触れたロードマップの変更も「悪いニュース」のひとつです。そしてそれをチームに伝えるのが他でもない技術系の経営幹部の仕事なのです——もちろんチームが喜ばないことを承知の上で。

　どう伝えたらよいのでしょうか。カギは「伝え方」にあります。あなたは経営幹部として、慎重な扱いを要する情報を大きなグループに伝えるコツを心得ていなければなりません。そこでちょっとした「べし・べからず集」を紹介しておきます。

- **大きなグループに血の通わないメッセージを一斉送信するのは禁物**——悪いニュースを伝える上で最悪の方法は「メールやチャットなど、人間味のないメディア（中でもコメント機能付きのメディア）を使う」というものです。あなたの直属のチームなのです、悪いニュースならなおのこと、統括者であるあなた自身が直接知らせてあげるのが筋というものでしょう。それにその知らせの詳細や背景をきちんと説明してあげられるあなたがその場にいないと、誤解や恨みが生じる恐れも大きくなります。さて（とくに、この知らせを聞いて喜ばないことが明らかな大きなグループに）悪いニュースを伝える上で2番目に好ましくない方法は「全員を一堂に集めて知らせる」というものです。良くないニュースでもこうやって一時に公表してしまえば、尾ひれのついた噂となって広まるような事態も防げると思う人もいるでしょうが、「血の通わないメッセージ」となってしまうことに変わりはありません。その場にいるひとりひとりの反応に注意を払うこともちろん無理な話ですから、全員がその知らせを正確に理解する前に、誰かが皆を扇動して波風を立てる恐れもゼロではありません。
- **できる限り個別に話す**——悪いニュースは、人間味のないメディアを介したり全員を一堂に集めたりして告げるのではなく、極力個別に告げるべきです。とくに拒絶反応を示しそうな部下を事前に予測し、その人向けになるべく刺激の少ない思いやりのある知らせ方を考えてみてください。1対1で知らせれば、あなた自身が直接そのニュースを伝えられますし、相手に反応したり質問したりするチャンスを与えることもできます。なお、悪いニュースの中には、あなたが心を鬼にして「これは上からの命令だから、みんなに従ってもらうよりほかにない」と告げなければならないものもあります。あなたが統括している大規模な部署全体に「悪いニュース」を知らせなければならない場合は、全員を招集する前にまず管理者たちを呼んで詳しく説明し、その情報を各チームへ持ち帰らせて共有させましょう。
- **言語道断だと思うようなメッセージなら、伝達役を立てても構わない**——時には、とんでもない方針変更や理不尽なチームの分割など、絶対に同意できない「悪いニュース」をチームに告げなくてはならない場面もあり得ます。自分でチームに告げたりしたら内心の強い反感が表に出てしまう、といった場合、伝達役を誰かに代わってもらうべきかもしれません。幹部仲間や人事部の人に頼んでもよいでしょう。チームの規模によっては、あなたの懐刀に代役を務めてもらってもよいかもしれません。あなたも首脳陣のひとりなのですから、同意

しかねる決定事項でも「大人のやり方で」さばくコツを身につける必要はありますが、だからといって全部独りでやらなければならないわけでもありません。

- **その「悪いニュース」が招きそうな事態を直視する**——あなたがチームに伝えなければならない「悪いニュース」が示唆する今後の展開に、あなたが真摯に向き合えば向き合うほど、事は処理しやすくなるはずです。たとえば一時解雇(レイオフ)であれば、それが決して喜ぶべき事態ではないこと、しかし誰にとっても会社の存続が大事であることを、あなた自身がしっかり受け止めるべきです。また、チームが解散させられてしまう場合なら、チームのこれまでの実績を惜しみなくあげ、解散の命令はむしろ前向きな効果をもたらすものである点も指摘し、学びと向上の新たな好機に恵まれるはずだと強調するといった配慮を示してあげるとよいでしょう。こうして現実を直視して部下と腹蔵なく話し合う姿勢を貫けば、部下はあなたへの信頼を深め、「悪いニュース」を何とか受け入れてくれる可能性も高まるかもしれません。

- **自分ならどのように告げてほしいのか、想像してみる**——いつかあなたが告げなければならないニュースのひとつが、移籍や引退に関するものです。すでに会社やチームを移った経験のある人もいるでしょう。その時、自分が辞めるというニュースをどのように伝えましたか。メモを回しましたか。もちろん人事には申告したでしょうが、直属のチームに関しては、公(おおやけ)のニュースになる前にひとりひとり脇へ呼んで告げたのではないでしょうか。送別会を開いてもらったり、別れの感謝状を送ったり、「この会社で学んだこと」などを語るお別れのスピーチをしたりした人もいるかもしれません。寂しい変化ではありますし、周囲の状況にもよりますが、こうした「お祝い」の行事も品位を損なわずにやれるのであれば問題ないと思います。

以上、「悪いニュース」をチームに知らせなければならない時のコツを紹介しました。

> **CTOに訊け** 非技術系の上司に手を焼いています。

Q 私は経営幹部ですが「直属の上司が非技術系の人」という状況は今回が初めてで、かなり手こずっています。うまく乗り切るコツがあれば教えてください。

A 私自身が初めて同様の経験したのはパーティードレスのレンタルサイト「Rent the Runway」でのことです。完全に非技術系の人の直属の部下になるというのは、技術畑の者にとっては激しいカルチャーショックを受けかねない状況です。幸い、こうした場合に応用できるベストプラクティスがいくつかありますので、それを紹介しておきましょう。

- **非技術系の人にとっては訳のわからない専門用語や職場の隠語を連発して、相手を煙に巻くのは禁物**——新しい上司はとても頭の切れる人かもしれません。しかしそういう人でも専門用語の羅列は耐えがたいと思うかもしれませんし、技術上の微妙な決断の詳細を山ほど聞かされたいと思う人などまずいないはずです。非技術系の上司との新たな関係は、「非常に重要な情報」を「重要でない情報」から選り分けるコツを学ぶ良い機会と捉えましょう。
- **その非技術系の新しい上司とも1-1を行う必要があるだろうと予想して、事前に議事リストを用意する**——多忙な経営幹部に時間を割いてもらうのは容易なことではありません。1-1の約束を取り付けるだけでもかなり難しいでしょうから、上司が割いてくれた時間はぜひとも有効に活用したいものです。多分あなたはこれまで「1-1には双方が議事リストを携えて臨むもの」と思っていたでしょうが、今度の上司の流儀は違うかもしれません。ですから常にあなたの側で「用意万端」を心がけてください。それより何より1-1の時間を上司になかなか割いてもらえなくて困っている、という人は、とにかく上司に議事リストを送って、1-1を開く必要があることを知らせましょう。ちなみに上司のスケジュール管理を担当している秘書や補佐と良好な関係を作るというのも有効な手法です。
- **上司には問題を持ち込むのではなく、解決法を提案する方向で**——CEOは概して「うまく行っていないこと」や「同僚との意見の相違」「管理上の問題」を聞かされることを好まないものです。あなたの上司がこういうタ

イプなら、経営に関する助言や指導を請うのは遠慮して、その適役はどこかほかで見つけましょう。ただしどうしても上司に悪いニュースを伝えなければならない場面で遠慮したり気後れしたりは禁物です。
- **アドバイスを仰ぐ**――直前の項であげたコツと矛盾しているじゃないかと言われてしまいそうですが、アドバイスを請うというのは、相手への敬意を表する上では最高の手法です。毎度毎度あなたが持ち込む問題に頭を悩ませるのはまっぴらご免だという上司も、あなたが「お知恵を拝借したくて」的なアプローチをすれば喜んでフィードバックを与えてくれるはずです。
- **重要な事なら遠慮せずに念を押す**――大事な問題を上司に知らせたのに忘れられてしまったらしい、という場合、本当に重要なことならもう一度念を押すべきです。場合によっては2度3度と繰り返さないと腰を上げてもらえないかもしれません。大抵は3度目で「効き目」が表れるものです。
- **支援を惜しまない**――「ほかに何か私がお役に立てるようなことはありませんか？」といつも訊いてあげましょう。できる範囲内で構いません、上司のためにも会社のためにも労を惜しまない姿勢を示すことです。
- **積極的な自己研鑽を**――もはやあなたの上にいるのは部課長でもCTOでもなく、「大ボス」ひとり。しかしそんなあなたでも経営幹部としては新米なのですから、それなりの研鑽を積む必要があります。専門のコーチに指導を仰ぐなり、幹部向けの研修を受けるなり、社外の同類の仲間と共に相互支援のグループを作るなりして、新たな「幹部の世界」に果敢に泳ぎ出していきましょう。

8.7 他部門を統率する幹部仲間

　上層部入りを果たした直後に私が学んだことの多くは、幹部仲間との関係構築を迫られる中で気づいたり教えられたりしたものでした。技術部門以外の各種部門を率いる指導者たちと共に働く好機でしたが、とくにレント・ザ・ランウェイの経営陣は大勢の多様な幹部で構成されていたため、ひと口に「幹部」と言ってもとりわけ多種多様なタイプの人を知るきっかけとなりました。ウマの合う人もいましたし、それほどでもない人もいました。しかしどちらからも多くを学び、視野を拡げることができま

した。

　経営陣は、社内グループの中でもとくに仲間内での連携を大切にしなければならない集団です（6章の159ページ「部長クラスの同僚こそが『チーム』」の項を参照——ただし6章では部長クラスの「チーム」について述べているため、ここでは「部長クラス」を「経営陣」に置き換えて参考にしてください）。つまり、自分の直属の部門の成功は二の次で、何より全社レベルの事業とその成功に照準を定めなければなりません。自分の直属の部門の成功でさえ、全社レベルでの成功に資する形で実現させるよう取り計らわなければならないのです。こうした「幹部仲間こそが『チーム』」という視点は、経営チームの強化育成が専門の米国のコンサルタント、パトリック・レンシオーニの『The Five Dysfunctions of a Team*』など、首脳陣のためのビジネス書で紹介されています。技術畑ではすでに部課長の段階から「管理者間の連携」を経験し、コツを身につけてきた人が多いはずですが、首脳陣の場合、「ほかにエンジニアはほとんどおらず、しかも各幹部の専門分野は千差万別、そうした環境での協働はいまだに経験したことがない」という状況ですから、孤独感もひとしおかもしれません。

　では、どのような状態なら「部門の枠を超えた協働をそつなくこなせている」と言えるのでしょうか。まずは「あなたが仲間の『縄張り』を荒らさず、仲間もあなたの『縄張り』を荒らさない」状態です。技術畑の者なら、すでにシニアデザイナーやプロダクトマネージャーほか、ビジネスチームのメンバーとも手を組まなければならなかった頃から、協働のコツを習い覚えてきたはずですが、もしもそれがまだできていない人がいたら、今こそ研鑽の好機と捉えてください。幹部仲間の専門分野を尊重するべき場面では、しかるべき敬意を表する。これが肝心です。たとえその人の管理のしかたやスキルの応用のしかたに賛同できなくても、あなた自身のチームに直接影響が及ばない状況なら、「あなたの気に食わない人と付き合っている親友」に対する時のように「放っておいて」あげましょう。向こうから助言を求めてこない限り、極力口出ししないようにするのです。万一、そうした見解の相違をあえて持ち出して議論し合うのであれば、節度ある話し合いを心がけてください。あくまでも違いは違いとして、無闇にほじくり返さない姿勢が大事です。

　無論、幹部仲間での意見の衝突や食い違いが避けられない場面もあります。たとえば1-1や取締役会で起こり得ます。というか、そもそもこうした会議は、戦略や会社

---

*　Patrick Lencioni, The Five Dysfunctions of a Team: A Leadership Fable (San Francisco: Jossey-Bass, 2002)（邦訳『あなたのチームは、機能してますか？』2003年、翔泳社）

が直面している難題、針路決定の詳細に関する意見の相違を詳細に議論して磨り合わせていく場にほかなりません。提示された数字に納得が行かなければ会議の中でCFO（最高財務責任者）に訊いてみることです。また、こうした議論の場では、技術部門のロードマップや決定をあなたが弁護しなければならないこともあると覚悟しておきましょう。

　ここで（前述の「相手の技量に敬意を払う」に続き）部門の枠を超えた協働をそつなくこなすのに必須の要素の2つ目には「信頼」が関わってきます。前述のパトリック・レンシオーニは前掲書『The Five Dysfunctions of a Team』で「チームの5つの機能不全」のひとつ目として「信頼の欠如」をあげています。たとえば「幹部仲間は組織のために最善を尽くそうと鋭意努力している」「仲間は議論の場を牛耳ろうとしているわけでも、私の面目を潰そうとしているわけでも、自己流を押し通そうとしているわけでもない」といった信頼感がもてない関係です。つまり、幹部仲間の「縄張り」や、有能な専門家としての能力に対する基本的な信頼に加えて、たとえ幹部仲間があなたに反対したり、あなたの気に食わないことをやったりして、「これは理不尽な振る舞いだ」「自己本位な行動だ」といった考えが頭に浮かんできても、それはとりあえず脇へ置くべし、ということなのです。

　とはいえこうした「根本のレベルの信頼」を築くのは容易なことではありません。相手次第で、全面的とは言わないまでもある程度の「カルチャーショック」が生じる恐れがあるのです。優れたCTOに必須の資質や素養は、優れたCFOやCMO（最高マーケティング責任者）、業務部長（VP of Operations）などのそれとは微妙に異なります。そのため、たとえば「分析思考型の人」と「創造・直感型の人」の間や、「迅速性や変化を重視する人（したがって時には混乱もやむなしとする人）」と「長期計画や納期、予算にこだわる人」の間ではとかく「カルチャーショック」が起きやすいのです。いきおい、さまざまに異なる相手の流儀を理解し信頼するための努力と工夫が欠かせません。

　こうして多様な分野、素養の同僚の立場を尊重し、意思疎通を図ろうとする際、とくにエンジニアは苦戦を強いられがちです。相手の立場を尊重すべき局面でつまずくのは、現代のテックカルチャーの鼻持ちならない副産物——「エンジニアこそ誰よりも頭の冴えた人種」という思い込み——のせいだと私は思っています。ですから「分析思考型でない幹部仲間だってマヌケではないのだ」と、いくら強調してもし足りないのです。裏を返せば、我々自身が非技術系の幹部仲間にもわかるような説明ができずに自ら面目をつぶしてしまうこともあります。技術系の専門用語や隠語を、それに

疎（うと）い幹部仲間（そんなものを詳しく知っている必要などまったくない幹部仲間）を前にして連発することでマヌケ面をさらしてしまうのです。我々は、たとえ非技術系であっても聡明な同僚に理解できるやり方で技術部門の複雑な仕事を説明するコツを会得しなければなりません。

さて、最後にあげたい「経営陣の連携を育む上で必須の要素」は「ここだけの話」の手法、つまり幹部の間で生じた意見の相違や衝突は外部へは持ち出さない、というものです。取締役会でいったん決定を下したら、幹部全員がそれに従い、技術部門に対してもその他の部門に対しても「共同戦線」を張るのです。とはいえこれは実のところ「言うは易く行うは難し」で、私自身、取締役会での意見の衝突を技術チームに知られまいと必死の思いをした経験が幾度もあります。取締役会で言い分を通せなかった時（とくに、反対意見を聞き入れてもらえなかったと感じている時）、それを「そのままにしておく」のはなかなか難しいものですが、そういう事態が時に起こるのです。共同歩調を取るか辞職するかを選ぶしかないような状況も、とくにこのトップのレベルではあり得ます。「共同歩調」と「辞職」の中間は何か、強いて言えば「幹部仲間に公然と異を唱える」というものでしょうが、それでは幹部全員にとって事をさらに悪化させるだけなのです。

8.8　反響

組織の頂点に立つ者となった今、周囲のあなたに対する注目度はかつて経験したことのないほど高まるはずです。あなたの存在が皆の関心を呼び、誰もがあなたに認めてもらいたい、あなたから批判されたくないと躍起になるのです。ですからとくに叩き上げでチームと共に成長してきた人が上層部入りすると、「チームの一員」から「総責任者」への視点の転換で苦戦を強いられることが少なくありません。

あなたはもはやチームの一員ではありません。今のあなたにとってのチームは首脳陣であって、あなたの直属の部門は「次なる存在」となったのです。こういう視点の転換に成功すると、あなたは組織全体を一歩退（ひ）いて眺めるようになるはずです。たとえば「帰りに飲み屋へ」という場面ではチームと共に飲みに行きはするものの、途中で皆を残して一足先に帰ります。最後まで同席することには、チームにとってもあなた自身にとっても好ましくない結果を招く傾向があるため、ごくごくたまにする程度に控えるべきです。「チームの面々と終業後も親しく付き合う」というのはあなたにとってはもはや過去の事となったのです。

直属の技術部門のチームと距離をおくべき理由はいくつかあります。ひとつ目は「程よく距離を置いていないと、特別扱いのそしりを受ける恐れがあるから」です。というか、直属の部下たちとの結びつきが強すぎると、本当に特別扱いせずにはいられなくなる恐れがあるのです。実に残念ですが本当の話です。特別扱いだ、えこひいきだと言われたって我関せずでいればいい、という向きもあるでしょうが、私自身の経験では「特別扱いされている」という印象を技術チームに与えてしまったことが災いして、仕事がはるかにやりづらくなったことがありました。

　直属の技術部門のチームと距離を置くべき理由の2つ目、それは「あなたは会社をうまく引っ張っていくコツを会得しなければならず、会社をうまく引っ張っていくためには、部下たちがあなたの言葉に本気で耳を傾ける関係を構築しなければならないから」です。経営幹部が部下たちを引っ張っていこうとする際に厄介なのは「うっかり不用意な言葉を吐いたりすれば、部下たちの焦点がこぞって思わぬ方向へ逸れてしまいかねない」点です（このことをしっかり認識した上でそつなく主導していかれるのであればもちろん問題はありませんが）。たとえばあなたがチームと距離を置かずに、相変わらず「仲間のひとり」のイメージを保とうとしたりすれば、あなたが何かを口走った時に、部下はそれが気の置けない仲間のつぶやきなのか、それともトップからの命令なのか、判断に苦しむ恐れがある、というわけです。

　「直属のチームと距離を置くべし」のコツは、「自分が職務時間を投入するべき対象はごく慎重に選ぶべし」とも解釈できます。なにしろ経営幹部は部屋の空気を独り占めしてしまうことが多い——つまり、あなたが同席するだけで会議の雰囲気や展開が一変してしまうことが多いのです。たとえば1回限りの会議が開かれているところへ、たまたまあなたが立ち寄り、調子に乗って見事なブレーンストーミングをやってしまったせいで、プロジェクトの針路があなたひとりの意向を反映する形で大幅に変わってしまった、とか。こんなの最悪ですよね。気持ちはわかります。技術チームが出したさまざまなアイデアを評価したり、場合によってはボツにしたり、という議論の場に、もはや一員として加われないなんて実に残念です。しかしあなたはもうそれができる立場にはないのです。

　読者の中に、アップルで、かのスティーブ・ジョブズの部下だった人物と、同じ職場で働いた経験のある人はいませんか。「イエス」と答えたあなたは、その人物から、自分が参画していたプロジェクトにジョブズがどんな影響を与えたかの逸話を聞かされたのでは？　アップルの社員はスティーブ・ジョブズの「亡霊」に、意思決定の場で自説の後ろ盾をさせたり、組織の倫理上のお手本を演じさせたりしたものです。今や

経営幹部となったあなたが育てたり強化したりする企業文化も、程度の差こそあれ会社に同様の影響力を及ぼすはずです。スティーブ・ジョブズのように名前までは持ち出されないとしても、あなたがチームの前で示す振る舞いが手本と解釈され、皆がそれをまねるのです。あなたが怒鳴れば、「ああ、怒鳴ってもいいんだ」と受け取られ、皆の前で公然とミスを認めて謝れば、社員は「ああ、ミスをしても大丈夫なんだ」と思う、あなたがプロジェクトについて毎回同じいくつかの質問を繰り出していれば、社員もその一連の質問を活用してプロジェクトを検討するようになる、あなたが公然と特定の職位や職責を重用しているうちに、野心的な社員がそのポストを狙うようになる、といった具合です。

　直属のチームと距離を置くべき理由はまだあります。あなたは会社全体に影響する可能性のある難しい決断を下さなければならない首脳陣のひとりとなり、激しいストレスにさらされる時もありますが、首脳陣以外の社員とこうした決断について語り合うのは不適切な行為です。直属のチームの中でもとくに親しい部下に今の立場の難しさや大変さを愚痴りたい気持ちは非常によくわかりますが、これはまずいのです。部下としてはどうにもしようのない心配事や不満を不用意に打ち明けたりすれば、部下の信頼を失う恐れがあります。あなたがもっと下位の管理者であった時には無害であったり場合によっては有用であったりした透明性(トランスペアレンシー)も、経営幹部のレベルでは、チームの安定性を揺るがすきわめて有害な要因となりかねません。

　ただ、前述のとおりあなたはもはや「チームの一員」ではないものの、だからといって「チームのメンバーをそれぞれ一個の生きた人間として気にかけてあげること」をやめてしまってもよいかというと、そんなことはありません。いや、むしろ以前よりもさらに気にかけてあげるべきです——ただし、日常レベルの何気ないやり取りで、という意味でではありますが。たとえば家族や趣味や興味の対象について尋ねるなどして相手を単なる組織の歯車ではなく「人間」として理解しようとしているところを示せば、相手は「社員を大事にしてくれる会社」というイメージをもってくれるかもしれません。

　あなたがチームとの間に距離を置くことに成功すればするほど、社員を生身の人間ではなく「歯車」としてしか見られなくなる危険性も高まります。あなたが個々の社員を気遣うことをやめ、歯車扱いするようになってしまうと、社員の側でもすぐにそれを感じ取ります。すると「俺のことを心配してくれる人なんてこの会社にはいないんだ」という思いに駆られ、会社のために全力を尽くしたい、リスクを承知で難局を乗り切りたい、といった意欲も湧きにくくなってきます。しかしたとえ表面的と思え

るレベルであっても絆を育む努力を怠らなければ、「プロジェクトの成果やこなした仕事の量だけでなく、メンバーひとりひとりのことも気にかけている」「どのメンバーにとっても会社だけが人生ではないということを十分わきまえている」といったメッセージを発することはできます。個々の部下と必要以上に深く付き合わなくても、指導者としての地盤は固められるのです。

今やあなたは社員のロールモデルとなりました。どのような手本を示して後継者を育てていきたいですか。会社にどのような文化や伝統を遺したいですか。

8.9　すごい上司、ひどい上司——恐怖で支配する上司と、信頼を基盤に導く上司

Aさんは「すごい上司」を自任しています。技術力、カリスマ性、決断力を兼ね備え、バリバリ仕事をこなします。ただ、短気なところがあって、部下が期待どおりの働きをしなかったり、事が思いどおりに運ばなかったりすると、イライラがつい顔や態度に出てしまいます——そういう短気なところやトゲトゲした物言いが部下を震え上がらせているとはつゆ知らず。部下たちは失敗の責任を問われたり人前で批判されたりするのを嫌って、リスクを冒さない方向へ、失敗を隠す方向へと走ってしまいます。こうしてAさんは図らずも「恐怖の文化」を生み出してしまいました。

さて、Bさんも「すごい上司」です。技術力、カリスマ性、決断力を兼ね備え、バリバリ仕事をこなします。その上、どんな時でも平常心を保つことができます。事がうまく運ばないと思われる場面でも、ピリピリしたり怒ったりせず、好奇心を抱き、決まって、まず「質問」をするのです。その質問というのが、チームの面々を実に自然な形で誘導し、問題の在り処を自分たちで悟らせる、そんな質問なのです。

驚くなかれ、AさんもBさんも実在の人物です。そしてAさんの「首脳陣入りした直後に図らずも恐怖の文化を生み出してしまった」という経験は、何を隠そう私自身の体験です。以下は、私が経営幹部として初めて手にした勤務評価にあった、ある部下のレビューからの抜粋です。

> あなたのことが大好きな部下でさえ、あなたが怖いと思ったり、批判されたらどうしようとおびえたりすることがなくはないと認めています。人間誰しも仲間の前でお叱りを受けるのは嫌ですから、あなたの前で危ない橋を渡ったり失敗をしでかしたりといった事態を極力避けるようになりました。つま

りあなたの手厳しい批判や叱責が、ひとつのチーム文化を生み出してしまったのです。それは、チームの面々があなたと議論を交わしたり、質問したり、フィードバックを求めたりすることを恐れる、という文化です。そのせいで、あなたはチームの面々を信頼できなくなり、その結果チームの面々はますますミスが多くなる、という悪循環が続いています。

　想像がつくでしょう。私にとっては大打撃の、大変耳の痛い意見でした。言い訳はいくつも浮かんできました――「女性上司が部下を叱ると男性上司の場合より曲解されやすい」「私が前に勤めていた金融業界では手厳しい批判や叱責は当たり前、それに皆、もっと強くならなくちゃ」などなど。とはいえ明らかにこれは問題です。誰もがリスクを冒すことを恐れているというのは。自力で方向を見定めて前進していかれる独立独歩のチームを育て上げたければ、リスクを承知で賭けに出るような大胆なメンバーが必要なのです。

　自分が意図せずに「恐怖の文化」を育んだりしてはいないか、どうすれば確認できるのでしょうか。とかくこうした文化が生まれやすいのは、誤りのない正しい状態や規則が守られている状態、あるいは社内での上下関係を重視するような環境です。また、私の場合、意見のぶつかり合いを（「奨励」とまでは言わないにしても）許容していた職場から移籍してきたため、「恐怖の文化」をさらに助長してしまう傾向があったと思います。もともと理系の人々の間では、見解の相違を解消するための自由闊達な議論を是認する空気があって、技術色の濃い学歴、職歴をもつ指導者は活発な論争を歓迎する傾向があるのです。ただ、こうしたオープンに議論できる関係も、残念ながらあなたが指導者の椅子に座った途端に一変し、あなたが部下をもたないエンジニアだった時には激しく論駁してきた相手が、「重役」のあなたの前では萎縮してしまう、といった事態もあり得ます。

「恐怖の文化」を改めるには

- **心を通わせる習慣を**――「恐怖の文化」の兆候のひとつが「部下を人間扱いしようとしない傾向」です。幹部になった直後の私は極端な効率主義者でした。何の前置きもせず、いきなり議題に入ったり、頭でっかちな議論や最新状況の更新や課題の検討を唐突に始めたりして、何の抵抗も感じなかったのです。軽いおしゃべりで場を和ませ、打ち解けた雰囲気を作る努力を怠っ

ため、チームの面々と心を通わせることができませんでした。
リスクを冒そうがミスをしようが平気、と思えるようなチームを作りたければ、帰属意識と「心理的安全性（まさしく『リスクを冒そうが失敗しようが大丈夫、と思える雰囲気』を意味する心理学用語）」を座右の銘とすべきです。平たく言えば、よもやま話をバカにしてはいけない、ということです。こうした何気ないやり取りによって、徐々に相互理解が成り立ちます。ヘマをしたら撥ねつけられるんじゃないかと思えるような相手を前にして、わざわざリスクを冒すような人はそうそういません。私は意図的にせよ無意識にせよ、チームの多くのメンバーとの間でこのごく基本的な人間関係を築き損ない、「ヘマや不手際をやらかしたり質問をしたりしたら、この人、どんな反応をするやら」と怯えさせてしまったわけです。

- **謝る**——ミスをしたら謝りましょう。率直に、そして簡潔に、謝るコツを身につけてください。こんな感じです。

  「ごめんなさい。怒鳴ったりして。失礼よね。弁解の余地もない」

  「悪かった。この件については君の意見を聞こうともしなかったね。失望するのももっともだ」

  「申し訳ない。A君のことを知らせなかったのは私の失策だ」

  何も長々と謝罪の言葉を並べる必要はありません。好ましくない状況を招いたり、誰かの感情を傷つけたりした責任が自分にあることを認め、さっぱりと謝ればそれで事足ります。無闇に長々と謝ったりすると、かえって言い訳がましくなったり話が逸れてしまったりしかねません。謝罪の目的は「自身の言動が他者に悪影響を及ぼしてしまったことを認めること」と「間違いを犯しても大丈夫だが、人の感情を害したら謝罪が必要だということを皆に教えるロールモデルになること」なのです。あなたが身をもって「謝罪をしたからといって自分の立場が弱くなるわけではない、チーム全体はそれでかえって強くなることもある」と示すわけです。

- **好奇心をもって**——あることに同意できなくても、糾弾するのは禁物です。見解の相違が常にあなたの権威の失墜につながるとは限りません。同意できない状況や事柄について糾弾するのではなく、さらなる情報を引き出そうと手間暇かけることで、結局は「理解不足による過剰反応にすぎなかった」と判明するケースも少なくありません。たとえ「人として恥ずかしくない方法を取りたい、最良の決断を下したい」と思っていても、同意しがたい状況や事柄を非難した

りやり込めたりすれば、かえってやりにくくなるだけです。非難された側は大抵、身をかわしたり心を閉ざしたりして、「もう二度と非難されたり批判されたりしたくない、これからは上には知らせないようにしよう」と逆説的な「学習」をしてしまうのです。しかしあなたが好奇心を絶やさず、その「同意しがたい状況や事柄」について率直に質問するコツを飲み込んでさえいれば、チームの面々も心を開き、その状況や事柄を別の角度から見る視点を明かしてくれるはずです。こうすれば、得られる限りの情報を得、チームが最良の決断を下す後押しをすることも可能になります。

- **部下を「悪者」にせずに責任を取らせるコツを身につける**——統率者であるあなたは当然ながら直属のチームに仕事をそつなくこなしてもらいたいわけですが、万一チームがしくじった場合に責任を問うのもあなたの役目です。とはいえこれはただ「責任」に始まって「結果」に終わる単純な行為ではなく、途中で「成功の度合いを測る基準は？」「成功に必須の能力をチームは備えているか」「作業を進める過程で上司（あなた）がフィードバックを与えるべきか」といった他の要件も絡んできます。それなのに、こうした要件のことなど忘れ果て、「若いチームだが目標設定さえ支援してやればそれなりの結果を出せるだろう」「経験豊富なチームだからフィードバックなんて不要だろう」などと安直な考え方をする幹部が少なからずいるのです。あなたは、あるメンバー（もしくはチーム）を、期待どおりの仕事ができなかったからという理由で悪者扱いしたことがありませんか。あるいは、チームに期待しすぎた自分の落ち度だと謝罪した経験は？　要件を漏れなく明確化した上で、あなたもチームも最善を尽くしたけれどダメだった、という場合には、経緯も結果も誰の目にも明らかなのですから、責任を問うにしても性格に根差した個人攻撃とはきっと程遠いやり方になるはずです。

「恐怖の文化」は技術系の世界では割とよくある現象で、とくに他のことがすべてスムーズに運んでいる環境では問題視されずに存続してしまう傾向があります。しかし無礼な振る舞いがまかり通ってしまうような一見良好な環境——たとえば、部下たちはあなたを恐れつつも一応敬意を払い、会社は成長を続け、チームはやりがいのある問題解決に励んでいる、といった状況——に踊らされてはなりません。そういった状況でも当面は何とかやって行かれるかもしれませんが、上のどの要素が欠けても、良識ある部下ならましな職場へ移ってしまう恐れがあるのです。他に問題が生じてメン

バーが失望感や苛立ちを募らせたとしたら、「上司を恐れつつも敬っている」だけのチームには到底乗り切れません。ですからあなた自身が辛辣な物言いを見直してもっと言葉に配慮し、部下たちを生身の人間として気遣い、何事にも好奇心をもって当たる努力をしてください。「信頼の文化」の構築には手間暇がかかるものですが、それだけの価値は大いにあります。

8.10　トゥルー・ノース（True North）

　経営幹部の果たすべき、きわめて重要な役割が、時に見落とされてしまうことがあります。それは、CTOならば技術部門、CFOならば財務部門といった具合に、幹部が自身の担当部門に対して果たすべき役割で、「その部門で真に卓越した手腕がどのようなものか、その『基準値』を自ら示す」というものです。私はこの役割を「トゥルー・ノース（True North）[*]」と呼んでいます。

　トゥルー・ノースは管理者が職務を果たす上で外してはならない勘所とも言うべきもので、たとえば製品部門の幹部なら「まず何よりも顧客とそのニーズに配慮すること」「測定と実験を可能な限り徹底させること」「チームが定めた目標に沿わないプロジェクトを先送りすること」などが、また、CFOなら「数字（事業の経費や潜在的価値）に注意を払うこと」「そうした数字が会社に有利に働く運用方法を見きわめること」「想定外の出費がないよう注意すること」「チームが予算超過のリスクに直面した場合、チームにそれをきちんと認識させること」などがそれに当たります。

　では技術部門の幹部にとってのトゥルー・ノースは、というと、「チームに製品をデザインさせ、リリース可能な状態にまで仕上げさせること」「レビュー、運用、テストにおいて、合意済みの方針を尊重すること」「顧客に体験してもらえる状態に達していないと（あなたが）判断した要素は、リリースしないこと」「誇りにできるようなソフトウェアやシステムを創り出すこと」などがあげられます。

　技術系の幹部は、技術部門のさまざまなプロジェクトや危険性に関するトゥルー・ノースの設定に寄与しなければなりません。言い換えると「リスク分析」というレンズを駆使しなければならないのです。リスク分析は「リスクを冒さないこと」とは違います。一般的な尺度で見れば「悪」と判断されることの中にも、たとえば次にあげ

---

[*] 訳注　地軸上の真北。船舶等が針路を定める際に不可欠な基準値。転じて「進むべき方向」「目指すべき到達点」。

るもののように、一定の状況下では「可」となるものがあります。

- 単一障害点（SPOF：single point of failure。その一箇所が異常をきたすとシステム全体が障害に陥ってしまうような箇所）がある状態
- 既知のバグや問題点がある状態
- 高負荷が許容できない状態
- データの喪失
- テスト中のコードの公開
- 作業の進捗が遅い状態

企業や状況によっては、こうしたリスクが許容されることがあるのです。とはいえ、たとえばコードを量産段階へ回す時にはこうしたリスクを漏れなく慎重に勘案しなければならず、その点への注意を喚起してくれるのがトゥルー・ノースです。例外のあるルールなら、そのルールの存在自体を忘れてよいかというと、そんなことはありません。

私がこの種の勘所（かんどころ）をトゥルー・ノースのひとつに数える理由は「それが根底で働く牽引力であること、我々を導いてくれる『技術者の勘（かん）』であること——管理者本人が長年磨いてきた上に、チームにも磨いてもらおうと指導を重ねている『技術者の勘』であること——をぜひとも理解しておくべきだから」です。チームがこの勘を十分磨いてくれれば、あなたが大して命令や催促をしなくても自分たちでそれを働かせ、的確な判断を下してくれるはずだ、と信用できるのです。

トゥルー・ノースは前述のように各部門でそれぞれ微妙に異なるものですから、当然、全社レベルでは緊張関係の要因ともなり得ます。たとえばプロダクトマネージャーは生産の支援よりも顧客体験を重視しがちで、財務部門は可用性（アベイラビィリティ）にまつわるリスクよりも全社レベルのインフラコストを重視しがち、といった状況では、自然と部門間に緊張関係が生じるものです。しかしそのおかげで皆が自分たちの部門だけでなく、あらゆる部門のリスクに配慮せざるを得なくなりますから、これは健全な緊張関係と言えます。

あなたが会社の指導者としての自分の役割を考える際に、トゥルー・ノースをどう決めるかを熟慮すれば、自分の権限とその範囲に対する理解を深められます。たとえば技術部門の幹部なら、自社に不可欠な主要技術に関するトゥルー・ノースを決める責任があるはずです。私自身は金融会社の経営幹部を務めた際に、リリース、スケールアップ、システム設計、アーキテクチャ、テスト、システム開発言語の選択に関す

るごく根本的な技術上の意思決定のトゥルー・ノースを設定しました。そうした意思決定のすべてを私が担当したという意味ではなく、意思決定の際に評価基準となる指針を定めたのです。具体的には、モバイル機器とユーザインタフェースに的を絞った開発に関するトゥルー・ノースを定めたのは私自身で、その基準を実際に現場でどう応用するかは技術部門の管理者たちに任せました。

トゥルー・ノースの真価を理解している指導者は、詳細を逐一掘り下げて考える時間的余裕のない状況でも、長年磨き上げてきた勘を働かせて素早い意思決定を行うことができます。このような指導者になりたい人は、自信をもって迅速な意思決定を行えるよう、ぜひともキャリアの初期の段階から意識的に時間を割いて「技術者の勘」を磨く努力を重ねなければなりません。それはつまり、常に技術力を高めてそれを維持する努力を怠らず、プロジェクトについても開発言語についてもフレームワークについても基本以上のレベルまで徹底的に技術を習得し、日常レベルでコード書きの作業に関わらなくなってからも新たなことを学ぶ努力を惜しまない、ということです。

8.11　推薦参考書

- Arbinger Institute, Leadership and Self-Deception: Getting Out of the Box (San Francisco: Berrett-Koehler, 2000)（邦訳　アービンジャー・インスティチュート著『自分の小さな「箱」から脱出する方法』大和書房、2006年）
- Brené Brown, Daring Greatly: How the Courage to Be Vulnerable Transforms the Way We Live, Love, Parent, and Lead (New York: Gotham Books, 2012)（邦訳　ブレネー・ブラウン著『本当の勇気は「弱さ」を認めること』サンマーク出版、2013年）
- Peter F. Drucker, The Effective Executive (New York: HarperBusiness Essen- tials, 2002)（邦訳　P・F・ドラッカー著『経営者の条件』ダイヤモンド社、2006年）
- Marshall Goldsmith and Mark Reiter, What Got You Here Won't Get You There: How Successful People Become Even More Successful (New York: Hyperion, 2007)（邦訳　マーシャル・ゴールドスミス、マーク・ライター共著『コーチングの神様が教える「できる人」の法則』日本経済新聞出版社、2007年）
- Andrew S. Grove, High Output Management (New York: Vintage Books, 1983)（邦訳　アンドリュー・S・グローブ著『High Output Management：人

を育て、成果を最大にするマネジメント』2017年、日経BP社）
- L. David Marquet, Turn the Ship Around! A True Story of Turning Followers into Leaders (New York: Portfolio, 2012)（邦訳　ルイス・デビッド・マルケ著『米海軍で屈指の潜水艦艦長による「最強組織」の作り方』2014年、東洋経済新報社）

8.12　自己診断用の質問リスト

この章で解説した「経営幹部」について、以下にあげる質問リストで自己診断をしてみましょう。

- 経営陣入りしたあなたがコーチングやメンタリングを受けるとすれば、おそらく社外の専門家からだと思います。もはやあなたの上にいるのは「大ボス」ひとりだからです。あなたは社費もしくは自費でプロのコーチの指導を受けていますか。たとえ「自腹」でも賢い投資と言えます。コーチは助言も直言もしてくれますし、（仕事ですから）友達と違ってあなたのどんな言葉にもきちんと耳を傾けてくれます。
- コーチの指導を仰ぐ以外に、社外で助け合える仲間のネットワークをもっていますか。他社のあなたと同じ分野の経営幹部の中に、親しい人がいますか。こうした年齢や社会的地位などが似通った仲間から成るグループに属していると、幹部の職務内容などに関する経験談やアドバイスを共有できます。
- とくに敬愛する技術系の幹部がいますか。その人たちのどのような所がすばらしいのでしょうか。どのような点を見習いたいですか。
- 最近、自分のチームの一部（または全体）に関わる優先順位を変えなければならなくなった時のことを思い返してみてください。どんな具合に運びましたか。うまく行ったことと行かなかったことをあげてみましょう。その時あなたは変更内容をチームにどう伝えましたか。チームの反応は？　もしも同様のことをしなければならなくなったら、今度は違う風にやりたいと思うことをひとつあげてください。
- 会社が近い将来目指すと思われる方向を、あなたはどの程度理解できていますか。そこへ向かうために必要な技術戦略を、あなたは把握していますか。会社

の近い将来の目標を達成するために、チームがぜひとも焦点を当てなければならない領域はどこでしょうか（たとえば開発速度、チームのパフォーマンス、技術革新、人材雇用など）。全社レベルで前進を続けるための技術革新の好機と障害はどこにありますか。

- 首脳陣の仲間とあなたの関係は？　うまく行っているケースと行っていないケースをあげてください。うまく行っていない関係を改善するために、あなたにできることは？　首脳陣仲間の優先事項をあなたはどの程度理解していますか。そして仲間はあなたの優先事項をどの程度理解してくれていると思いますか。
- 仮に私があなたのチームにこう尋ねたら、即答できるでしょうか——「首脳陣のうち、あなた方の上司とうまく行っているのは誰で、上司が嫌っているのは誰ですか」。CEOやその他の首脳陣が、あなたが到底受け入れられない決定を下したとしても、あなたは意見の相違をひとまず脇へ置いて、皆の決断を支持することができますか。
- あなたはチームのロールモデルになっているでしょうか。部下たちが普段からあなたの言動を手本にしていると聞かされたら嬉しいですか。チームのミーティングに同席する時、もっぱらあなたが話してしまうほうですか、それとも会議を見守り傾聴することを重んじていますか。
- 定期的に顔を合わせる機会のない部下に声をかけ、職場以外での関心事について最後に尋ねたのはいつのことですか。最近、部下から病欠を知らせるメールが届いた時、手間を惜しまずに「ゆっくり休んで早く良くなってください」の返信をしましたか。
- シニアエンジニアに作業の評価や意思決定の際に守ってほしい基本原則は何ですか。あなたが技術よりも組織を重視する幹部である場合、管理者たちにチームを率いる際に守ってほしい管理上の基本原則は何ですか。

9章
文化の構築

　技術系の経営幹部になると担う職責のひとつが「担当部署の文化(カルチャー)の構築」、つまり「チームに文化を明示し、以後も常に配慮を怠らない」という仕事ですが、新任のCTOはこの仕事の重要性を過小評価するという誤りを犯しがちです。しかし、新たなチームを育て上げるにしても既存のチームを改革するにしても、チームの文化を軽んじれば統率者としてのあなたの仕事はまず間違いなく難航します。文化は、拠り所となる重要なインフラの場合と同様に、チームが成長、発展していく過程で配慮を欠いてはならない要素なのです。

　私はパーティードレスのレンタルサイト「レント・ザ・ランウェイ」に移籍後、技術チームの文化の基本要素を策定する機会を与えられました。当時チームはまさに「スクラッピー・スタートアップ（資金やリソースが乏しい中、新規事業を軌道に乗せようとひたすら強気で押していくスタートアップ）」の典型例とも言える状態で、組織構造はほぼ皆無でした。したがってチームのためにも個々のメンバーのためにも「文化」にまつわるさまざまな「構造」や慣行を導入することができ、私にとってはこの上ない学びの体験となりました。

　「構造」や「工程(プロセス)」といった概念は、スタートアップの企業文化を信奉する人々の目には、ひいき目に見ても「無意味」、最悪の場合「有害」と映ることが多いようです。スタートアップのチームを対象にしたアンケート調査の結果を見ても、「構造」は作業の遅れの要因やイノベーションの障害と見なす回答が目につきます。回答者に言わせれば「構造」は、事がなかなか運ばなくなる、形式的で煩雑な手続きが増える、頭脳明晰な人材にとってはしごく退屈な職場を生むなど、「大企業病」の元凶なのです。

　私はこうした「構造」を疑問視する人を相手に議論する時には多少攻め手を変えるようにしています。「構造」そのものではなく「学習」を、「プロセス」そのものではな

く「透明性(トランスペアレンシー)」を前面に押し出して話を進めるのです。私たちがシステムを構築するのは、構造そのもの、プロセスそのものに価値があるからではなく、成功も失敗も引っくるめて経験から学びたいから、また、成功例を共有し、失敗例から得た教訓を色眼鏡を通さず素直に表現し共有したいから、といった具合です。長期的に見て、こうした学習と共有を抜きにしては、組織の安定も規模拡大も望めません。

　本章では、このような文脈で構造とプロセスを構築する具体的な手法やコツを紹介するだけでなく、企業文化に関して独自の哲学を確立するためのお手伝いもできれば、と思います。健全なチームを育てるためには、自分自身と会社にとって、また社内で自分が築きつつある人脈にとって何が重要なのかを把握しておく必要があります。自分が現時点で重視している知見や取り組みを検討するだけでなく、今後会社とチームが成長発展していく過程でどうすればその規模を効果的に拡大できるかも考えなければなりません。そのため、さまざまな構造とプロセスを試し、その結果から学ぶ必要があるわけですが、検証のための基本セオリーがなければそれも難しく、また、基本セオリーは仮説を立てて立証や反証を行う際にも必須です。ですから以下では、文化の構築という職務を科学的な観点から見つめ、自分に必要と思われる文化を論理的に構築していく方法を考えます。

　さて、草創期のスタートアップに惹かれて集まって来るのは、仕事の自由度が高ければ不確定要素やリスクの多さには目をつぶれる、という人たちです。アイデアの段階でどれほど有望に思えても、実際に会社として成功を収められるのか、そもそも会社が存続できるのか、将来の保証はどこにもありません。市場すら確立していないケースも少なくありません。良い点もありますが、不安要素が多々あるのです。規模の大小を問わず他社との熾烈な競争もあるでしょう。おまけに、土台にできる先行例はほぼ皆無で、まだコードが書かれてもおらず、ビジネスルールも確立されていません。スタートアップにおける要決定事項の多さは、強調してもし足りません（創業後、2、3年で成長途上にある企業でさえ、こうした状況は変わりません）。技術的なフレームワークからオフィスの内装に至るまで、ありとあらゆることを決めなければならないのです。

　しかもこうした草創期の決定事項の多くが、事業が安定するまでに2度や3度は取り消されたり変更されたりします。たとえば技術的なフレームワークが会社のニーズに合わなくなって変更されるといった構図は容易に想像できるでしょうが、休暇やコアタイムに関する規則のたぐい、さらには企業理念でさえ、起業直後の2、3年は変わってしまう可能性があります。

草創期にリーダー（この場合の「リーダー」は、創業者や経営幹部だけでなく、従業員もすべて含みます）が何よりも進んでやるべきなのは、戦略を決め、それを推進することです。選択肢の数は膨大ですから、決断力を養い、発揮しなければなりません。問題が発生すれば、解決策を見つけ、対処します。その策に効果がなければ、また別の手を試します。完璧な解決策が見つからなくても構いません。次のリリース、次の急成長期、次の資金調達ラウンド、次の新規採用など、とにかく次なる段階を目指して、当面の問題を何とか乗り切る手立てを見つければよいのです。

ちなみに、決定事項の数を減らすという選択をあえてする企業もあります。たとえば肩書きの廃止です。「肩書きをなくす」という決断は「今後、誰にどの肩書きを与えるかを決めることも、社員の昇進について思い悩むことも、肩書きに関わる業務や担当部署を確立することも今後は不要」とする決定とも解釈できます。また、「現時点では保留とする」という決定も、社員2、3人の規模であれば問題はなく、新規企業では好んで採用されています。

ここで、組織の構成員の力関係をテーマにした秀逸な記事「The Tyranny of Structurelessness（無構造の暴政）」(http://www.jofreeman.com/joreen/tyranny.htm) を紹介しましょう。米国の社会学者ジョー・フリーマンが1970年代初めに行った演説の書き起こし原稿をフェミニズム雑誌に発表したものです。フェミニストやアナーキストなど当時の社会運動を担っていた集団について論じていますが、ここで提示されている洞察がスタートアップの文化にもよく当てはまるのです。フリーマンは、組織構造を嫌って「無構造」を装う集団には隠れた権力構造が生じがちで、その要因は人間のコミュニケーションの本質と、そのコミュニケーションの規模拡大にまつわる諸問題だが、その実、無構造の集団でもうまく機能し得る状況がある、として、次の4つをあげています。

1. **タスク指向の集団**——カンファレンスの開催や新聞の発行など、その集団の果たすべき機能が明確に限定されている場合です。この状況ではタスクそのものが、基本的にその集団の構造を形成し、何をいつ行うべきかを決定しています。また、タスク自体が、メンバー自身の行動や活動状況を評価し、将来の行動を計画するための指針ともなっています。
2. **比較的均質なメンバーから成る比較的小規模な集団**——メンバーが「共通の言語」でやり取りできるためには、均質性が必要です。各人が他者の経験から学ぶコンシャスネス・レイジング（グループ討論により意識の変革や高揚を目指す運

動形態）のグループなら、参加者の生い立ちや経歴の多様性が活動に幅や奥行きを与え得ますが、タスク指向のグループでメンバーの多様性が大きすぎると誤解が絶えなくなります。多様なメンバーの間では、相互の言動に対する解釈も期待も、結果の判断基準もさまざまに異なるからです。微妙なニュアンスを嗅ぎ分けられるほどまで全員がよく理解し合えている集団であれば、うまくやっていかれるかもしれませんが、大抵は意思疎通で齟齬が生じて、予想外の対立を招き、その解消に追われる、という結果に終わります。

3. **コミュニケーションが密な集団**——情報はメンバー全員に伝わらなければなりませんし、見解は全員で確認し合わなければなりません。作業の分担は全員で行わなければなりませんし、意思決定には関係者全員が確実に参加できるようでなければなりません。以上が可能なのは、集団の規模が小さく、メンバーが「共同生活」とも呼べるような状態でタスクの重要な局面をこなしている場合に限られます。全員が十分に関与する上で必要なコミュニケーションの量や規模は人数の増加に伴って幾何級数的に増えていきますから、必然的に集団のメンバーは5人程度が限度ということになります（もしくは、メンバーの人数がその限度を超え、従って一部の意思決定に参加できないメンバーが何人か出ざるを得ないが、それでも構わない、という集団です）。ただし10人や15人の集団でもうまく運営できる形態は存在し、それは「タスクを分割し、そのひとつひとつを少人数の下位グループが担当するが、各メンバーが複数の下位グループをさまざまに掛け持ちしているため、各下位グループの作業状況を全員が共有できている」というものです。

4. **スキルの専門性が低い場合**——「すべてをこなせるメンバーだけから成る集団」ではなく、「どの仕事にも担当可能な者が複数いる集団」という意味です。つまり、「取り替えのきかない要員」はおらず、どのメンバーもある程度まで「交換可能な部品」となっている状況です。

以上でフリーマンが描き出したのは、まさしく草創期のスタートアップにありがちなシナリオにほかなりません。全社レベルで見れば「少人数のグループ」の域を超えるほどまで成長を遂げたものの、技術チームだけは構造化を拒み続けている、というケースも多々あります。現行のチームの仕事上の（もしくは個人的な）ネットワークだけに頼って「フルスタックエンジニア（ひとりで何でもできるITエンジニア）」を採用し続けていれば、スキルの専門化は進まず、チームの均質性が高まります。メン

バーの立場が横並びになるため、コミュニケーションは円滑に運びます。そして（おそらくこれがもっとも重大な問題だと思うのですが）技術チームは製品部門や創業者の単なる「実行部隊」と化し、極度のタスク指向に陥ります。

　スタートアップの技術部門をこんな風に描き出したりして、カチンと来た人もいるでしょう。なにしろこうした技術チームの面々は、社内でもとくに一目置かれ、高給を得ている人々ですから。まあ、それはそれとして、とにかく構造をもたない組織は、とどのつまりは次のいずれかの状況に陥るのが落ち——つまり「チームの意に反してやがては自律性の低下を招いてしまう諸々の特徴をもつようになる」か、あるいは「隠れた階層と権力の力学に振り回されるようになる」のが落ちなのです（もっとも、この２つの状況がそれぞれ一定レベルで共に発生しているケースが多いですが）。

　構造をもたないチームは技術的な意思決定やプロセスでも壁に突き当たります。たとえば初期のスタートアップではとかく「スパゲティコード（明確性や一貫性に欠け、本人以外にとっては解読困難で、のちのメンテナンスが大変なプログラム）」が生じがちですが、これにはそれなりの理由があるのです。とりあえず目の前の課題をこなさなければと、交換可能なメンバーから成るチームが統一コードベースで作業を進めますが、これでは広範で行き届いた構造のプログラムはできないのが普通です。微調整する箇所あり、大鉈をふるう箇所あり、とにかく目の前の課題をこなして先へ進めるのであれば、やり方などどうでもよいという姿勢だからです。スパゲティコードをスケーラブルなものに修正したくて、結局はリファクタリング（内部構造を読みやすく作業しやすいものに整理する作業）することになった、というのも驚きでも何でもない、よくある話です。

　これこそが構造の価値なのです。構造とは、我々がいかに規模を拡大し、いかに多角化を図り、複雑な長期の仕事をいかに進めるか、といった仕組みや筋書きにほかなりません。対象がソフトウェアであろうとチームであろうとプロセスであろうと同じです。有能なシステム設計者がシステムの基本構造を考案し肉付けできるのと同様に、優れたリーダーはチームの基本構造や人間関係を見定めて構想を練り、それを、チームの長期目標の達成を促し、個々のメンバーに最高の結果を出させるやり方で肉付けできるのです。

　何がバカバカしいかと言って、ごく小さなチームで厳格な上下関係が守られている状況ほどバカげたものはありません。たとえば「Ａさん、Ｂさん、Ｃさん、Ｄさん、Ｅさんの５人から成るチームで、リーダーのＡさんの直属の部下がＢさん、Ｂさんの直属の部下がＣさん、Ｃさんの直属の部下がＤさん、そしてＤさんの直属の部下がＥさん」

などという組織は、誰が聞いてもおかしすぎますし、そもそもこんな上下関係など不要でしょう。同様に、経営不振に陥っている会社で5人のチームが会議を開き、トイレにストックするトイレットペーパーはどこのメーカーのどの商品がよいかを延々と話し合ったりしたら、優先順位の履き違えでしょう。このように構造の導入を早まると、焦点を当てるべきことがほかにいくらでもある集団が足を引っ張られるという弊害が起きかねません。

　もっとも、小企業の場合は逆に構造の導入の遅れによる弊害が生じるのが一般的です。この問題の影響は徐々に現れてきます。たとえば「リーダーがすべての意思決定を担い、しかも決定内容をコロコロ変えるのが常態化している」というケース。こうした戦略もリーダー以下、メンバーが2、3人程度というごく小さなチームであれば問題ありません。しかしメンバーが10人、20人、50人と増えてきてもやり方を変えなければ、やがては大変な混乱と徒労を招くようになってきます。リーダーによる決定内容の変更の代償も大きくなる一方です。

　ここで、私がこれまで耳にした「企業リーダーの職務の比喩」の中でもとくに気に入っているものを紹介しましょう。オン・フロイトという友人が教えてくれた比喩で、オンはスタートアップ数社で技術系の管理者を務めた経歴の持ち主です。そのオンが、草創期のスタートアップを率いる仕事を「レーシングカーの運転」にたとえたのです。車体のすぐ下に地面があって、車の動きは全部じかに伝わってきます。制御しているのは自分で、急な進路変更も思いのまま、すべてが飛ぶように進んでいくといった感じです。無論、いつ何時クラッシュするか、危険は常につきまといますが、そうなったら停車するだけの話です。さて、会社が大きくなると、今度は「旅客機の操縦」となります。地面ははるか下にあり、多くの人命が自分の肩にかかっていますから、以前よりも慎重な舵取りが求められますが、それでもやはり操縦桿を握っているのは自分であり、比較的素早い方向転換も可能です。そして最終段階は「宇宙船」です。すばやい動きは無理ですし飛行ルートも事前に決められていますが、大変な数の人を乗せはるか遠くまで飛ぶことができます。

9.1　自分の役割の見きわめ

　オン・フロイトの比喩を借りて、あなたが「舵取り」している「乗り物」の大きさを見定めてみてください。判断基準とする要素は、社員の数、創業からの年数、既存のITインフラ（ソフトウェア、プロセスなど）の規模、リスク許容度の4つです。

- **社員数**——社員が多くなればなるほど、全体を正しい方向へ引っ張っていくための、行き届いた組織構造の必要性も高まります。組織の掌握を強く望むリーダーほど、自身の意向が確実に実行されるよう、より徹底した構造が必要です。現代の米国企業では「トップダウン型の意思決定」よりも「現場が目標を設定するボトムアップ型の意思決定」に焦点を当てた構造を選ぶ所が多くなっていますが、その場合、目標の設定と周知を円滑に行える構造であるか否かも必須の確認事項です。
- **創業からの年数**——創業からの年数が長いほど、それだけ多くの慣行、慣習が定着しており、また、今後も存続する可能性が高まります。
- **既存のインフラの規模**——あなたの会社にビジネスルール（顧客への請求金額の設定方法など、企業や組織が業務を遂行する上で満たさなければならない要件や規約）、事業倫理規定、物的なインフラ（店舗、倉庫、在庫品など）がほとんどなければ、構造の必要性も低くなります。逆に既存のビジネスルールやインフラなどが多いほど、その扱い方を明確化する必要性も高まります。
- **リスク許容度**——あなたの業界は規制が厳しいですか。規制に抵触するなど、特定の種類の失策をした場合の代償は大きいですか。あるいは「野放し状態」の業界にいるため、何かを失うリスクなどほとんどない、という状況でしょうか。このような点も、会社の構造とプロセスに反映されているべきです。一般に、リーダーへの依存度の高い社員が多いほど、また、会社の規模が大きいほど、（たとえ規制に縛られていなくても）リーダーがあえてリスクを冒す傾向は低くなります。

会社が成長し、年数を重ねるにつれて、その構造も成長していくもので、この現象にまつわる経験則を提唱した人もいます。米国人のシステム理論家ジョン・ゴールが著書『Systemantics*』で提唱したもので、のちに「ゴールの法則」と呼ばれるようになりました。

> 正常に作動する複雑なシステムはどれも、正常に作動していた単純なシステ

---

* John Gall, Systemantics: How Systems Really Work and Especially How They Fail (New York: Quadrangle/The New York Times Book Co, 1975)（邦訳『発想の法則：物事はなぜうまくいかないか』1978年、ダイヤモンド社）

ムから進化してきたものである。（中略）複雑なシステムをゼロから設計しても決して正常には作動せず、修正して正常に作動させることもできない。まずは正常に作動している単純なシステムから取りかからなくてはならない。

　創業時の社員がわずか2、3人というごく単純なシステムの会社でも、その後、人もルールもインフラも次々に加わってシステムが複雑化する場合があります。小規模なチームが順調に機能している段階で、その構造やプロセスをいじり過ぎるのはあまり得策ではないとは思いますが、やがてどこかの時点で不都合が生じ始めるもので、まさにそこが組織構造の要修正箇所を見きわめる絶好の機会となります。たとえばキャリアラダー（職務の難易度や賃金に応じて職業階層を細分化し、各段階の職責や必要なスキルを明確化して、公正なキャリアアップの道筋を示し、個人の能力開発や、組織による人材育成を後押しするための制度）の策定について言えば、キャリアパスが規定されていないからという理由で辞職する社員がひとり出た段階では、あなたはまだキャリアラダーの策定を急務とは感じないが、同じ理由で辞職する人や就職を見合わせる人が続出すれば策定を検討する気になる、といった具合です。「無構造」がチームにもたらす価値と、「無構造」のせいで望ましい人材を逃すことから生じる損失とを天秤にかける必要があるわけです。

　企業リーダーへの私のアドバイスはいたってシンプル――不都合が生じたら、その要因となった現実のあらゆる側面を徹底分析するべし、です。それで何らかのパターンが見つかれば、それが（構造化の推進、別の構造の創出、構造の廃止など）構造の創出や改善の好機となるはずです。不都合の発生頻度とそれが生む損失をよく考え合わせ、何をどう変えればよいのか、慎重に判断してください。「不都合の発生」という失敗を糧にして発展の方向を見定めれば、構造を創出もしくは改善するべきレベルも特定できます。たとえば不都合がシステムの一部（特定のチーム）だけに起こっているのであれば、より大きな範囲の構造は必ずしも変えずに、そのチームの構造だけを検討してみるわけです。

　ところで、失敗が好機であるなら、成功はどうなのでしょうか。成功から学ぶことも不可能ではありませんが、成功が優れた教師役を果たせない場合が少なくありません。それは人が皮肉にも（失敗においても成功においても「運」の力が働いているのに）失敗したのは運が悪かったから、成功したのは自分が優れた働きをしたから、と思い込む傾向があるからです。先述の「ゴールの法則」にもあるとおり、正常に作動

する単純なシステムは複雑なシステムへと進化することができますが、だからといって正常に作動している複雑なシステムから得た教訓を他で応用してみたところで同じようにうまく行くとはかぎりません（人間誰しも、敗因が自分自身にもあることを無視できなくなるまでは「失敗したのは運が悪かったから」と思いたがるため、失敗を無駄にしてはなるまいとチームを過度なまでに組織化することはあまりなく、むしろ一挙に万事を解決してくれる「特効薬」のように見える成功についつい引きつけられてしまうのですが）。ですから成功から得た教訓を活かしたければ、その教訓を他の場面に応用して得たい効果をまずは明確化しておかなければいけませんし、成功を再現するのに必要な環境や状況も把握しておかなければなりません。

　この問題には創業以来の年数とチームの規模という要素も絡みます。創業後しばらく経ち、今後も当分存続しそうな企業であれば、構造の拡充や整理による効率改善が、たとえ実施のための先行投資が必要でも、非常に有益なのです。先行投資も策の一環、学習に対価は付き物です。また、状況分析にも、分析結果のうち重要な事項の検討にも、時間がかかるものですが、将来よりも今を重視しすぎると将来の時間の節約への配慮が手薄になりかねません。歴史が長く経営状態の安定した大企業だから厳格で融通の利かない構造でも好きなだけ放置しても構わない、というわけではないのです。技術の進歩によって、以前なら「所要時間は短くてすむが、リスクが大きい」と見なされた戦略も、当時「所要時間は長いが、より安全」と見なされていた他の選択肢よりよほど安全と判断されるケースは珍しくありません。その好例がソフトウェアのリリース頻度です。ずいぶん長い間、ソフトウェアの頻繁なアップデートは技術的に難しくコストもかかるものでしたが、その主因は製品をユーザーに直接出荷していたことにありました。これに対して、必要な機能を必要な分だけインターネット経由で利用できるSaaS（Software as a Service）が普及した今日、バグの修正は容易になり、バグのある製品を出荷することのリスクよりも、高機能化の遅れで開発競争に敗れるリスクのほうがはるかに大きくなりました。にもかかわらず旧来の構造に無闇にしがみつき、新たな構造の導入に踏み切れずにいる人が大勢います。必要な構造を機を逃さずに導入しなければ、これまた問題を招きかねないのに、です。

　新人研修のプロセスが確立されていないため、新人が加わるたびにチームの作業が何ヵ月も遅れる。これは構造の欠落による不具合です。昇進や自己啓発の目標や目安となるキャリアラダーが確立されていないため、社員が次々に辞めていく。これも構造の欠落による不具合です。チームの誰かがデータベースに直接アクセスし、誤って重要なテーブルを削除してしまったせいで生産がストップするのがこれでもう3度目

だ。これも構造の欠落による不具合です。先に述べたように、私は構造について議論する時にはあえて「構造」よりも「学習」や「透明性」といった表現を使うようにしています。というのもここでの主眼は不具合——それもとくに繰り返し発生する不具合——の原因を探り、その解消につながる改善点を見つけることだからです。本来、これこそが学習のキモでしょう。

9.2　会社や担当部署の文化の創成

> 構成員が、意識しなくても自然に仕事をこなせる、そんな行動原理や行動様式が組織にあれば、それこそがその組織の「文化」である。
>
> フレデリック・ラルー[*]

　「組織文化」は、スタートアップの起業に関連して取り上げられることの多いトピックのひとつです。たとえば「この会社のコアバリュー（もっとも重んじていること）は？」「この会社の文化は？」「新規採用者はこの会社の文化に合った人材か」「企業文化との相性で新規採用者を決める慣行は隠れた雇用差別か」といった具合です。

　企業文化に関して、私がこれまでの自分の経験を踏まえて、今、断言できるのは「企業文化はたしかに存在するし、途方もなく重要であるにもかかわらず、まるで理解していない人が多い」ということです。文化は会社の発展に伴って徐々に自然に育まれていくものであると同時に、リーダーが注意を怠ればあっと言う間に懸念事項となりかねないものでもあります。「組織文化の意識的主導」はリーダーの役目のひとつであり、それをそつなくこなすには、そもそも文化とは何なのかを理解しておかなければなりません。

・というわけで、文化とは？　一般的には「あるコミュニティで共有されている暗黙のルール」を指します。たとえば欧米では握手は挨拶の一部ですが、その一方で、初対面の人に触れるなんてとんでもないとする文化もあります。相手の身分や自分との関係によってどんな接し方をすべきかも、文化によって異なります。しかし文化があるからといって、そのコミュニティの構成員全員がまったく同じ価値観を有するわけ

---

[*]　著書『Reinventing Organizations: A Guide to Creating Organizations Inspired by the Next Stage of Human Consciousness』(Nelson Parker, 2014)（邦訳『ティール組織：マネジメントの常識を覆す次世代型組織の出現』2018年、英治出版）』より。

ではなく、文化が大多数の構成員のいわば行動規範のように作用して対人間のマナーの数々を生み、その文化にどっぷり浸かっている人はそうしたマナーを無意識に近い感覚で守っています。

　意思決定の場面では文化的価値観以外のさまざまな基準が用いられます。たとえば公式のものも非公式のものも含めて契約で定められた基準に従って決断を下す場合もあれば、データ駆動型の分析を行ってもっとも望ましい結論を出す場合もあるでしょう。しかし個々のメンバーのニーズよりも集団のニーズを優先させなければならない複雑な状況では、文化的価値観がチームの結束を固める「接着剤」の役割を果たしてくれるので、先行きの不透明な状況に陥っても一致団結し決断を下すことができます。だからこそ、会社を成功させる上で文化の模索と方向づけが不可欠なのです。

　新会社を立ち上げる場合、そこに特定の健全な文化が育つという保証はどこにもありません。できることなら自分の望みどおりの共同体（コミュニティ）——価値観や考えの似通った人々が総力を結集してすばらしい職場と製品を生み出す世界——を計画的に育て上げたいと思うのが人情でしょうが、現実はそう甘くはありません。むしろ生存競争の色合いが濃く、企業文化などは単なる「お飾り」や事後の正当化にすぎません。そして、良きにつけ悪しきにつけ企業文化を形作るのは創業時の社員たちです（大抵は良い面も悪い面も併せ持ちます）。

　社員と企業の文化的な相性はそれこそ千差万別、しっくり来るケースもあれば、ギクシャクするケースもあります。この点をリーダーはできるだけ早く押さえておくべきです。時に、自社のコアバリューを打ち出したりしたら差別を生みかねないと懸念を抱く人がいますが、私に言わせれば、考え抜いて本物の価値観を構築すれば、「中核となる行動規範やコミュニケーションの流儀を同じくする集団」を礼賛するIT企業にありがちな表面的な差別をむしろ解消できるはずです。たとえば多様な人材を歓迎する文化を構築すれば、それがリーダーにとってはのちのち有利に働きます。「MIT（マサチューセッツ工科大学）出身のエンジニア」というくくりは文化ではありませんが、「技術革新、勤勉、知性、科学的なプロセス、データに価値を見出す人々」は文化と呼べるでしょう。前者は恐ろしく狭い範囲の人しか受け入れませんが、後者ははるかに広範な人を受け入れる上に、皆が同じ価値観を共有するという状況も保証してくれます。

　ここで、あなたがコアバリューの確立した会社に途中採用されたと仮定しましょう。そのコアバリューは創業者（あるいは創業者と草創期の社員）が生み育てたものでしょうから、その会社の文化を反映したものと言えます。この点を、あなたはよく

理解しておかなくてはなりません——あなたが気づく気づかないに関わらず今後こうした価値観に照らして評価されることになるからです。創業チームの価値観は今後も社内で強化され、承認され、報奨の基準とされるはずで、私が見聞きしてきた限りでは、コアバリューを丸ごと信奉し実践できる社員は当然良い成績をあげる傾向にあります。会社の価値観に無理なく適合しているのです。時にはストレスをためたり過労に陥ったりすることもあるでしょうが、仲間受けはよく、おおむね幸福を感じています。一方で、会社の価値観のすべてをすんなり受け入れられない人たちは苦労を強いられます。勤め続けられないという意味ではありませんが、摩擦が生じる場面もあって、職場に溶け込み皆に受け入れてもらうための努力を要するといった感覚があるかもしれません。

　以上の情報が、あなたにとってはどんな意味をもつでしょうか。技術系の経営幹部や共同創設者、CTOにとっては大きな意味をもちます。あなたが入社しようとしている会社や創設しようとしている会社の価値観が、あなた自身のものと大きく異なる場合、違和感はかなり大きく、当初は大変な思いをするかもしれません。企業の最高幹部は、交渉、協働、職能の枠を超えた共同作業といった領域を扱うのが主たる仕事ですから、こうした価値観の整合性が職務のあらゆる局面で絡んでくるのです。だからといって自分と価値観の異なる会社では成功が見込めないわけでもありません。いや、もっと言えば、各幹部のあらゆる価値観に逐一同意できることなど、まずあり得ません。家族や友人との間でさえ価値観の完全な一致などおそらくあり得ないのですから。それでもやはり、あなたが重視する事柄と会社のそれがどの程度重なるかで、会社に溶け込む際の努力の程度が決まります。

9.3　コアバリューの活用

　創業者であれ、それ以外の経営幹部であれ、文化を理解し育てることはリーダーの大切な仕事です。具体的にどう進めればよいのか、以下で3つのコツを提案します。

　第1は「担当部署の文化を定義すること」です。会社がすでに特定の価値観を打ち出しているのであれば、それをあなたのチームに当てはめて考えてみてください。そのチーム独自の価値観を2つ3つ加えたり、会社の価値観をチームにしっくり来るよう言い換えたりしても構いません。私はレント・ザ・ランウェイの技術チームの価値観のひとつとして「多様性の尊重」を明記しました。つまり「採用過程で所定の選考条件を満たした人材」という基準を用いるのではなく、その人がもっているスキルや

潜在能力に焦点を当てて人選をしたい、という意味です。また、会社の価値観に重ね合わせる形で「学びの文化」も追加しました。学びはエンジニアとして大切なことだと考えたからです。会社の価値観にチームの価値観を重ね合わせるというこの手法の狙いは、各サブチームに他チームとは微妙に異なる独自の文化をもち、育んでもらうことです。たとえばプロ意識を第一とし、正規の勤務時間には必ずオフィスにいて、きちんきちんと仕事をこなす、というチームがあるかと思うと、フレックスタイム制を選ぶチームあり、メンバー同士で気楽におしゃべりをしたり飲みに行ったりと、打ち解けた雰囲気を大事にするチームもある、といった具合です。

第2は「会社やチームの価値観をプラスの形で体現している社員をほめることによって文化を強化する」という手法です。たとえばコアバリューにまつわる逸話(ストーリー)を全社会議や部署全体のミーティングで共有します。私が担当していた技術部門では、全員参加のミーティングで「とってもいい人！」「期待以上の働き！」といったエールの交換をしていました。私も含めて「こんな恥ずかしいこと、とてもじゃないけどやってらんない」と思う人がいないわけではありませんでしたが、そうした、人を褒めたり自分の気持ちを伝えたりするのが苦手な人も、思い切って殻を打ち破り、仲間を思う気持ちのほうを優先しましょう。こじつけとか作り話といった印象を与えることなく物語をつむぎ出し、皆と共有する方法はあるはずです。「チームの一員」の目線で語るストーリーには結束を強める力があります。

また、組織文化の周知徹底という点では勤務評価も有用です。勤務評価の重要な用途のひとつが「チームメンバーと会社の文化的相性を評価すること」だからです。当然、会社やチームが重視している価値観を勤務評価の柱のひとつとすることがポイントになります。たとえばメンバーがチームのコアバリューを体現する言動をした時は、そのこととその経緯を勤務評価に明記し、面談でもしっかり指摘します。こうすれば望ましい言動を前向きな形で奨励できます。さらに、こうすることで管理者は会社やチームの価値観を体現できている部下とできていない部下を大まかにでも把握することができます。

そして会社やチームと価値観が合わない部下がいればそれを見抜くコツも身につけておくべきです。たとえば「仕事には自ら率先して取り組むべし」という社是の会社で仕事を仲間に押し付けてばかりいる部下は、会社の価値観に忠実とは言えません。また、「いつも明るく前向きに」がモットーのチームで、どんなアイデアも鼻で笑い、何でもかんでもけなしてばかりいるメンバーは、なかなかチームに溶け込めないはずです。ただ、中には考え方を変えて会社やチームの価値観を受け入れる社員もいます。

実を言うと「いつも明るく前向きに」はレント・ザ・ランウェイの社是なのですが、これは私のそれ以前の職場の価値観とは大きく異なるものでした。前の職場ではプロ意識と批評眼を重んじていたのです。しかしやがて私にも、すべてを前向きに捉えることの大切さがわかってきました。もっとも、だからといって批評眼を失ったわけではありませんし、すべてを常に前向きに解釈するというのは私にとっては必ずしも容易にできることではありません（が、そのために会社を辞めるほどでもありませんでした）。こうして会社やチームと価値観の合わない部下を見抜いてコアバリューを教え込むという過程には、何気なく見ているだけでは「周囲と何となく反りが合わない」程度にしか感じられない状況を掘り下げる効果があります。

さて、リーダーが文化を理解し育てる上で役立つ3つ目のコツは「コアバリューを採用面接のプロセスに組み込む」というものです。面接担当者にチームの価値観を再確認させ、それと応募者の価値観とのズレの度合いを積極的に探るよう指示します。採用面接ではとかく「この人となら空港で一緒に足止めを食っても大丈夫だと思えるか」といった設問（私が「お友だちマーカー」と呼んでいるタイプの設問）を使って文化的相性を見きわめようとするものです。たしかに「毎日職場で顔を合わせるのはちょっと……」と思えるような人物を雇いたい人などいるはずがありません。しかし人材募集は友人選びとは訳が違います。私自身の経験を振り返っても、「職場以外でこの人と何時間もおしゃべりするなんてあり得ない」と思える人たちと、仕事では最高の関係を築けた経験もあれば、逆に「空港で一緒に足止めされるの大歓迎」な相手でも職場の同僚としてはうまくいかなかった経験もあります。それに、文化的な相性を「お友だちマーカー」で判定したりすれば、まず間違いなく差別色の濃い面接になってしまうのが落ちです。人には経歴や経験が似通った相手と友情を結ぶ傾向があり、しかもそういった経歴や経験は学歴や人種、階級、性別と密接に結びついている傾向があるのです。友人候補として好ましく思える人を雇うというのは手っ取り早い方法ではありますが、これは強力なチーム作りに必要な価値観ではないのが普通です。

というわけで、文化的相性を論じる際には「明確」を期することが大切です。具体的に検討してください。自分のチームが重視しているのは何か、それとどういった点で勤務評価の対象者や面接の応募者の価値観が合致しているのか（あるいはズレているのか）、といった具合です。たとえば「独立独歩が性に合う卓越したエンジニア」は「どのプロジェクトでも全員が一丸となって取り組むチーム」には合わないかもしれませんし、「もっとも分析的な主張こそが常に議論を制する」という信念の持ち主は「純粋な分析スキルよりも共感と直観を重んじる会社」では芽が出ないかもしれませ

ん。以上2つの例をあげた理由は「どちらの例の価値観も状況次第でプラスに働いたりマイナスに働いたりするから」です。だからこそ価値観は優れたチーム作りの強力な尺度となり得るのです。会社の価値観、チームの価値観を把握し、自分個人の価値観についてもじっくり考えてみましょう。そうした価値観を書き出したことのない人は、ぜひ書いて明確にしておいてください。そして応募者を評価したり、チームのメンバーをほめたり、勤務評価に必要な情報を集めたりする際に、その「明確なリスト」を活用してください。

9.4 文化に関するポリシーの策定

文化に関するポリシーを文書化する場合、ゼロからやろうとすると悪戦苦闘する恐れがあります。幸い最近ではキャリアパスや給与体系、インシデント管理などのポリシーやプロセスにオープンソースの雛形を利用する企業が増え、ゼロから作らなければならない文書は減る一方です。とはいえ、雛形を見つけてそれをコピーするだけでは不十分な場合もあります。私自身、エンジニアのキャリアラダーを初めて作ろうとした時に、それを痛感させられました。この章の前のほうですでに述べたように、構造を導入するべき潮時はいつかは来るもので、それは大抵、何らかの不具合が生じた場合です。私がキャリアラダーを作るきっかけになった不具合は、人事チームが技術チームの給与査定をしている最中に発覚しました。給与に関する構造がないことに私が気づいたのです。大半の社員の給与は、前の職場での給与を参考にしつつ、あとは本人にどれだけ交渉力があるかで決まっていました。しかも、現在どういう人材が必要なのかを明確にするプロセスや基準もありませんでした。「当面雇う予定なのはシニアエンジニアだけって、それ、どういう意味？ 管理者とか、ほかの職種はどうするのよ？」

こんな経緯で人事チームからせがまれ、やがて私はキャリアラダー（http://dresscode.renttherunway.com/blog/ladder）の策定に着手することになります（その際のさまざまな体験を、すでに前章までの各所で紹介してきました）。まずは別のスタートアップを経営している友人たちにキャリアラダーの有無を尋ねてみました。すると「ある」と答えた友人がひとりいて、内容も明かしてくれました——新人エンジニアから経営幹部までが8ランクに分けられ、各ランクに能力のカテゴリーが4つ設けられていました（ITスキル、仕事の処理能力、影響力、コミュニケーション能力、リーダーシップ）。私はこれに2つ3つ細かな点を加え、ランクの呼称を変えた上で社

内に公表しました。各ランクの各カテゴリーの要件が1文（か長くても2文）で説明してある、当座しのぎの、ごく基本的なラダーで、私が情報を追加した箇所でさえ、要件が合計4つに増えた程度でした。とくにお粗末だったのは新入社員とその上のいくつかのランクで、最低限のことしか記載されていないため働き始めて間もないエンジニアの指針としては到底役に立たない代物だったのです。ともあれ私はこの新しいラダーをチームに提示し、その説明のしかたまで、ラダーを使わせてくれた友人を真似ました——「キャリアラダー導入の目的は、給与の設定などで公平を期することと、社員が自分の現在のランクについて上司と話し合ったりキャリアアップを計画したりする際の指針にしてもらうことです。別に大騒ぎするようなものではありません、自分のランクをあまり気にしすぎないように」と説明したのです。その上でチームの面々を発奮させようと、ジョン・オルスポー（ハンドメイド品の販売サイトEtsyの前CTO、Adaptive Capacity Labsの創設者）の「On Being a Senior Engineer（シニアエンジニアとは）」と題するブログ記事（http://www.kitchensoap.com/2012/10/25/on-being-a-senior-engineer/）を引き合いに出してみたりしました。

　長くならないよう結果だけお知らせしましょう。私のこの第1作目のラダーは大失敗でした。

　友人の会社ではうまく機能しているように思われたラダーが、なぜ私のところでは無残な結果に終わったのでしょうか。これは推測でしかありませんが、2つの会社にかなり大きな相違点がいくつかあったことが原因かもしれません。我が社は社員のバックグラウンドが多様で、技術チームの大半が小企業やスタートアップからの引き抜き、あとは私のように大手金融会社からの移籍組と大手IT企業からの移籍組が各少数、という構成でした。そのため業務経験も多様で、文化面で共有できる慣習や流儀はゼロに等しい状態だったのです。これに対して友人のチームでは同じ大手IT企業から引き抜かれた大勢のメンバーが強固な中核となり、はるかに多くの「暗黙の了解」に基づいて作業を進められる態勢ができていました。

　この経験を紹介したのには大きな理由があります。同じテンプレートを使ったにもかかわらず、友人は成功し、私は失敗しました。優れたチーム文化を創成したいと望むリーダーにとって、私のこの失敗は大変有意義な教訓となるはずです。つまり、ある会社——ある種の製品を作っている会社、あるいはある業界に属する会社——で成功した手法でも、別の会社でうまく機能するとは限らない、という教訓です（たとえその2つの会社に多くの共通点があるとしても、です）。当時、友人も私もスタートアップの幹部であり、会社の規模もほぼ同じでしたが、チームの成功に必要な要素は

まったく異なっていました。私のラダー第1号が失敗に終わったのは、チームがもっと詳細で具体的なラダーを必要としていたからです。そもそもあの簡略なラダーは、社員が自分のランクや昇進にこだわりすぎるのを防ぐ目的で作ったのですが、詳細に乏しいことでかえって不安をあおり、ランクや昇進にこだわる社員が続出してしまいました。各ランクで要求されるスキルの説明が曖昧だったせいで、エンジニアたちが「自分はもっと上のランクのはずだ」と主張したのです。おかげでその後しばらくはこのラダーが頭痛の種となってしまいました。

9.5 キャリアラダー作成のコツ

そこで以下ではキャリアラダーを作成する際の留意点をいくつか紹介しておきます。

- **チームのメンバーにも応援を仰ぐ**——最初のラダーで失敗した私は、もっとましなものを作ろうとアプローチを変えました。第1の改善点は「自分独りで取り組むのではなく、チームの上級管理者やシニアエンジニアの協力を仰ぎ、意見や詳細情報を提供してもらうようにした」です。わかりにくい箇所の指摘、書き換え、追加、訂正など、細部に関する提案を頼んだのです。関係者全員で議論を重ね、さらにサブグループも設けて、ラダーの中でも各自が一番関心のある部分にとくに焦点を当ててもらうということもしました。たとえば「部下をもたないシニアエンジニア」の各ランクで要求されるITスキルについては、部下をもたないシニアエンジニアの最高ランクにあるエンジニアに検討してもらう、といった具合です。
- **実例をさらに集める**——第2の改善点は「他社の友人たちからラダーの実例をさらに多く集めて、細部に関わるヒントを得た」です。最近でこそ、さまざまな文書の雛形がオープンソースの形で多数公開され、適宜利用できるようになりましたが、当時はひたすら友人が頼りで、共有しても構わないと相手が判断した資料や雛形をプリントアウトして使わせてもらったり、幹部用のメモを見せてもらったりと、自分なりのリサーチをするしかありませんでした。職責や必要なスキルの詳細の記述に関して一番参考になったのは、比較的大きな会社、とくに技術力で定評のある企業のラダーや資料でした。エンジニアの上級職に要求される職責の範囲を言葉で表現するのは難しい場合がありますが、自社より規模の大きな会社の実例が得られ、これが詳細の明文化で大変役立ったのです。

- **細部の表現を大切に**――ラダーの作成で跳び越さなければならないハードルのひとつが「細部の表現」です。社員のやる気を引き出し、説明に過不足がなく、しかも社風や実情に合った解説文でなければなりません。たとえば「50人体制の技術チームをたったひとりの管理者が統括する」という図式は、大規模な多国籍企業ならいざ知らず、スタートアップには使えません。細部の表現を練る時には、「あるランクで欠員がひとり出て、新規採用にするか、それとも誰かを昇進させるか、判断を迫られている」という状況を想定し、その際に目安にするであろう詳細な基準をあげてみて、それを適切な表現でまとめ、ラダーに組み込むとよいでしょう。
- **「詳細な説明」と「要約」とを併用する**――私はラダーに関しては文書を2種類作りました。ひとつは簡略なスプレッドシート版で、各ランクの特徴が表形式で整理してあるため比較検討がしやすく、昇格に伴う変化の様子も段階を追って容易に把握できます。表を作成する過程でも、ランク相互の関係が適切に規定できているかや、職務範囲、責任、スキルが昇格につれて正しく拡大、発展していくかを確認でき、有益でした。もうひとつの文書は、それぞれのランクを文章で詳しく説明した長いバージョンです。これを作成したことも私にとっては有益でした。各ランクの社員について、今度は物語（ストーリー）の形で詳細を補うことができたからです。各ランクの特徴やスキルを表形式で可視化したものとは異なり、まるで各ランクの優秀な社員の勤務評価のような感覚で読めます。この長いバージョンがあれば、上司も部下も各種スキルが相まってひとつの役割が形作られていることをよく理解できるはずです。さて、あなたのキャリアラダーではランクをいくつ作る必要があるでしょうか。その答えを出すには、まず次の2つの質問に答えてもらわなければなりません――「給与体系はどのようにしますか」「勤務成績はどう評価しますか」。
- **ラダーと給与の関連性を考える**――キャリアラダーが完成すれば、人事部門は当然それを給与設定の参考にしたいと考えるはずです。通常、各ランクの給与は一定の幅――基本給の最低額から最高額までの範囲――をもたせて設定します。ランクの数が少ない場合、同じランクの社員の間で勤務成績が大きく異なる可能性があることから、また（米国では）エンジニアが（とくにキャリアの初期の段階では）頻繁な昇給を期待する傾向があることから、給与の幅を広く取る必要があるでしょう。
- **キャリアの初期段階では昇進の機会を増やす**――（米国では）キャリアの初期

段階にあるエンジニアは頻繁な昇給や昇進を期待するため、ラダーの下層に関してはランクを小刻みに設定するべきだ、という見方があります。新人エンジニアとして入社した直後の2、3年間は毎年昇進させることが可能、という仕組みを作りたければ、「このランクのエンジニアは早く昇進できなければ他社へ移籍する」という現実（多くの企業の方針）を視野に入れ、「ソフトウェアエンジニア」全体を複数のランクに分けて、各ランクの給与幅を比較的狭く設定しましょう。

- **キャリアの初期段階の給与幅は狭くする**――キャリアの初期段階ではランク数が多く給与幅が狭いというラダーを作れば、昇進のスピードアップを図れる上に、下層レベルでの社員間の給与格差を最低限に抑えられます。これは、公正な給与体系を目指し、同ランクなのに女性より男性の給与のほうが多いといった偏りを回避したい向きに適した手法です。ただ、ある社員が隣り合ったランクのどちらに該当するかを容易に判断できるほど詳細な要件を定めるのは、残念ながら至難の業です。

- **ランク数の少ない層では給与幅を広くする**――給与幅が広くランク数が少なければ、ランク間のスキルの差が明確になりますし、誰がどのランクに該当するかの判断も容易になります。ランクの幅を広く取る場合、給与幅も広く取り、なおかつランク間で給与幅に重なりをもたせる必要があります。たとえば「ソフトウェアエンジニア」のランクの給与は5万〜10万ドル、「シニアソフトウェアエンジニア」は8万〜15万ドルといった具合に重なりをもたせて設定すれば、優秀なソフトウェアエンジニアがシニア・ソフトウェアエンジニアより稼ぐ、という構図も可能になります。こうやって柔軟性をもたせることは、才能ある人材の離職を防ぐ上で必要なのです。たとえば「今のランクでかなりの成果を上げてはいるが、次のランクの責任を負わせるのにはまだ早い」と思われる社員を、給与面で優遇して引き留めるわけです。また、この柔軟性は採用時にも役立ちます。あるランクの人材を募集する際、とりあえず給与面で融通をきかせつつ1段下のランクで採用し、すばやい昇進を期待しつつ仕事ぶりを見守る、という風に活用するのです。

- **「ブレークポイント」に当たるランクの設定も検討する**――米国では「一定期間内に昇進できない場合には辞めてもらう」という条件付きで人材を採用する企業が少なくありません。キャリアの初期段階で順調に昇進を果たせない社員を、（技能向上や自立性など）期待されるスキルアップに失敗したものと見なし、辞

めさせるのです。この方針をラダーに組み込むための手法としてよく使われているのが、（明記するか否かは会社によりますが）区切り点となるランクを設ける、というものです。ブレークポイントに当たるランクとは「そのランクに達すれば、それ以降、たとえ昇進しなくても、期待される以上の成果さえ上げていれば、まず辞めさせられることがない」というランクです。多くの企業ではシニアエンジニアのあたりをそのランクとしています。そのランクに到達した人は信頼できるチームメンバーと見なされ、その後、本人が望めば昇進せずそのランクにとどまることも可能です。このランクをどこに設定するか、検討しておくとよいでしょう。また、この「ブレークポイントに当たるランク」を、「ここから先は昇進が難しくなる、そんな境目」と位置づけることもできます。そのランクの付近にチームメンバーの多くが集中し、それより上や下のランクの人数は少ない、という状況です。

- **実績報奨の手段としても**——キャリアラダーを社内で未公開にしておきたがる企業もありますが、まず不可能でしょう。人の口に戸は立てられません。ただ、意図的に特定のランクを表面に出し、それ以外のランクを（場合によっては社員に対しても）秘密にしておくという多少大胆な手はあります。たとえば人事部が独自の給与等級表をもっていて、キャリアラダーとは無関係に給与設定を管理している企業があります。しかし私はこのやり方は推奨しません。推奨したいのは、少なくともいくつかのランクを「かなめ石のランク」と位置づけ、そのランクへの昇進をキャリア上の重要な節目として全社レベルで公表し祝福するという手法です。たとえばシニアエンジニアへの昇進はすばらしい成果と言えるでしょうし、技術職の幹部社員であるスタッフエンジニアやプリンシパルエンジニアへの昇進も同様です（こういう呼称の職位があなたの会社にあるとすれば、の話ですが）。管理職なら、バイスプレジデントへの昇進はもちろん、部長への昇進も祝って当然でしょう。設定にあたっては、「キーストーンのランク」同士が近くなりすぎないよう、適切な間隔をあけましょう。そうすれば、社員は次の昇給といった小さな目標だけでなく、「次なるキーストーンランク」という、より大きな目標を視野に入れて努力を重ねるでしょうし、「キーストーンランク」が、より広く長期的な意味で重要な存在と感じられるようになります。

- **途中で管理系と技術系のパスを分ける**——部下をもたないエンジニアのキャリアパスと技術系管理者のキャリアパスは分けるべし。これは今の時代、自明の

理と言えるでしょう。人の管理に不向きな人もいるのです。管理職だけが昇進の道だとチームに感じさせてしまうのは得策ではありません。一般に、シニアエンジニアのすぐ上のランクから先で管理系と技術系のパスを分けている企業は多いのですが、そうした上級レベルの技術系と管理系の要員数は必ずしも同等とは限りません。上級管理職の数は概してチームの規模、つまり管理するべき構成員の数によって決まります。一方、技術専門職の要員数は、チームが製品を作る上で求められる技術的リーダーシップの複雑さと範囲によって決まります。ですから大所帯のチームでも技術専門職がひと握りしかいないケースもあれば、多数の技術専門職と少数の管理職から成る小規模チームというケースもあり得ます。この意味で管理系と技術系の要員数のバランスが完璧に取れるケースはごくまれにしかありません。

- **人的管理のスキルを中堅社員の必須要件にするという選択肢も**——管理系、技術系の2種類のパスの分岐点より上のランクに昇進する以前に全員が一定の種類の管理や指導を経験するよう計らう、という仕組みも選択肢のひとつとして検討してみてください。大抵の企業では、人的管理に関わるリーダーシップにしろソフトウェアの設計に関わるリーダーシップにしろ、とにかく「リーダーシップが要求され始めるランク」を「管理系、技術系の2種類のパスの分岐点」にするのが妥当でしょう。しかしソフトウェアを設計する場面でも人間関係や人的ニーズは常に付いて回るものです。部下をもたないシニアエンジニアでも経験豊富で優秀な人なら、プロジェクト管理やチームの後輩の指導のしかたを心得ているはずです。というわけで、リーダーシップの経験（通常、テックリードとしての経験）を上級の技術専門職への昇進の必須要件にするという選択肢は一考に値するのです。

- **経験年数**——キャリアラダーに人為的な障壁を設けるのは好ましいことではありませんが、そうした障壁の最たるものとして受け取られそうなのが「経験年数」です。従ってこの問題は慎重な扱いを要します。私自身は前々項であげた「キャリア上の重要な節目として全社レベルで公表し祝福するべきかなめ石のランク」を「社員としての成熟度がとくに増すと期待されるランク」と見なしていますが、こうしたキーストーンランクはとかくその業界での経験年数と年齢に呼応する傾向があります（呼応の度合いは経験年数のほうが年齢よりも大きくなります）。たとえば技術職の幹部社員である「スタッフエンジニア」を例に取ると、大きなプロジェクトの全体像を視野に入れて熟慮を重ねるためには「社

員としての成熟度」がかなり求められ、これこそがスタッフエンジニアならではの顕著な素養にほかならないと私は思っています。「優れたスタッフエンジニア」になるためには「頭脳明晰なプログラマー」であるだけでは不十分なのです。自分がスタッフエンジニアの座に就くにふさわしい人材であることを証明するためには、長期にわたるプロジェクトの完遂や支援といった実績を示せなければなりません。経験年数をぜひとも各ランクの必須要件にしなければならないというわけではありませんが、とくにラダーの作成やランクの設定は初めてという人は、経験則としてこの手の基準に頼る選択肢を検討してみましょう。

- **最初から完璧なラダーなどない**——以上のような点に留意して作成するラダーは、会社の成長に伴って発展していく生きたドキュメントでもあります。また、作成の過程で細かな点を見落とすのは珍しいことではありません。そのため、一応完成したあとも必要に応じて調整していかなければなりません。私のラダーはインフラ開発に焦点を当てて作成したため、フロントエンドの開発者にはわかりにくく、その方面のシニアエンジニアのパスの定義や説明に関しては微調整が必要になりました。

考え抜かれたラダーは、採用、勤務評価、そしてもちろん昇進のプロセスにおいて不可欠な拠り所となります。ラダーを作成する機会に恵まれたら、遠慮なくチームの応援を仰ぎましょう。あなた独りの現時点での見解だけでなくチーム全体の考えを反映してこそ理想的なプロセスとドキュメントになります。

9.6　職能の枠を超えたチーム

あなたは誰と一緒に働いていますか。直属の上司は？　共同作業の相手は？　こうした質問に対する答えは、極小企業と巨大企業なら明白——前者なら「全員」、後者なら「入社前からある、かなり明確な組織構造に従っている」でしょう。では、成長途上の企業ではどうでしょうか。そのような企業のリーダーは、最低でも1回、おそらくは何回も、こうした問いの答えがどうあるべきか、社員と共に考える必要があります。さて、望ましい答えは？

まずはレント・ザ・ランウェイに在籍していた時のすばらしい体験を紹介させてください。同社の製品技術チームを改革、育成した体験です。私が入社した当時、技術チームは大きく2つのグループに分かれていました。ひとつは顧客が閲覧するウェブ

サイトの開発全般を担当していた店頭（ストアフロント）グループ、もうひとつは倉庫管理のソフトウェアを運用していた倉庫（ウェアハウス）グループです。このうちストアフロントグループは、その後短期間のうちに「フロントエンド」と「バックエンド」の2派に変化、発展していきます。というのも、当時PHPによる一枚岩（モノリシック）なアーキテクチャからJavaとRubyによるマイクロサービスアーキテクチャに転換するためのコードの書き換えを進めていたからです。

　入社して1年近くが過ぎた頃、私たちは新たな試みに打って出ました。顧客向けの新機能——顧客が自ら撮影した写真をレビューに添えられる機能——の開発です。顧客があるドレスを気に入っても、自分の体型に合うかどうかを判断するすべがなかったので、他の顧客が実際にレンタルしたドレスを着用して撮った写真に、通常の服のサイズ、身長、体重、体型（アスリート型、洋ナシ型、曲線型など）の情報を添えてアップロードしてもらい、ドレス選びの参考にしてもらう機能を考えたわけです。開発に当たって、職能の枠を超えたチームを編成しました。チームの内訳は、顧客体験に焦点を絞ったフロントエンドの開発を専門とするエンジニア、バックエンドサービスを担当するエンジニアのほか、プロダクトマネージャー、デザイナー、データアナリストがおり、さらに顧客サービスチームからもひとり代表を出してもらいました。こうした職能の枠を超えたチームが総力を結集して作業を進め、新機能を顧客に届けたのです。

　大成功でした。かなりの短期間で便利な機能を世に送り出すことができましたし、チーム全員が「職能の枠を超えたチームだからこそ、プロジェクトの目標をよく理解でき、より良い成果を上げることができた」と感じていました。それ以前は誰もが「我々 vs. ほかのみんな」という思考パターンに陥っており、技術、製品、分析、マーケティングなど、各分野の担当者仲間だけが「我々」、他はすべてひっくるめて「ほかのみんな」という優越感に満ちた排他的な構図でしか見られなかったのですが、多様な分野の担当者が力を合わせるチームを作ったことで、組織全体を「我々」と見なす視点が生まれてきたのです。組織の健全性の点でこれは疑う余地のない成功であり、以来、すべての製品開発を同様の「職能の枠を超えたチーム」で進めるようになりました。このようなチームをどう呼ぶかは各社の現場に任せるとして（米国ではpods（ポッド）［元来は「豆などの鞘、海生動物の小群」の意］、squads（スクウォッド）［「分隊、班」の意］、pillars（ピラー）［「支柱、大黒柱」の意］などと呼ばれています）、とにかくこの図式が好評を博しているのには、それなりの理由があります——プロジェクトの成功に必要なあらゆる要員をひとつのチームにまとめ上げることで、メンバーが目前のプロジェクトに専念しや

すくなり、組織全体のコミュニケーションもはるかに円滑になるのです。

　こうした図式を論じる際によく引き合いに出されるのが「コンウェイの法則」（http://www.melconway.com/Home/Conways_Law.html）です。米国のコンピュータ草創期のプログラマー、メルヴィン・コンウェイが提起した原則で「どのソフトウェアのアーキテクチャも、それを作った組織の構造を反映したものとなる」というものです。

　職能の枠を超えたチームを作るということは、つまり「チームにとってもっとも重要で、ほかの何よりも優先するべきコミュニケーションは、製品の効率的な開発と更新を実現できるコミュニケーションだ」という点を認めていることにほかなりません。ただし、ここで留意するべきことがあります。それは「この構造がもっとも有効な技術を生むとは限らない」という点です。いや、それどころか、技術志向のチームに比べて非効率な部分のあるシステムを生み出してしまう恐れがあるのです。ですからもしも「職能の枠を超えたチーム」という構造を採用するのであれば、効率的な製品開発を実現するためにシステムデザインのどの部分ならしわ寄せを受けても許容できるかを見定めなければなりません。

「職能の枠を超えたチーム」の作り方

　では具体的に、職能の枠を超えたチームの基本的な構造を見ていきましょう。よくある不安要素のひとつが「誰が誰を管理するか」です。レント・ザ・ランウェイでは、このタイプのチーム構造に移行する際、管理の枠組みは変えませんでした——エンジニアの管理はあくまでも技術系の管理者たちが行い、技術部門全体を統括するのは私、プロダクトマネージャーを統括するのは製品部門の幹部、という従来の枠組みを維持したのです。ただし大部分の作業の割り振りはチーム全体で行いました。つまり「エンジニアたちは技術面の指導や監督は従来どおり技術系の管理職から受け、日々の作業はチームのロードマップに従ってチームで決める」という仕組みにしたわけです。

　もちろんどの部門にもそれぞれ独自のニーズがあるものです。技術部門の場合、通常、必須の基幹システムの管理者が必要ですし、おそらくウェブプラットフォームやモバイルやデータ工学のスペシャリストも要るでしょう。私自身は、こうした管理者やスペシャリストをひとつにまとめて、製品開発には通常携わらない小規模なインフラ担当グループを作りました。ただし、そのようにインフラ専任のグループがある場合でも、職能の枠を超えて製品開発を担当するチームのエンジニアが、緊急呼び出し（オンコール）

のローテーションをこなすとか、新規採用のための面談を行うとか、システムの持続可能性を向上させる作業（技術的負債の解消作業など）をこなすといった技術部門特有の作業にもある程度は携わらなくてはなりません。こうした作業には、技術部門の作業時間全体の2割を充てることをお勧めします（「2割」という数字は、私自身と技術系管理者仲間の経験だけを下敷きにして算出したものではありますが）。

　なお、こうした「職能の枠を超えたチーム」の構造は小規模なスタートアップ特有のものではありません。この構造のチームを有する大企業も少なくないのです。たとえば銀行では業務別に専属の技術チームを設けていることが多く、従来どおりエンジニアの階層から成る人的管理構造を維持しつつ、ロードマップと日常業務に関する決定は各業務の担当部署とその専属の技術チームが共同で下し、さらに、基幹システムの支援も大規模なフレームワークなどの技術的な支援も一元的に担当するインフラチームを置いて、これを全社レベルで多数のチームが利用する、という体制を取っているのが一般的です。IT企業の間でもこのような構造が多く採用されていますが、その場合に「各業務の担当部署」を率いる仕事は、各業務のスペシャリストではなく「エンジニア出身で現在は製品部門や事業部門の管理者」である人々が担当しているようです。

　「職能の枠を超えたチーム」の構造が及ぼす影響は、はっきりと目に見える形では現れにくいのですが、チームメンバーの価値観が変わることは確かです。エンジニアだけから成るチーム、とくに（モバイル、バックエンド、ミドルウェアなど）担当分野を同じくするエンジニアだけから成る技術志向のチームでは、技術力の優劣に目が向きがちです。たとえば複雑なシステムを設計する人や最新技術に詳しい人が、チームのリーダーやロールモデルになるのです。これに対して職能の枠を超えた製品志向のチームではリーダーシップの焦点の当て所が異なり、対象の製品に関して優れたセンスを発揮できるエンジニアや、機能を迅速かつ効率的にデザインできるエンジニア、他部門とのコミュニケーションに長けたエンジニアがチームリーダーとして頭角を現す傾向があります。

　これはどちらの構造のほうが優れているといった話ではありません。そうではなく、「職能の枠を超えた製品志向のチーム」と「担当分野を同じくするエンジニアだけから成る技術志向のチーム」という風に焦点の当て方が2通りあることを知っておき、環境や状況に即したほうを採用すればよい、と勧めているだけです。あなたの会社や組織が成功を手にする上で本当に重要なことは何ですか。答えが「さまざまな事業分野の担当部署が一丸となってひとつの製品を生み出すこと」なら、あなたに必要

なのは、その各種事業分野でビジネスセンスを発揮できるリーダーたちでしょう。一方、答えが「盤石の技術、あるいは並外れて革新的、先端的な技術」なら、あなたに必要なのは、複雑なシステムを設計できるエンジニアたちが率いる、技術面に重きを置いたチームでしょう。どちらか一辺倒を貫かなければいけないわけではありませんが、全社レベルでもどちらか一方を主要な体制として採用すべきだという点は押さえておきましょう。そして、とくにあなたが経営幹部である場合、あなた自身は会社の主要な体制のほうに注力し、もう一方については適任者を雇って一任してください。

9.7 作業プロセス

　私は長年仕事を続ける中で、さまざまな作業プロセスに出会い、対処する経験を重ねました。初めて扱ったコードベースでは、変更したファイルをチェックインする前に単体テストをするよう言われていましたが、これを怠ってビルドを中断させてしまうメンバーがいたので、毎回テストを欠かさなかった私はその度にひどく苛立ったものです。また、到底受け入れがたい作業プロセスを初めて押し付けられた時のこともよく覚えています。もう何年も、コードレビューも、チケットによるタスク管理も、進捗状況のトラッキングもなしで来たのに、上層部が突然そうした管理手法をすべて全員に義務付けると決定したのです。ソフトウェア開発の標準的なライフサイクル管理の推進が狙いとのことでしたが、そんなものは不要だし、かえって手間取るし、面倒だと思いました。おまけに方針変更の理由の説明は一切なかったのです。

　「構造」という視点から見て、適不適の影響が如実に表れるのが作業プロセスです。チームに合わない作業プロセスがチーム全体に引き起こす不安やフラストレーションは甚大で、これに比べれば不適切なキャリアラダーや価値観、チームの構造が引き起こす問題など些細なものと言えるほどです。所定の作業プロセスが皆無というチームは規模拡大で苦労を強いられますし、たとえ作業プロセスがあってもチームに合わないと作業停滞を招きます。チームの現在の規模やリスク許容度に見合った作業プロセスを選ぶことは、ソフトウェア開発を成功裏に導き、適切な運用指針を応用していく上で不可欠な要素なのです。

9.7 作業プロセス

> **CTOに訊け** 所定の作業プロセスがほぼ皆無の状態なのですが。

Q 小規模ながら急成長中のスタートアップで技術部門を統括している者です。現在チームは作業プロセスがないも同然の状態です。コードレビューは実施しておらず、タスク管理は Trello でやっているものの記載漏れが常態化しています。また、アーキテクチャに関する意思決定のプロセスも確定しておらず、プロジェクトに携わる人が随時行い、それを私が承認しているのが実情です。

最近、一部のエンジニアから、新加入のエンジニアたちが「質の悪いコード」をシステムにチェックインしているという苦情と、どの変更についてもコードレビューを実施してほしいとの要求が持ち込まれました。また、これは私自身が気づいたことですが、弊社のコードがすべて Ruby で書かれているにもかかわらず、新しいシステムのコードを Scala を使って書いているエンジニアがいます。チームで Scala を使えるのはそのエンジニアだけなので、サポート作業での負担増大が懸念されますが、そのプロジェクトはすでにかなり進行しているため今更中止するわけにもいきません。

どうしたらよいでしょうか。作業プロセスがほぼゼロの現状から、一気にあれこれ導入するのは不安ですが、何かしら改善が必要だとは思うのです。

A 作業プロセスは「リスク管理」と捉えてください。

チームやシステムが大きくなってくると、誰かが単独で作業のシステムを維持管理していくなど、まず不可能になります。大勢が協力して作業を進めているのですから、皆で連携を軸に作業プロセスを徐々に確立し、リスクが誰の目にもはっきり見えるようにしていかなければなりません。

「作業プロセスは、業務遂行の難度や頻度を反映する代理(プロキシ)のような役割を果たす」という考え方があります。頻度が低いとあなたが判断した業務や、チームメンバーにリスクが見えにくい業務に限っては、作業プロセスが複雑にならざるを得ません。この場合の「複雑さ」は「工程の長さ」だけを指すわけではなく、「きわめて多忙な人々をつかまえて承認をもらうこと」や「きわめて高い基準を満たすこと」などである場合もあります。

このことが示唆する重要な留意点が 2 つあります。第 1 は「急ぎの業務、変更のもたらすリスクが低い業務、変更のもたらすリスクがチームメンバー全員

の目に明らかだと判断される業務に関しては、作業プロセスを複雑にするべきではない」というものです。変更があるたびにコードレビューを行うようにしたいのであれば、些細な変更で作業が遅れることのないようコードレビューの工程をあまり煩雑でないものにしなければなりません。そうでないと組織全体の生産性にも響く恐れがあります。

第2は「メンバーには見えないリスクが潜んでいないか、あなたは常に目を光らせ、見つけたリスクは全員に知らせなければならない」という留意点です。政治の世界ではよく「生煮えでもうまく機能するのが優れた政治理念」と言われますが、作業プロセスについても同じことが言えます。たとえチームメンバーが完璧に従わなくても価値の得られるプロセスでなくてはなりません。この場合に得られるおもな価値は「変更やリスクをチーム全体で共有できること」です。

9.8　意思決定のプロセスから個人的要素を排除する ──実践的アドバイス

　チームが成長してきたら追加を検討するべき大事なプロセスが3つあります。3つとも、技術的詳細だけでなく望ましい言動もあわせて提示すると最大の効果が得られます。

コードレビュー

　コードレビューは良くも悪くも近年「標準」と見なされるようになったプロセスのひとつです。コードを扱うチームのエンジニアが一定数を超えてチーム規模が一定レベルに達したら、コードレビューはコードベースの安定性と長期的な品質を確保する上で非常に有効な手段となるはずです。ただしコードレビューを義務づけると、それ自体が臨界経路(クリティカルパス)（プロジェクトを最短時間で完遂する上で遅れてはならない重要な工程）上の要素となりますから、わかりやすく効率的なものにしなければなりません。また、コードレビューの機会を利用して、仲間を批判したり非現実的な基準を押し付けたりするなど、同僚に無礼な言動をするエンジニアも少なくありません。そこでこのプロセスを円滑化するためのベストプラクティスを2、3紹介しておきます。

- **コードレビューに期待できる効果をきちんと理解しておく**——通常、バグが見つかるのはコードレビューではなくテストにおいてです。ただし例外もあり、それはコメントやドキュメントのアップデートのし損ないや、関連する機能への変更追加のし損ないが発覚するとか、修正されたコードや新規に追加されたコードに対するテストが不適切であった場合にこれが見つかるといったケースです。このようにコードレビューは、複数のチームメンバーがコードに目を通し、変更箇所を認識しておく機会、つまりチームメンバーがコードベースの現況を共有する上で恰好なプロセスなのです。
- **コーディングスタイルの問題にはlintプログラム（リンター）で対処する**——エンジニアはコーディングのスタイル（それもとくにフォーマット）にまつわる問題に過度にこだわって、バカバカしいほど膨大な時間を浪費することがありますが、この手の問題はコードレビューで取り上げるべきではありません。スタイルを決めたら、それをlint（コーディングスタイルなどの問題を確認するためのツール）に反映し、それを使って対処するべきなのです。コードレビューでスタイルの問題を取り上げたりすれば、つまらぬ粗探しや非難に発展するのが落ちで、ましな場合でも「非生産的」、下手をすると「いじめ」ともなりかねません。
- **未処理分のレビューリクエストには常に目を光らせる**——会社によっては、各チームメンバーが引き受けられるレビューリクエストの件数に上限を設け、自分の抱えている未処理分がその上限に達してしまったメンバーは仲間にレビューをリクエストできない、というルールを設けている所もあります。各自が自分の担当作業を確実にこなせるようにするにはレビューリクエストをチーム内でどうさばくべきか、よく考えましょう。

稼働停止の事後検証

　以下ではインシデント管理の詳細を解説するのではなく、「事後検証（post-mortem）」が作業を抜かりなく進める上で不可欠なプロセスである点に焦点を当てます。本来post-mortemは検死官の職務である「死体解剖」を意味しますが、このプロセスの目的は「死因」つまり稼働停止の原因を突き止めることではなく、むしろ個々のインシデントから学ぶことだとの考えから「学習のための検証」と呼ぶ人が増えています。これについてはすでに多くの記事や著書が発表されていますから、ここでは

とくに小規模なチームに必須だと私が見なすポストモーテムのコツを3つ紹介しておきます。

- **「犯人」を名指しし問い詰めたい気持ちは押しとどめる**——稼働停止への対応でクタクタになってしまった時には、担当者を名指しして問い詰めたい衝動にかられるのが人情です。「あんな風にしたらこういう結果になるのが目に見えてるじゃないか。なんで予測できなかったのか」「ここでこんなコマンドを実行したりしたのはなぜか」「どうしてテストをしなかったのか」「このアラートを無視した理由は？」等々。こんな具合に責め立てたりしたら、メンバーが失敗を恐れるようになるだけです。
- **インシデントを巡る状況を吟味し、経緯や背景を把握する**——対象となるインシデントの要因を探り、特定しておく必要があります。「この問題は他のどんなテスト法なら検出できていただろうか」「このインシデントは他のどんなツールだったら、もっとうまく管理できていたか」といった考察もしてみるとよいでしょう。「その時の事情や状況により作用してしまった要因」をきちんとリストアップできれば、特定のパターンや要改善箇所が見つけやすくなりますし、リスト作りそのものがまさに「学習のための検証(ラーニングレビュー)」の「学習」の部分となるはずです。
- **事後検証の成果は現実的な視点で取捨選択する**——「事後検証で特定された問題点はすべて解消しなければならない」という印象をチームに与えてはなりません。事後検証の結果、要改善点がずらりと並んだリストができあがることは珍しくありません。「アラートを整理する必要あり」「役割制限を追加」「サードパーティ・ベンダーとの間でAPIの再確認を」といった具合です。このようにリストアップされた課題のすべてに着手するなど土台無理な話ですし、全部解決しようとしたりすれば何もできずに終わってしまうでしょう。そこで、間違いなくハイリスクで今後問題を引き起こす可能性がきわめて高い課題をひとつか2つ選び、現時点ではとりあえず放置してもかまわない課題を見きわめましょう。

アーキテクチャレビュー

私なら、チームが必要と見なしそうなシステムとツールの大きな変更は漏れなく

9.8 意思決定のプロセスから個人的要素を排除する──実践的アドバイス

「アーキテクチャレビュー」の対象にします。アーキテクチャレビューの目的は「大きな変更についての情報を関連グループ内で共有し、そうした変更がもたらしかねないリスクを明確にしておくこと」です。レビューに臨むメンバーにあらかじめ次のような質問を投げかけて、答えを用意しておいてもらうとよいでしょう。

- この新しいシステム／言語を使いこなせる人は、チームに何人いますか。
- この新しいシステム／言語に関わるチームの生産の基準はもう決めましたか。
- この新しいシステム／言語をチームに公表し、メンバーに使用法を習得してもらう訓練のプロセスはどのようなものですか。
- この新しいシステム／言語の使用上の注意点がありますか。

アーキテクチャレビューを実施する際の指針も紹介しておきます。

- **アーキテクチャレビューの対象としてふさわしいのはどのような変更なのかを明確にしておく**──通常アーキテクチャレビューが必要なのは、言語、フレームワーク、ストレージシステム、デベロッパーツールを変更した場合です。よく「チームが新機能の設計でしくじらないよう、新機能もアーキテクチャレビューの対象にするべきだ」と言う人がいますが、通常、小企業で早い段階から新機能の設計に着手するというのは非現実的な話で、これはたとえ大企業でも難しいものです。それに作業の大幅な遅れを招く恐れもあります。また、機能の設計に関して言えば、こうした日常的な作業の前に負担の大きなプロセスを設けるのは得策ではありません。
- **アーキテクチャレビューの価値はその準備段階にある**──システムに対する大きな変更や追加についてレビューをリクエストする人は、当然そうした変更や追加を希望する理由を深く考えざるを得ません。このプロセスにも「考えてもみなかったリスクに気づくことができる」という価値があるのです。そもそもなぜその変更が必要なのかは、チームに問いかけても問いかけなくても、どちらでも構いません。私自身の経験から見て、チームに変更の要件をクリアする気が十分あり、実際にそれを実現してしまうのは、「なぜその変更が必要なのか」が明白な場合だからです。
- **レビューの担当者はよく考えて選ぶ**──レビューの担当グループは、「権威者」ばかりで固定したりせず、それぞれの変更で一番影響を受けそうな人たちをその都度充てるのが望ましいでしょう。その目的は「あなたがすべての技術的意

思決定の責任を負わなくてもすむようにすること」と「意思決定が今後もたらす結果に関与するべき人々が、その意思決定の評価に加われるようにすること」です。アーキテクチャレビューは、より広範なチームを考慮に入れ、より広範なチームを参加させて行うことが望ましいのです。だからといって全社レベルで行うことはありません。レビュー担当グループの範囲の決め方として最適なのは「その決定に直接影響を受ける人々に限定する」というものです。まるきり無関係な方面の人からプロジェクトに反対されるほど、やる気を削がれることはありません。

9.9　自己診断用の質問リスト

この章で解説した「文化の構築」について、以下にあげる質問リストで自己診断をしてみましょう。

- あなたの会社や部署の現在のポリシーはどのようなものですか。手法やプロセスなど、慣行にはどのようなものがありますか。その中に、文書化したものがありますか。文書化したものを最後に見直したのはいつですか。
- 企業理念はありますか。あるとすれば、どのようなものですか。それがチームでどのように実践されているでしょうか。
- キャリアラダーはありますか。「ある」と答えた人にお尋ねします——現在のあなたのチームはそれを正確に反映したものとなっていますか。あるいは将来の理想のチームを反映したキャリアラダーなのでしょうか。さらに、キャリアラダーを改善することは可能ですか。
- あなたのチームにとって重大なリスクは何ですか。会社にとっては？　そうしたリスクを、不必要なプロセスや煩雑で形式的な手続きをメンバーに押し付けることなく軽減するには、どうすればよいでしょうか。

10章
まとめ

　というわけで、最終章——メンター役から、さまざまなランクの管理者を経て、経営幹部に至るまで、エンジニアのキャリアパスを私と共にたどっていただき、このまとめの章へとたどり着きました。その過程で役立ちそうな手がかりや秘訣を多少なりとも見つけ、要注意の落とし穴を確認し、何であれ現在の職務で直面している難題に積極的に立ち向かおうという気になってくださったなら嬉しいことです。

　私自身、身をもって学んできた中で何より大事だと思っているのは「人の管理がうまくなりたければ、自分自身を管理できるようにならなければならない」という点です。自分がどのように反応しているのか、どんなことからインスピレーションを受け、元気をもらい、どんなことに苛立ったり怒ったりしているのかなど、自分自身を理解することに時間を投じれば投じるほど、人的管理の手腕も磨かれていくのです。

　「すごい上司」は、意見の相違や争いを解決する名人です。意見の相違や争いを解決する能力を磨くというのは「話し合いに自分自身のエゴを持ち込まないコツを身につける」ことにほかなりません。複雑な状況を正確に見抜くには、自己流の解釈や筋書きに目を曇らされないことが必須です。相手にとって耳の痛いことでも敢えて告げ、相手にきちんと耳を傾けてもらうためには、自己流の筋書きで事実を粉飾しない能力が必須です。管理者志望の人たちはよく「○○はこうあるべき」という強い信念をもっているものです。揺るぎない信念がもてるというのは優れた資質ではありますが、「対象となる状況に関する自分なりの解釈は、解釈のひとつにすぎない」という点を押さえられていないと、そうした資質が足枷ともなりかねません。

　ちなみに自分自身のエゴの声を聞き分ける力をつける上で効果的なのが瞑想です。私はこの本を執筆している最中も瞑想を続けていました。私にとって自己理解と自己管理の能力を磨くのに欠かせないのが瞑想なのです。万能薬ではありませんが、自分

自身の反応に対する自覚を高める上では効果的だと思っています。興味のある人はぜひ試してみてください。私がとくに好んで参考にしているのは、米国の心理学者であり瞑想の師であるタラ・ブラックのサイト（tarabrach.com）にあるポッドキャストや、米国人のチベット仏教の尼僧ペマ・チョドロンの著作などです。

　もうひとつ、エゴと距離を置くために私が頼りにしているのが「好奇心」です。私には毎朝、自然に浮かんでくる考えを1、2ページほど書きつけ、頭を整理してその日1日に備えるという習慣があるのですが、書き終えると必ず「今日も1日、好奇心を絶やさずに」という「おまじないの言葉」を唱えるようにしています。私がこれまで長年にわたってたどって来た「偉大なリーダーになるための道」には、そこかしこに失敗や難題、苦い教訓が転がっていました。容易なことなどひとつとしてなく、人間関係のゴタゴタに巻き込まれて苛立ちや失望を味わうこともしばしばでした。やむなくコーチに相談すると、「その状況を相手の視点から眺めてみたらどうかしら」とアドバイスしてくれたものです。相手はどういうことをしようとしているのか、どんな物事を重視しているのか、何を望み、何を必要としているのか。コーチのアドバイスは常に変わらず「好奇心をもって当たれ」でした。

　そのアドバイスを、今度はあなたに贈ります。物語（ストーリー）を向こう側から見つめてみてください。他にもどんな視点がありそうか考えてみてください。自分の感情面での反応を探りましょう。そして、周囲で何が起きているのか、自分は何を言うべきなのかが、そうした感情的な反応のせいで見えにくくなってしまったら、そういう自分をとっくりと観察してみてください。また、周囲の人々や情勢の推移にも、さらには技術や戦略や事業にも、好奇心をもって接してください。いろいろ尋ね、自分の認識や考えが間違いであったことを論破されても喜んで受け入れる姿勢で行きましょう。

　常に好奇心を絶やさず進んでいってください。幸運をお祈りしています。

索引

数字・英語

1対1のミーティング（1-1） 69, 71
 TO-DOリスト型 71
 議事録 75
 キャッチアップ型 72
 経過報告型 73
 スケジューリング 70
 フィードバック型 73
CTO 7, 212, 216
 定義 216
 CTOと技術担当VP 219
lintプログラム 275
True North 241
VP 214

あ行

アーキテクチャレビュー 276
アジャイル型（プロジェクト管理） 124
謝る 239
アルファギーク 24
イエスマン 175
意思決定と委任 141
イングループ 156
インターンシップ制度 30
エンジニアリングリード（職務記述書） ... 99
オートノミー 77
オープンドア 167

か行

解雇 93
価値観 259
過労 107
感情労働 28
管理 1
 疎い分野の管理 190
 管理系と技術系のパス 266
 管理のされ方 9
 新任管理者の管理 179
 部署全体の監督のコツ 167
 ベテラン管理者の管理 182
管理者
 管理者間の連携 232
 中途採用 185

索　引

管理職 52
　想像と現実 55
技術
　技術的投資の監督 203
　技術的な勘 205
　技術と事業のトレードオフ 203
　技術力の維持 102, 202
技術職か管理職か 52
　非技術系の上司 230
技術部長（職務記述書） 131
希望の表明 10
キャリアアップ 7, 90
キャリアの梯子（ラダー） 46, 261, 263
給与とラダー 264
協働 108
恐怖による支配 237
緊急と重要 136
勤務評価 81, 84
経営幹部 209
　経営陣の流儀 226
　職務 210, 212
傾聴 16
コアバリュー 257, 258
好奇心 196, 239
コーチング 96
　フィードバック 84
コードレビュー 274
心を通わせる 238
コミュニケーション 69

さ行

作業プロセス 272, 273

時間の管理 136
事後検証 275
持続可能性 107, 125
シニアエンジニア（部下のいない） 52
重要と緊急 136
昇進 7, 90
親切 118
人脈作り 206
心理的安全性 120
スキップレベルミーティング 169, 170
戦略の策定（経営幹部） 224
組織文化 256
ソフトスキル 28

た行

対立 115, 116
短気と不精 160
チーム
　健全性 152
　職能を超えた 268, 270
　デバッグ 104, 191
　乱す人 119
中途採用（管理者） 185, 186, 188
データ重視の文化 113
テックリード 35, 39, 43, 51, 61
　定義 37, 38
　役割 41
デバッグ（チームの） 104, 191
デリバリできない 105
透明性 248
トゥルーノース 241
トレードオフ 203

トレーニング 6

な行

内集団 156
ノーの言い方 146

は行

バイスプレジデント 214
パフォーマンス向上計画 93
ビジョナリー 213
秘密主義者 122
評価面談 88
フィードバック 4
　継続的な 81
部下を持つ 66
不精と短気 160
振り返る 114, 119
プリモータム 50
ブリリアントジャーク 106, 121
ブルシットアンブレラ 110
無礼者 123
プレゼンテーション（中途採用）.......... 186
プロジェクト管理 45, 49, 124
プロセスツアー 59
文化 256
　恐怖の文化 238
　組織文化 256
　中途採用 188
　データ重視の文化 113
　文化の構築 247
　文化のポリシー策定 261
ベテラン管理者の管理 182

ポストモーテム 275

ま行

マイクロマネジメント 76
マネジメント 1
見積もり 126, 196
無構造の集団 249
メンター 14, 23
　メンターの管理 27
　メンターの心得 31
メンタリング
　インターン 15, 19
　キャリア 22
　新入社員 20
メンテナンス作業 200

や行

優先順位の変更 221
良い警官・悪い警官 149

ら行

ラダーと給与 264
リンター 275
レビューリクエスト 275
ロードマップ 199

わ行

悪いニュースを伝える 227

●著者紹介

Camille Fournier（カミール・フルニエ）

ニューヨーク市に本拠を置くヘッジファンドTwo Sigmaでマネージングディレクターとしてプラットフォームエンジニアリング部門を率いている。

カーネギーメロン大学でコンピュータサイエンスの学士を、ウィスコンシン大学マディソン校でコンピュータサイエンスの修士を取得。Microsoftでソフトウェアエンジニアとしての経験を積んだのち、ゴールドマン・サックスでテクニカルスペシャリストとして数年間、リスク分析管理用の分散システムと全社レベルのITインフラの構築を担当。前職はパーティードレスのレンタルサイト「Rent the Runway（レント ザ ランウェイ）」のCTOで、女性たちのファッションに関する意識や行動に新風を吹き込む斬新なサービスを技術部門のトップとして支えた。こうした経験をベースに本書が執筆された。オープンソースプロジェクトのApache ZooKeeperおよびDropwizardのコントリビューター兼プロジェクト委員でもある。講演者としても一目置かれる存在で、技術系管理職、分散システム、チームのスケーリング、テクニカルアーキテクチャなどさまざまなテーマで講演を行っている。

●訳者紹介

武舎 広幸（むしゃ ひろゆき）

国際基督教大学、山梨大学大学院、カーネギーメロン大学機械翻訳センター客員研究員等を経て、東京工業大学大学院博士後期課程修了。マーリンアームズ株式会社（www.marlin-arms.co.jp）代表取締役。主に自然言語処理関連ソフトウェアの開発、コンピュータや自然科学関連の翻訳、辞書サイト（www.dictjuggler.net/）の運営などを手がける。著書に『プログラミングは難しくない！』（チューリング）『BeOS プログラミング入門』（ピアソンエデュケーション）、訳書に『インタフェースデザインの心理学』『iPhone SDK アプリケーション開発ガイド』『ハイパフォーマンスWebサイト』『続・インタフェースデザインの心理学』（以上オライリー・ジャパン）『マッキントッシュ物語』（翔泳社）、『HTML入門』『Java言語入門』（以上ピアソンエデュケーション）、『海洋大図鑑 − OCEAN −』（ネコ・パブリッシング）など多数がある。www.musha.comにウェブページ。

武舎 るみ（むしゃ るみ）

学習院大文学部英米文学科卒。マーリンアームズ株式会社（www.marlin-arms.co.jp/）代表取締役。心理学およびコンピュータ関連のノンフィクションや技術書、フィクションなどの翻訳を行っている。訳書に『ゲームストーミング』『iPhoneアプリ設計の極意』『リファクタリング・ウェットウェア』『続・インタフェースデザインの心理学』（以上オライリー・ジャパン）、『異境（オーストラリア現代文学傑作選）』（現代企画室）、『いまがわかる！ 世界なるほど大百科』（河出書房新社）、『プレクサス』（水声社）『神話がわたしたちに語ること』（角川書店）、『アップル・コンフィデンシャル2.5J』（アスペクト）など多数がある。www.musha.comにウェブページ。

●まえがき執筆者紹介

及川 卓也（おいかわ たくや）

早稲田大学理工学部卒業後、日本DECに就職。営業サポートの後、ソフトウェア技術者として開発に携わる。1997年からはマイクロソフトでWindowsの国際版の開発をリードし、2006年以降はGoogleにて、ウェブ検索など各サービスのプロダクトマネジメントやChromeのエンジニアリングマネジメントを行う。その後Qiitaの運営元であるIncrementsを経て、2017年に独立。現在は企業へプロダクト戦略、技術戦略、組織づくりの支援を行いながら、エンジニアリング組織におけるマネジメントの重要性を説いている。

エンジニアのためのマネジメントキャリアパス
テックリードからCTOまでマネジメントスキル向上ガイド

2018年 9 月25日　初版第 1 刷発行
2019年 9 月13日　初版第 5 刷発行

著　　　者	Camille Fournier（カミール・フルニエ）	
訳　　　者	武舎 広幸（むしゃ ひろゆき）	
	武舎 るみ（むしゃ るみ）	
まえがき	及川 卓也（おいかわ たくや）	
発 行 人	ティム・オライリー	
Ｄ Ｔ Ｐ	手塚 英紀（Tezuka Design Office）	
印刷・製本	株式会社平河工業社	
発 行 所	株式会社オライリー・ジャパン	
	〒160-0002　東京都新宿区四谷坂町12番22号	
	TEL（03）3356-5227	
	FAX（03）3356-5263	
	電子メール　japan@oreilly.co.jp	
発 売 元	株式会社オーム社	
	〒101-8460　東京都千代田区神田錦町3-1	
	TEL（03）3233-0641（代表）	
	FAX（03）3233-3440	

Printed in Japan（ISBN978-4-87311-848-2）
落丁、乱丁の際はお取り替えいたします。

本書は著作権上の保護を受けています。本書の一部あるいは全部について、株式会社オライリー・ジャパンから文書による許諾を得ずに、いかなる方法においても無断で複写、複製することは禁じられています。